全国电力行业"十四五"规划教材
职业教育电力技术类项目制 新形态教材

# 智能供配电系统
# 安装调试与运维

ZHINENG GONGPEIDIAN XITONG
ANZHUANG TIAOSHI YU YUNWEI

主　编　蒋春敏
副主编　李文才　陈海光
编　写　左　娅　肖伟伟　张成林
　　　　张丽娟　李　平　刘　颜
主　审　王吉峰　张　润

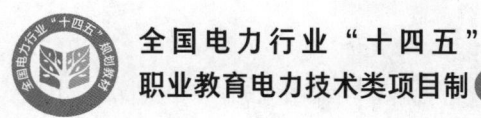

## 内 容 提 要

本书将智能供配电选型、设计、安装、调试与运维的理论学习和技能训练融合。在内容方面选择10kV高压开关柜和0.38kV低压配电柜作为教材内容载体，编写设计融入了《智能配电集成与运维职业技能等级证书》（"1+X"证书）培训模块和全国学生技能竞赛"新型电力系统技术与应用"赛项中的竞赛任务。通过技能训练任务模块的学习，学生可掌握智能供配电系统的安装、调试和运维工作。

本书通过二维码链接了重难知识点的教学视频、教学课件及成套设备图纸，便于学生巩固提升和拓展学习；在课程思政方面，强调安全意识、工匠精神、创新精神、团队协作等职业素养的养成。

为学习贯彻落实党的二十大精神，本书根据《党的二十大报告学习辅导百问》《二十大报告及党章修正案学习问答》，在封面配套数字资源链接了"二十大报告及党章修正案学习辅导"栏目，以方便师生学习。

本书不仅可作为高等职业教育和应用型本科教育电力技术类相关专业课程教材，还可作为配电系统选型、设计、安装、调试、运维的竞赛培训和岗位培训用书，同时可供相关专业工程技术人员参考。

**图书在版编目（CIP）数据**

智能供配电系统安装调试与运维/蒋春敏主编．—北京：中国电力出版社，2024.4（2024.8重印）
ISBN 978-7-5198-8565-6

Ⅰ.①智… Ⅱ.①蒋… Ⅲ.①供电系统—设备安装②供电系统—调试方法③配电系统—设备安装④配电系统—调试方法⑤供电系统—电力系统运行⑥配电系统—电力系统运行⑦供电系统—维修⑧配电系统—维修　Ⅳ.①TM7

中国国家版本馆CIP数据核字（2024）第061178号

出版发行：中国电力出版社
地　　址：北京市东城区北京站西街19号（邮政编码100005）
网　　址：http：//www.cepp.sgcc.com.cn
责任编辑：乔　莉（010-63412535）
责任校对：黄　蓓　常燕昆
装帧设计：郝晓燕
责任印制：吴　迪

印　　刷：北京九天鸿程印刷有限责任公司
版　　次：2024年4月第一版
印　　次：2024年8月北京第二次印刷
开　　本：787毫米×1092毫米　16开本
印　　张：17.75
字　　数：374千字
定　　价：59.00元

**版权专有　侵权必究**

本书如有印装质量问题，我社营销中心负责退换

# 前　言

随着智能供配电系统通过先进的传感和测量技术、先进的设备技术、先进的控制方法以及先进的决策支持系统技术的应用，实现了系统的可靠、安全、经济、高效、环境友好和使用安全的目标。"周期检测、限度管理、寿命管理、状态检修"成为最有效发挥设备潜能、预防设备隐患的科学运维模式，从而对广大智能供配电系统运行维护人员在知识上、技能上提出更高要求，目前针对智能供配电系统编写的教材越来越不能满足行业企业对人才的需求。

本书由高校教师和企业专家组成校企合作团队，以编者多年来从事高等职业教育教学与职工培训经验为基础，结合智能供配电系统实际情况，以新技术、新设备技术资料为依据，充分汲取了高等职业教育在探索培养高素质、高端技术技能应用型人才方面取得的成功经验和教学成果，并在参阅有关行业标准、技术文献和生产厂家技术资料的基础上编写了本书。

本书是全国"新型电力系统技术与应用"学生技能竞赛成果转化教材之一。书中全面系统地介绍了智能供配电系统安装与运维人员应掌握的基本知识、技能，紧扣岗位标准，融入竞赛任务，以设备讲解为中心，以技术应用为重点，力求做到内容新颖、概念准确、技术先进、联系实际，具有较强的实用性。同时注重课程思政和项目设计的融合。

本书配套丰富的数字资源。书中相关视频源于四川电力职业技术学院"高低压电器装配"精品课程项目拍摄；项目二中高压开关柜、低压配电柜的全套图纸由本书参编作者肖伟伟设计并绘制。以上提及的视频及图纸均在书中二维码中提供给读者使用，因此声明并表示感谢。

本书由四川电力职业技术学院蒋春敏任主编，河北水利电力学院李文才、温州源造智能科技有限公司陈海光任副主编，承蒙广州铁路职业技术学院王吉峰及西安亚成智能科技有限公司张润主审。其中，四川电力职业技术学院蒋春敏编写了项目一和项目四任务一；昆明西亚恒电气安装有限责任公司左娅编写了项目二任务一；四川电力职业技术学院张丽娟编写了项目二任务二至任务九；杭州国齐电力设备有限公司肖伟伟编写了项目三任务一和任务二；长沙电力职业技术学院张成林编写了项目三任务三和项目四任务三；陈海光编写了项目四任务二；四川机电职业技术学院刘颜编写了项目五；李文才编写了项目六任务一；国网四川省电力公司营销服务中心技术专家李平编写了项目六任务二。

由于编者水平所限，书中内容多以原创为主，疏漏和错误之处在所难免，诚恳欢迎读者提出宝贵意见，相关问题探讨可发送至邮箱 645171048@qq.com。

编　者

2024 年 2 月

# 目　　录

前言

## 项目一　设备认知与选型 ················································· 1
　　任务一　高压开关柜和低压配电柜型号认知及选型 ······················ 1
　　任务二　高低压电气设备型号认知及选型 ·································· 14

## 项目二　智能供配电系统电气图识读及故障查找 ························ 32
　　任务一　电气图纸绘制规范认知 ············································ 32
　　任务二　低压进线计量柜电气图识读及故障查找 ·························· 51
　　任务三　低压无功补偿柜电气图识读及故障查找 ·························· 59
　　任务四　低压出线柜电气图识读及故障查找 ······························· 65
　　任务五　高压进线柜电气图识读及故障查找 ······························· 69
　　任务六　高压电压互感器柜电气图识读及故障查找 ······················· 82
　　任务七　高压计量柜电气图识读及故障查找 ······························· 90
　　任务八　高压出线柜电气图识读及故障查找 ······························· 99
　　任务九　高压环网柜电气图识读 ············································ 111

## 项目三　智能供配电装置接线设计 ········································ 121
　　任务一　高压成套配电装置接线设计 ········································ 121
　　任务二　低压馈线抽屉单元接线设计 ······································· 139
　　任务三　电能计量回路接线设计 ············································ 155

## 项目四　智能供配电设备装配 ·············································· 165
　　任务一　装配工具及装配耗材的选用 ······································· 165
　　任务二　低压馈线抽屉单元装配 ············································ 180
　　任务三　电能计量回路装配 ·················································· 198

## 项目五　智能电力监控系统设计与调试 ···································· 214
　　任务一　智能电力监控系统功能及通信配置调试 ·························· 214
　　任务二　智能电力监控系统"三遥"设计 ·································· 224

  任务三 数据报表、趋势曲线设计 ·················································· 230

## 项目六 智能供配电设备运行 ·················································· 240

  任务一 10kV 高压配电装置停送电倒闸操作 ································ 240

  任务二 智能电能表识读 ·························································· 256

## 参考文献 ························································································ 276

# 项目一

# 设备认知与选型

【项目描述】

智能供配电系统是智能电网中非常重要的组成部分。它利用先进的高级配电自动化技术、高级保护与控制技术、配电快速仿真与模拟技术、微网技术、配电 SCADA/GIS 技术、电力电子技术和控制终端技术，构建自愈能力强、可靠性高、灵活性高、高效优质、安全合理的配电网架构。它通过实时全面监控配电网运行状态，实现了配电网的可观测性和自愈控制、电能质量控制和电能的灵活分配，以及分布式和可再生能源的兼容接入与统一控制。这不仅能够降低损耗，提高供电可靠性和电能质量，还有助于推动可再生能源的并网。

掌握高压开关柜和低压配电柜的基本知识，并根据它们的型号、技术参数和结构特点做出正确选择是认识智能供配电系统的第一步。通过对这些设备的认识和选型，可以为智能供配电系统的建设提供基础和支撑，确保智能供配电系统的高效运行和可靠性。

【项目目标】

（1）熟悉高压开关柜和低压配电柜的类型、型号和结构，了解它们在电力系统中的作用。

（2）理解常见设备型号中各字母和数字的含义。

（3）能够根据使用条件和用电要求选择高压开关柜、低压配电柜的合适型号。

（4）能够查找智能供配电系统图纸元件列表中设备型号的含义。

（5）养成遵守规则、严谨负责的职业素养，树立求实创新、精益求精的工匠精神。

## 任务一　高压开关柜和低压配电柜型号认知及选型

### 任务描述

扫描二维码获取高压开关柜和低压配电柜的一次方案图，用简单明了的语言说明每种配电柜的型号含义、结构、用途和使用场合。

## 任务目标

知识目标：
(1) 熟悉高压开关柜的型号及用途。
(2) 熟悉低压成套设备的型号及用途。
(3) 熟悉高压开关柜和低压配电柜结构特点。

能力目标：
(1) 能理解高压开关柜和低压配电柜型号含义。
(2) 能按使用条件及用电要求正确选择合适的高压开关柜和低压配电柜型号。

态度目标：
(1) 理解并遵守职业标准，提升学生职业荣誉感和自我认可，激发学生学习兴趣。
(2) 培养严谨的做事原则和高度负责的工作态度，树立牢固的安全意识。
(3) 培养学生主动探究未知的精神，提高独立分析问题和解决问题的能力。

## 任务准备

(1) 领取或扫描二维码以获取任务图纸。
(2) 仔细阅读本任务"相关知识"，特别关注高压开关柜和低压配电柜的基本知识以及常见的几种高压开关柜和低压配电柜的结构。

## 任务实施及评价

任务实施及评价见表1-1。

表1-1　　　　　　　　任务实施及评价

| 序号 | 任务步骤 | 工作内容 | 分值 | 评分标准 | 扣分 |
|---|---|---|---|---|---|
| 1 | 前期准备 | (1) 获取任务图纸；<br>(2) 认真熟悉图纸，理解配电柜型号含义、结构区别 | 10 | (1) 未主动领取任务图纸扣2分；<br>(2) 未正确写出高压开关柜和低压配电柜型号含义，每项扣2分 | |

续表

| 序号 | 任务步骤 | 工作内容 | 分值 | 评分标准 | 扣分 |
|---|---|---|---|---|---|
| 2 | 方案设计 | 描述配电柜型号含义、结构、用途、使用场合 | 60 | 未正确写出配电柜型号含义、结构区别、用途及使用场合，每项扣2分 | |
| 3 | | 收集国内其他常用配电柜型号及其特征 | 15 | 未能正确找到国内常用配电柜型号及其特性，每项扣2分 | |
| 4 | | 归纳总结国内常用配电柜特点 | 5 | 未能归纳总结出国内常用配电柜特点，缺项、漏项，每项扣1分 | |
| 5 | | 按规定时间完成任务 | 5 | 未在规定时间内完成任务扣5分 | |
| 6 | 职业素养 | （1）严谨细致，爱岗敬业，主动参与；<br>（2）遵守纪律，团结协作，诚实守信 | 5 | 违反任意一项，扣1分 | |
| 实施人员 | | | 最终得分 | | |

评分员确认签字：

_____年_____月_____日

## 相关知识

配电装置是一种特殊的电工建筑物，它根据电气主接线的接线方式，将各种电气设备和必要的辅助设备按照一定的技术要求建造而成。根据设备安装地点的不同，配电装置可以分为户外配电装置和户内配电装置。

户外配电装置有两种常见类型。一种类型是六氟化硫组合电器（GIS），也称为气体绝缘全封闭组合电器。它将除变压器外的一次设备，经优化设计有机地组成一个整体。充入一定压力的六氟化硫气体作为绝缘介质，形成一种特殊形式的成套配电装置。这种类型的配电装置适用于占地面积较小的地区、海拔较高的地区、地震烈度高的地区以及环境比较恶劣的地区。另一种类型是装配式配电装置，电气设备及其结构物均在现场组装和调试的配电装置。它根据电气设备和母线的布置高度，分为中型布置、半高型布置和高型布置等几种类型。中型布置的电气设备和母线安装在同一个水平面内，而母线的水平面稍高于电气设备的安装水平面。半高型布置和高型布置中，电气设备之间会有重叠布置，母线也可能有重叠布置。若电气设备有重叠布置，而母线布置在比电气设备高一点的水平面内，这种布置就是半高型布置；若电气设备和母线都有重叠布置，这种布置就是高型布置。

户内配电装置也分为两种类型。一种是装配式配电装置,它将各种电气设备在现场组装成配电装置,安装地点在户内。另一种是成套式配电装置,它由制造厂家预先完成所有内部的电气和机械连接,按要求装配在封闭或半封闭金属柜中。这种类型的成套配电装置又分为高压开关柜或低压配电柜。高压开关柜常见的是 10kV 或 35kV 的成套开关柜,低压配电柜常见的是 0.38kV 的成套低压配电柜。

## 一、高压开关柜

(一) 高压开关柜的基本知识

1. 高压开关柜的种类

(1) 我国生产的 3~35kV 高压开关柜按其结构形式可分为固定式和手车式两种。

1) 固定式高压开关柜结构简单,断路器位置固定,使用母线和线路的隔离开关作为断路器检修的隔离措施。但是,断路器室体积小,维修不方便,各功能区相通,容易造成故障的扩大。

2) 手车式高压开关柜中,高压断路器安装在可移动手车上,断路器两侧使用插头与固定的母线侧、线路侧静插头构成导电回路。断路器检修的隔离措施是断路器手车拉出即采用插头式触头与主回路分断,手车可移出柜外检修。手车具有通用性,可使用备用断路器手车代替检修的断路器手车,以减少停电时间。手车式高压开关柜的各功能区采用金属封闭或绝缘板的方式封闭,有一定的限制故障扩大的能力。

(2) 高压开关柜从应用角度的分类,可分为八种。

1) 进线柜。它又称为受电柜,是用来从电网上接受电能的设备,是主电源进线,一般安装有主断路器、电流互感器、电压互感器、隔离开关等元器件。

2) 出线柜。它也称为馈电柜或配电柜,是用来分配电能的设备。

3) 母线联络柜。它也称为母线分段柜,是用来连接两段母线的设备(从母线到母线)。在单母线分段、双母线系统中常常要用到母线联络柜,以满足用户选择不同运行方式的要求或保证故障情况下有选择地切除负荷。

4) 电压互感器柜。它一般是直接装设到母线上,以检测母线电压和实现保护功能。其内部主要安装电压互感器、隔离开关、熔断器和避雷器等。

电压互感器柜的作用是:①电压测量,提供测量表计的电压回路;②可提供操作和控制电源;③每段母线过电压保护器的装设;④继电保护的需要,如母线绝缘、过电压、欠电压、备自投条件等。

高压柜屏顶电压小母线的电源就是由电压互感器柜提供的,电压互感器柜内既有测量电压互感器又有计量电压互感器,由于行业规范规定计量用互感器的等级要高于保护用互感器的等级,因此大多数情况下测量用电压互感器和计量用电压互感器是分开的,但也有时采用共用的形式。高压柜屏顶电压小母线可为其他出线高压柜提供测量、计量、保护用电源等。

5）隔离柜。它是用来隔离两端母线或者是隔离受电设备与供电设备，可以给运行人员提供一个可见的断点，以方便维护和检修作业。由于隔离柜不具有分断、接通负荷电流的能力，因此在与其配合的断路器闭合的情况下，不能够推拉隔离柜的手车。在一般的应用中，都需要设置断路器辅助触点与手车隔离开关的联锁，防止运行人员的误操作。

6）电容补偿柜。一般接在系统主母线上的电容器柜，做集中无功补偿，可用来作改善电网的功率因数。主要的器件就是并联在一起的成组的电容器组、投切控制回路和熔断器等保护用电器。一般与进线柜并列安装，可以一台或多台电容器柜并列运行。

7）计量柜。它主要用来计量电能，有高压、低压之分。一般安装有隔离开关、熔断器、电流互感器、电压互感器、有功电能表（传统仪表或数字电能表）、无功电能表、继电器，以及一些其他的辅助二次设备（如负荷监控仪等）。

8）GIS 柜。它又称为封闭式组合电器柜，其金属壳体内封密有断路器、隔离开关、接地开关、电流互感器、电压互感器、避雷器、母线等，以绝缘性能和灭弧性能良好的气体（一般用六氟化硫）作为相间和对地的绝缘介质。

2. 高压开关柜的型号

高压开关柜的型号含义如下：

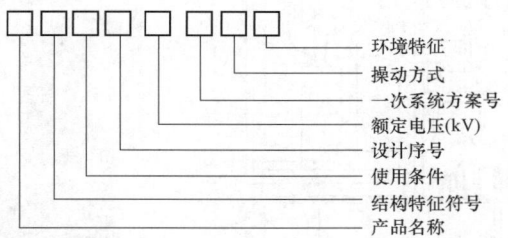

（1）产品名称：G—高压开关柜，原用代号；H—环网开关柜；J—间隔式；X—箱式；K—铠装式。

（2）结构特征：F—封闭型，原用代号；G—固定式；X—箱式；C—手车式，原用代号；Y—移开式或手车式；S—双母线式；P—旁路母线式；K—矿用。

（3）使用条件：N—户内式；W—户外式。

（4）操动方式：D—电磁操动；T—弹簧操动；S—手动。

（5）环境特征代号：TH—湿热带型；G—高海拔型。

例如，KYN28A-12 型号含义：铠装移开室内式交流金属封闭开关设备，设计序号为 28A，额定电压为 12kV。

3. "五防"系统的功能

为防止电气误操作、保证人身安全，高压开关柜必须具有"五防"系统的功能。

（1）防止误分、误合断路器。

（2）防止带负荷将手车拉出或者推进（防止带负荷拉、合隔离开关）。

(3) 防止带电将接地开关合闸（防止带电挂接地线）。

(4) 防止接地开关在合闸位置时合断路器（防止带接地线合闸）。

(5) 防止进入带电的开关柜内部（防止误入带电间隔）。

例如，KYN28A-12型开关柜的联锁机构一般有接地开关与手车的联锁、接地开关与电缆室门的联锁、二次插头与手车的联锁、隔离手车与分段手车的联锁、带电显示器（线路带电显示时操作人员不得进入带电间隔）和防止带负荷将手车拉出或者推进联锁等，防止人员误操作设备。

（二）几种常见高压开关柜

1. KYN28-12型开关柜

KYN28-12型开关柜，如图1-1所示，用于交流50Hz、额定电压3～10kV的单母线及单母分段系统中，用于接受和分配电能。该类型开关柜有完善的"五防"闭锁装置，适合各类电厂、变电站及工矿企业。

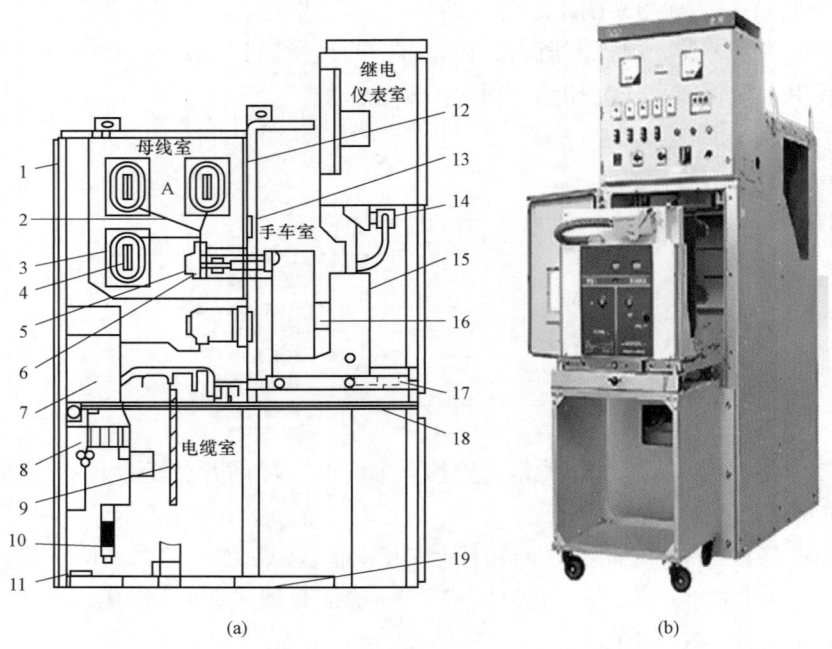

图1-1 KYN28-12型开关柜
(a) 结构示意图；(b) 外形图
1—外壳；2—支母线；3—母线套管；4—主母线；5—静触头；6—静触头盒；
7—电流互感器；8—接地开关；9—一次电缆；10—避雷器；11—接地主干线；12—绝缘隔板；13—活动窗板；
14—二次插头；15—手车；16—除湿加热器；17—水平隔板；18—接地开关操动机构；19—柜底板

KYN28-12型开关柜为全国联合设计产品。开关柜柜体用钢板弯制焊接组合而成，全封闭型结构，由继电仪表室、手车室、母线室和电缆室四个部分组成。各部分用钢板分隔，螺栓连接；具有架空进出线、电缆进出线及左右联络的功能。

手车室包括多种类型，有断路器手车、电压互感器避雷器手车、电容器避雷器手车、所用变压器手车、隔离手车以及接地手车。其中，断路器手车主要采用真空断路器。手车的面板及柜门设计独特，配备观察窗和照明灯，便于观察真空断路器的分合闸状态以及操动机构的弹簧储能状态等。手车底部配置有接地触头和轮子，4个滚轮沿导轨进出，断路器手车通过导轨可从工作位置至试验位置，从试验位置至检修位置。

继电仪表室前门可安装仪表、信号灯、操作开关等，二次电缆沿手车室左侧壁自底部引至仪表继电器室，与仪表室端子排相连。

电缆室内装有电流互感器、接地开关、电压互感器、电缆等元件。

2. XGN2-10 型固定式开关柜

图 1-2 所示为 XGN2-10 型固定式开关柜，它采用金属封闭箱式结构，柜体由钢板和角钢焊接而成。固定式开关柜由断路器室、母线室、电缆室和继电仪表室几部分组成。

（1）断路器室在柜体下部，断路器的传动由拉杆与操动机构连接。断路器下接线端子与电流互感器连接，电流互感器与下隔离开关的接线端子连接，断路器上接线端子与上隔离开关接线端子连接。断路器室设有压力释放通道，当内部电弧燃烧时，气体可通过排气通道将压力释放。

（2）母线室在柜体后上部，为减小柜体高度，母线呈"品"字形排列。

（3）电缆室在柜体下部的后方，电缆固定在支架上。

（4）继电仪表室在柜体前上部，便于运行人员观察。

断路器操动机构装在面板左边位置，其上方为隔离开关的操作及联锁机构。

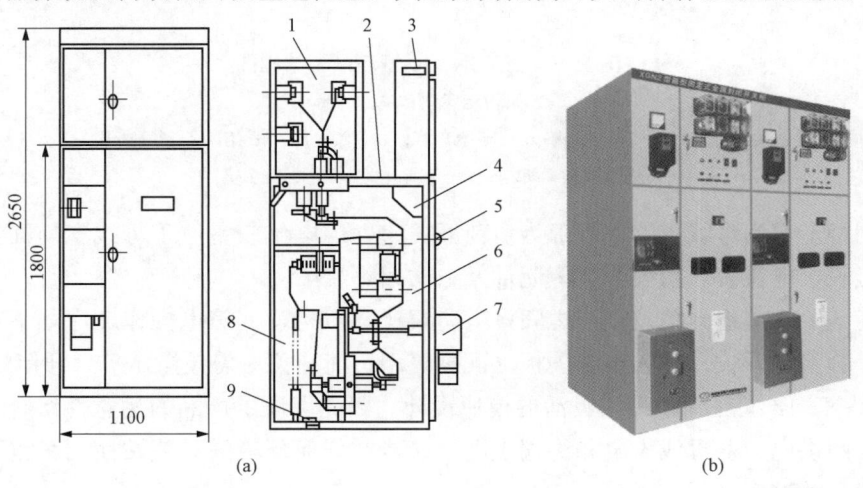

图 1-2 XGN2-10 型高压开关柜
(a) 结构示意图；(b) 外形图

1—母线室；2—压力释放通道；3—继电仪表室；4—组合开关；5—手动操作及联锁机构；
6—主开关室；7—电磁弹簧结构；8—电缆室；9—接地母线

### 3. HXGN-12型环网柜

环网式供电是指线路合环运行,俗称手拉手供电,供电干线形成一个闭合的环形,供电电源向这个环形干线供电,从干线上再一路一路地通过高压开关电器向外配电。这样的好处是,尽管总电源是单路供电的,但每一个配电支路都可以从两个供电方向获得电源,从而提高了供电的可靠性。

环网柜是一组高压开关设备装在钢板金属柜体内或做成拼装间隔式环网供电单元的电气设备。图1-3为HXGN-12型环网柜结构图。

HXGN-12型环网柜采用荷开关-熔断器组合,柜体采用异型立柱及连接器拼装而成,由钢板分隔成负荷开关室、母线室和继电仪表室,防护等级达IP2X。

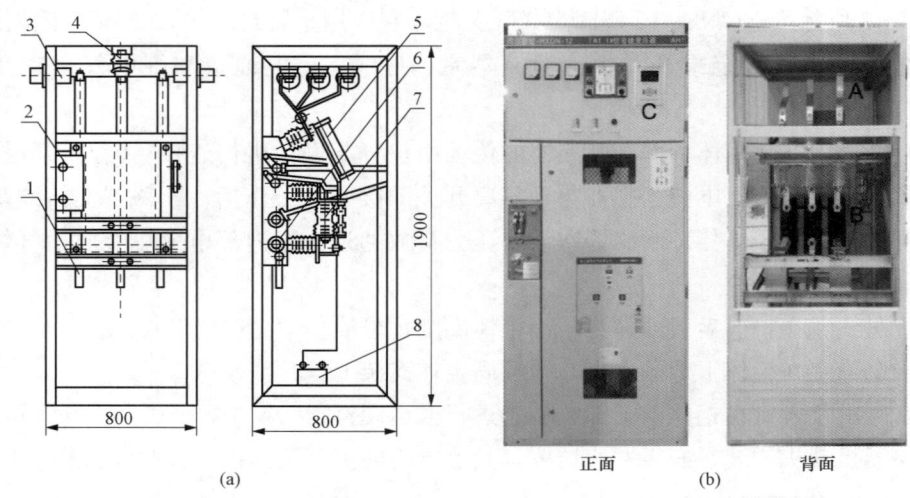

图1-3 HXGN-12型环网柜结构图
(a) 结构示意图;(b) 外形图
1—接地开关;2—操动机构;3—穿墙套管;4—绝缘子;5—熔断器(隔离开关);
6—弹簧操动机构;7—负荷开关;8—电流互感器

环网柜上部为母线室,中下部为负荷开关室,继电仪表室位于母线室前面,室内可装设电压表、电流表、切换开关等元件及二次回路端子。

负荷开关、接地开关及柜门之间设有防误操动机构,其停电操作顺序如下:分断负荷开关—合接地开关—插入绝缘隔板(配高级型负荷开关不需此操作)—开柜门。

HXGN-12型环网柜采用灵活的模块设计,因此保证了产品的随意性组合,使其既能用于环网供电、双母线供电和终端供电,又能在任何环境的开关站使用,也可设计成户外箱式开关站。

HXGN-12型环网柜,安装调试非常简单,更换零部件也很方便。"五防"系统安全可靠,接地开关合闸后,负荷开关不能合闸;反之,负荷开关合闸后,接地开关无法合闸。如果负荷开关分闸,接地开关合闸后,没有插入防护隔板,前门照样无法打开。

## 二、低压成套设备

### （一）低压配电柜及其控制设备

低压配电柜是由一个或多个低压开关设备和与之相关的控制、测量、信号、保护、调节等设备组成的一种组合体设备。低压成套设备通常被用于低压配电系统中，用于控制、保护、测量、调节和分配电能。它包含主电路和辅助电路两部分，主电路用于传输电能，辅助电路用于控制、测量、信号、调节和处理数据等。

1. 低压配电柜分类

（1）按照其特点和使用范围不同，低压配电柜可以分为以下几种类型：

1）固定面板式成套开关设备，也称低压配电屏，是一种带有前护板的开启式成套设备。其前护板正面的防护等级至少为 IP2X，其他面容易触及带电部件。该设备内电气元件为一个或多个回路垂直平面布置，各回路的电气元件未被隔离，适用于集中供电的配电装置，要求安装场所没有可能引起事故的小动物。

2）封闭式动力配电柜，除安装面外，所有表面都封闭的成套设备，整个设备的防护等级不低于 IP2X。电气元件为平面多回路布置，回路间可不加隔离措施，也可采用接地的金属板或绝缘板隔离，适用于车间等工业现场的配电。

3）抽屉式成套开关设备，也称动力配电中心、电动机控制中心。电气元件安装在一个可抽出的部件中，构成一个供电功能单元。功能单元在隔离室中移动时具有三种位置，即连接、试验和分离。该设备具有较高的可靠性、安全性和互换性，在供电可靠性要求高的工矿企业、高层建筑，作为集中控制的配电中心。

连接位置是指可移式部件或抽出式部件为实现其预期功能而处于完好的连接状态的一种位置。试验位置是指抽出式部件，在此位置上，有关的主电路已与电源断开但没有必要完全形成隔离距离，而辅助电路已连接好，允许对抽出式部件进行运行试验，此时该部件仍与成套设备保持机械上的连接。分离位置是指抽出式部件在该位置时，主电路和辅助电路的隔离距离已达到要求，而抽出式部件与成套设备仍保持机械连接。

4）照明、动力配电箱，配电箱的供电系统可为三相四线制、三相五线制和单相三线制。适用于企业车间、办公楼、宾馆和商店的动力、照明配电装置。

（2）按照用途不同，低压配电柜可以分为以下几种类型：

1）低压进线计量柜，用于电能计量、电压电流监测和进线保护等。通常安装在电力系统的进线处，可测量电力系统的电量、电压、电流等参数，并对电力系统的进线进行保护和控制。

2）低压无功补偿柜，用于对电力系统的无功功率进行补偿，提高电力系统的功率因数。在电力系统中，大量的感性负荷会产生无功功率，这些无功功率会导致电力系统的功率因数下降，进而影响电力系统的稳定性和运行效率。低压无功补偿柜可以通过安装电容器或电抗器等元件，对无功功率进行补偿。

3) 低压出线柜，用于配电系统中的出线控制和保护。通常安装在配电系统的出线处，可对出线电路进行控制和保护，包括过负荷保护、短路保护、欠电压保护、过电压保护等。

2. 低压配电柜型号含义

我国生产的低压配电柜常用的型号有 PGL 型、GGD 型、GCS 型、MNS 型和 BFC 型（防尘抽屉式）等。

我国低压配电柜型号含义如下：

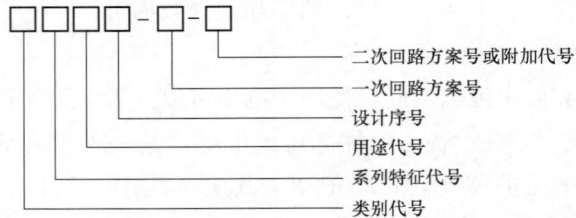

(1) 类别代号：P—开启式配电柜；G—封闭式配电柜；X—封闭式配电箱；T—封闭式控制台。

(2) 系列特征代号：B—固定安装式（正面不带电操作，维护不会触及带电部分）；C—抽屉式（主电路母线有绝缘层，或采用金属或绝缘隔离）；G—元件固定安装；F—分相隔插式；H—抽屉式与元件安装混合型。

(3) 用途代号：L（D）—动力；K—控制；B—变电站；J—无功补偿；M—照明；S—森源电器。

3. 控制设备

低压配电柜中的控制设备是指用于控制电气或机械系统的设备，通常包括开关、继电器、计算机、编程器等。控制设备可以根据预设的逻辑和条件来控制设备的启停、速度、方向、位置等。在低压成套设备中，控制设备通常用于控制低压开关设备的动作和停止，并实现一定的逻辑控制功能。

(1) 按照控制方式不同，控制设备可以分为手动控制设备、自动控制设备和远程控制设备。手动控制设备包括按钮、开关、旋钮等，需要人工操作才能实现控制；自动控制设备则通过传感器、计算机等自动控制器来实现控制；远程控制设备则可以通过无线通信、互联网等远程控制软件来实现控制。

(2) 按照功能不同，控制设备可以分为控制、保护、测量、信号等多种类型。控制设备可以实现控制功能，如开关接通、断开电路；保护设备可以在电路发生故障时保护设备免受损坏；测量设备可以实时监测电路的电压、电流、功率等参数；信号设备可以传递各种信号，如故障信号、报警信号等。在低压成套设备中，各种类型的控制设备通常会结合使用，以实现对设备的全面控制和保护。

(二) 常用低压配电柜

1. GGD 型交流低压配电柜

图 1-4（a）所示为 GGD 型交流低压配电柜，它是一种低压成套设备，其构架采用

冷弯型钢材局部焊接拼装而成，上面有安装孔，适应各种元器件装配。主母线列在柜的上部后方，采用的 ZMJ 母线夹是用高阻热合金材料热塑成型，机械强度高，绝缘性能好，长期允许温度可达 120℃，并设计成积木组合式，安装使用十分方便。柜门采用整体单门或不对称双门结构，柜体后面采用对称式双门结构，周边均加有橡胶密封条，提高了门的防护等级，达到 IP30。柜门采用镀锌转轴式铰链与构架相连，安装、拆卸方便。柜体上部有一个小门，用于安装各类仪表指示灯、控制开关等。柜体的下部、后上部和顶部均有通风孔，并用网板加封，使柜体在运行中形成自然通风道，有较好的散热性能。刀开关的操动机构采用万向节式的旋转机构，手柄可以拆卸，操作方向由垂直上下推拉式改为左右旋转式，方便操作，增强了安全性。柜内的安装件与构架间用接地滚花螺栓连接，构成完整的接地保护电路。

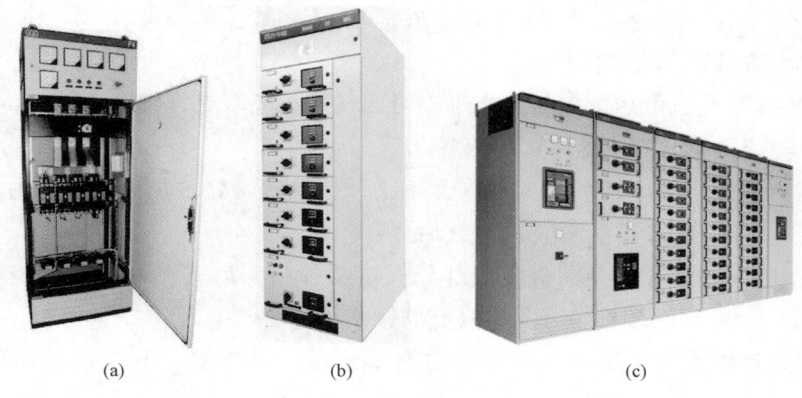

图 1-4 常见交流低压配电柜
(a) GGD 型；(b) MNS 型；(c) GCS 型

GGD 型配电柜按其分断能力的大小可分为 Ⅰ、Ⅱ 型和 Ⅲ 型，最大分断能力分别为 15、30、50kA，主电路设计方案有 126 个，可以满足各方面的需要。

2. MNS 型交流低压配电柜

MNS 是一个外来的型号，实际上是低压抽出式成套开关柜。

（1）抽屉式配电柜的模数。MNS 型交流低压配电柜为抽屉式配电柜。对于抽屉式配电柜，要先明白一个概念，那就是模数 $E$。模数 $E$ 有两个值，一个为 20mm，一个为 25mm。目前抽屉式配电柜柜体一般用两种型材来加加工，一种是 KS 型材，$E=20$mm；另一种是 C 型材，$E=25$mm。柜高 2200mm，放抽屉的有效高度为 1800mm。

以 $E=25$ 为例说明：

$8E/4=200/4$，表示 200 高的空间布置 4 个抽屉，宽度为 150；

$8E/2=200/2$，表示 200 高的空间布置 2 个抽屉，宽度为 300；

$8E$，表示 200 高的空间布置 1 个抽屉，宽度为 600；

$12E$，表示 300 高的空间布置 1 个抽屉，宽度为 600；

$16E$，表示 400 高的空间布置 1 个抽屉，宽度为 600；

20$E$，表示 500 高的空间布置 1 个抽屉，宽度为 600；

24$E$，表示 600 高的空间布置 1 个抽屉，宽度为 600。

在不同模数 $E$ 值下，抽屉柜可以灵活调整抽屉的高度和宽度，使抽屉柜的布局更加灵活和可定制，以适应不同的需求和使用场景。

（2）MNS 型交流低压配电柜的结构特点。MNS 型交流低压配电柜如图 1-4（b）所示，是一种模块化低压配电柜，主要用于中小型配电系统和控制系统。它的特点是模块化设计，可以轻松地实现扩展和维护，提高了系统的可靠性和安全性。

1）柜体所使用的材料为敷铝锌板，全组装结构，可以双面操作，柜深 1000mm。

2）系统框架采用 C 型材，标准模数 $E=25$mm；柜体外形尺寸（高×宽×深）有多种，2200mm×400/600/800/1000/1200mm×600/800/1000mm；抽屉组件的标准规格为 8$E$/4、8$E$/2、4$E$、6$E$、8$E$、12$E$、16$E$、20$E$、24$E$，最多单柜可装 72 个抽屉。

3）MNS 抽屉另有联锁机构。

关于 MNS 型交流低压配电柜在本书项目四任务二还有更详细的介绍。

### 3. GCS 型交流低压配电柜

GCS 型交流低压配电柜如图 1-4（c）所示，是基于 MNS 柜型设计的另一种抽屉式开关柜，主要结构与 MNS 类似，主母线后置。

（1）主构架采用 CMF 型钢拼装和部分焊接两种结构形式。不靠墙安装，单面操作柜，柜深 800mm，双面维护，开关本身有联锁机构。

（2）各功能室严格分开，主要分为功能单元室、母线室、电缆室，各室功能相对独立。

（3）以抽屉为主体，同时具有抽出式和固定式，可以混合组合，任意选用。

（4）GCS 的框架由 $E=20$mm 的 KS 型材组装而成，抽屉单元高度的模数为 160mm，分为 1/2、1、1.5、2、3 单元五个尺寸系列。一个抽屉为一个独立功能单元，1 单元抽屉柜一般是指抽屉的高度为 160mm 高，装置的每个柜内可以配置 11 个 1 单元抽屉或 22 个 1/2 单元的抽屉，功能单元的抽屉可以方便地实现互换。

（5）抽屉进出线采用片式接插件，抽屉与电缆室的转接采用背板式结构的转接件或棒式结构的转接件。

（6）抽屉面板有合、断、试验、抽出等位置的明显标志。抽屉设有机械联锁装置。

项目一　设备认知与选型

## 【自我分析与总结】

| 学生学会的内容 | 笔记 |
| --- | --- |
|  |  |
| 学生总结 |  |
|  |  |

## 【巩固提升】

| 网络空间 | 笔记 |
| --- | --- |
| 二维码3<br>简单认识配电装置 |  |

# 任务二　高低压电气设备型号认知及选型

## 任务描述

（1）熟悉设备型号。扫描本项目任务一中的二维码 1 和 2，在一次方案排列图"型号及规格"中，运用"D 电小二""天工直通车"等小程序或成套设备报价 App 查找出相应设备型号图片，配上型号含义解释做成 PPT 提交。

（2）供配电系统综合设计。某新建 10kV 小型制造厂变电站，为其选择 10kV 配电变压器 SC10 系列低损耗变压器，备选变压器额定容量为 315、400、500、630kVA。已知制造厂同时系数 $k_{\Sigma P}=0.84$，设备负荷需求见表 1-2。

表 1-2　　　　　　　　　设 备 负 荷 需 求 表

| 设备名称 | 设备有功容量（kW） | 需用系数 $k_d$ | 车间功率因数 |
|---|---|---|---|
| 空压站 | 200 | 0.6 | 0.83 |
| 锻造车间 | 150 | 0.8 | 0.72 |
| 机加工车间 | 150 | 0.56 | 0.77 |
| 制成品车间 | 360 | 0.49 | 0.76 |

现需对制造厂配电系统进行以下要求的计算，并根据要求进行设备的选择。

（1）工厂的高压侧功率因数要求不低于 0.9，低压侧功率因数应略高于 0.9，取 0.93 计算，在变电站低压侧设计装设并联电容器进行就地补偿，请计算并联电容器补偿容量。

（2）满足三相配电要求，应装设 BW0.4-12-1 的电容器多少个，选择适合的电容器接线方式。

（3）设计补偿后选择哪种容量配电变压器用于该工厂。

（4）计算工厂变电站无功补偿后的功率因数。

（5）工厂变电站建成投运后，实时有功负荷为 377kW，实时无功负荷为 312kvar，此时无功补偿选择手动，需投入几组电容器组方能满足低压侧功率因数大于 0.92。

## 任务目标

知识目标：

（1）熟悉常见高低压电气设备。

（2）了解常见高低压电气设备型号含义。

能力目标：

（1）会查找智能供配电系统图纸元件列表中设备型号含义。

(2) 设备选型时能区分各字母及数字含义,正确选择设备。

态度目标:

(1) 理解并遵守职业标准,提升学生职业荣誉感和自我认可,激发学生学习兴趣。

(2) 培养严谨的做事原则和高度负责的工作态度,树立牢固的安全意识。

(3) 培养学生主动探究未知的精神,提高独立分析问题和解决问题的能力。

## 任务准备

(1) 查询相关知识,熟悉需要使用的小程序和 App。

(2) 获取任务图纸,图纸中包括有型号的元件列表。

(3) 回顾负荷计算、电容补偿计算等相关供配电系统计算方法,以完成供配电系统综合设计方案制定。

## 任务实施及评价

任务实施及评价见表 1-3。

表 1-3 任务实施及评价

| 序号 | 任务步骤 | 工作内容 | 分值 | 评分标准 | 扣分 |
|---|---|---|---|---|---|
| 1 | 前期准备 | 任务熟悉:<br>(1) 获取任务图纸;<br>(2) 下载相应 App | 10 | (1) 未主动领取任务图纸扣2分;<br>(2) 不清楚需使用的 App 或小程序,扣3分;<br>(3) 不会使用 App 或小程序,扣5分 | |
| 2 | 通过 App 或小程序查找元件列表中元件型号含义 | (1) 输入型号大类,查找需要的具体型号和厂家;<br>(2) 记录型号及设备信息;<br>(3) 下载使用说明书并保存 | 30 | (1) 不熟悉型号大类,每项扣2分;<br>(2) 型号及设备信息记录错误,每项扣2分;<br>(3) 未下载使用说明书,每项扣2分 | |
| 3 | 任务整理及提交 | (1) 报告整理;<br>(2) 提交报告或设计结果 | 50 | (1) 设备型号及设备信息不清晰,每项扣4分;<br>(2) 说明书没有电子文档,每项扣5分 | |

续表

| 序号 | 任务步骤 | 工作内容 | 分值 | 评分标准 | 扣分 |
|---|---|---|---|---|---|
| 4 | 职业素养 | （1）严谨细致，爱岗敬业，主动参与；<br>（2）遵守纪律，团结协作，诚实守信 | 10 | 任意一项不满足，扣2分 | |
| 实施人员 | | | 最终得分 | | |

评分员确认签字：

_____年_____月_____日

## 相关知识

高压电器是指工作在交流电压1000V及以上与直流电压1500V以上电路中的电器，主要包括高压开关电器、保护电器、测量电器、补偿电器、限流电器、成套电器和组合电器以及高压母线、电缆、绝缘子等。低压电器是指工作在交流电压1000V以下与直流电压1500V及以上电路中的电器，包括配电电器、控制电器及用电电器等，种类繁多，型号复杂。

下面对常见高低压电器做简单的介绍及常用型号说明，对具体的型号含义，要结合不同厂家给出的型号含义说明来理解，可参考报价软件识别型号含义。

### 一、高压开关电器

高压开关电器主要包括高压断路器、高压隔离开关、高压负荷开关、自动重合器和自动分段器等设备。这些开关电器在电力系统中承担的任务是：在正常工作情况下可靠地接通或开断电路；在改变运行方式时灵活地切换操作；在系统发生故障时迅速切除故障部分以保证非故障部分的正常运行；在设备检修时隔离带电部分以保证工作人员的安全。

（一）高压断路器

高压断路器可以说是高压电器中用量最多，也最重要的一种电器。它具有两方面的作用：一是在正常运行时，接通或断开电路的空载电流和负荷电流，起控制作用；二是当电网发生故障时，高压断路器与继电保护装置和自动装置配合，迅速、自动地切断故障电流，将故障部分从电网中断开，保证电网无故障部分的安全运行，缩小停电范围，防止事故扩大，从而起保护作用。

高压断路器具有完备的灭弧装置，因此可以切断电力系统中的故障电流。常见的高压断路器按照灭弧介质不同可分为油断路器、真空断路器、$SF_6$断路器、压缩空气断路器等。目前油断路器基本被淘汰，真空断路器和 $SF_6$ 断路器较常见。断路器必须安装操动机构才能被开断和关合。常用的操动机构按照是否需要预先储能被分为两大类：一类是直动操动机构，包括手动操动机构和电磁操动机构；另一类是储能操动机构，包括弹簧操动机构、液压操动机构和气动操动机构。

高压断路器国内型号含义如下：

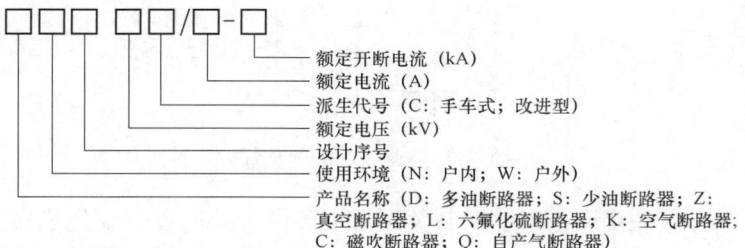

图 1-5 所示为 VS1-12 型户内手车式真空断路器，这种型号多见于中外合资企业或外资企业的型号。按我国对高压断路器的型号命名方式，这种断路器相对应的型号为 ZN63A-12。

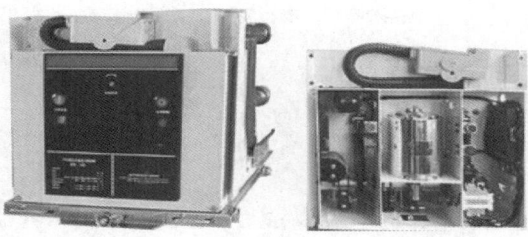

图 1-5　ZN63A-12（VS1-12）型户内手车式真空断路器

高压断路器操动机构的型号含义如下：

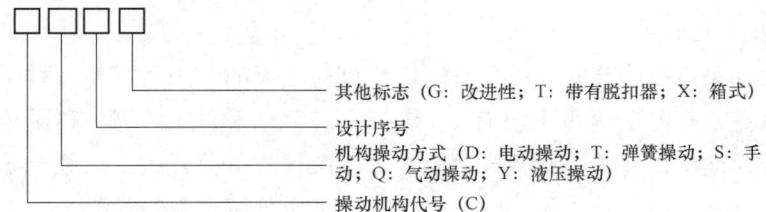

（二）高压隔离开关

隔离开关因为没有专门的灭弧装置，所以只能在电路无电流或接近无电流的情况下开断和关合电路。图 1-6 所示为 GN19-10 型户内高压隔离开关。隔离开关主要的作用有以下三方面：

（1）隔离作用。隔离作用是指将需要检修

图 1-6　GN19-10 型户内高压隔离开关

的电气设备与带电的电网隔离，以保证检修人员的安全。

（2）换接作用。换接作用主要指换接线路或母线。如图1-7所示，当需要将负荷由母线Ⅰ转移到母线Ⅱ上时，可不用开断断路器QF，只需先将隔离开关QS2和QS3闭合，再将隔离开关QS1和QS4分开即可。

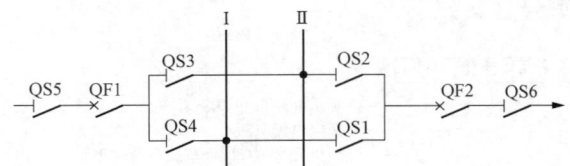

图1-7　隔离开关的连接线路

（3）关合与开断作用。由于隔离开关没有灭弧装置，所以只能用它关合和开断空载电气设备。

隔离开关型号含义如下：

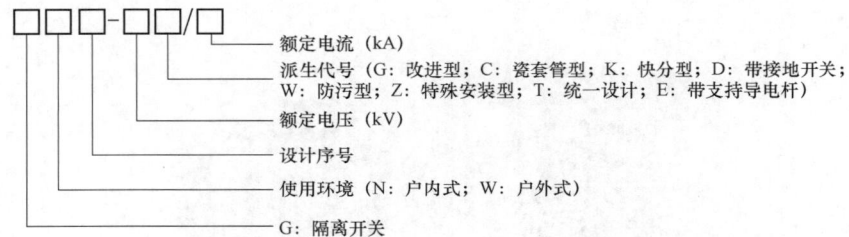

接地开关是隔离开关的一种，型号以字母"J"开头。当电器需要检修时，将接地开关合闸接地，可以起到接地线的作用。

图1-8所示为JN2-10型户内接地开关，可配用于12kV户内交流金属铠装移开式金属封闭开关设备及其他高压开关设备，也可单独使用。

（三）高压负荷开关

高压负荷开关是指能开断和关合一定倍数负荷电流的开关。它是一种带有简单灭弧装置的开关电器，其电压等级主要有3、6、10、35kV和63kV等。高压负荷开关按其灭弧介质可分为油负荷开关、压气式负荷开关、产气式负荷开关、六氟化硫负荷开关和真空负荷开关五种。图1-9所示为FN12-10型高压负荷开关外形图。

它主要有以下两方面的作用：

（1）开断和关合作用。由于高压负荷开关具有一定的灭弧能力，因此可用来开断和关合比隔离开关允许容量更大的空载变压器、更长的空载线路，有时也用来开断和关合大容量的电容器组；甚至可以开断和关合小于额定电流一定倍数（通常为3～4倍）的过负荷电流供电线路。

（2）替代作用。负荷开关与限流熔断器串联组合可以代替断路器使用，即由负荷开关承担开断和关合小于一定倍数的过负荷电流，而由限流熔断器承担开断较大的过负荷电流和短路电流。

图 1-8 JN2-10 型户内
高压接地开关

图 1-9 FN12-10 型
高压负荷开关

高压负荷开关的型号含义如下：

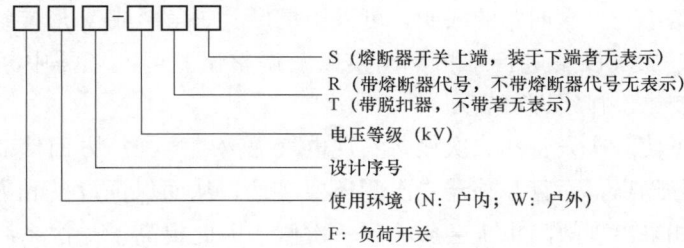

S（熔断器开关上端，装于下端者无表示）
R（带熔断器代号，不带熔断器代号无表示）
T（带脱扣器，不带者无表示）
电压等级（kV）
设计序号
使用环境（N：户内；W：户外）
F：负荷开关

## 二、高压熔断器

高压熔断器是串联在电路中的一个最薄弱的导电环节，广泛使用在 60kV 及以下电压等级的系统中。当电路发生短路或过负荷时，高压熔断器熔体熔断将电路断开，使其他电器得到保护。

在高压电网中，高压熔断器可作为配电变压器和配电线路的过负荷与短路保护，也可作为电压互感器的短路保护。按照使用环境，高压熔断器分为户内式和户外式。图 1-10 所示为 XRNP1 型电压互感器保护用的高压限流熔断器，X 表示限流式，P 表示电压互感器保护用。

图 1-10 XRNP1 型高压限流熔断器

常用高压熔断器的型号含义如下：

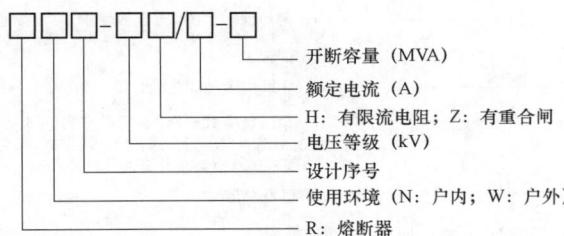

开断容量（MVA）
额定电流（A）
H：有限流电阻；Z：有重合闸
电压等级（kV）
设计序号
使用环境（N：户内；W：户外）
R：熔断器

## 三、互感器

互感器是电力系统中一次系统和二次系统之间的联络元件,用以向测量仪表、继电器的电压线圈和电流线圈供电,以正确反映电器的正常运行和故障情况。测量仪表的准确性和继电保护动作的可靠性,在很大程度上与互感器的性能有关。

互感器具体有下述几个作用:

(1) 互感器可将一次回路的高电压和大电流变为二次回路的标准值。通常电压互感器(TV)二次侧额定电压为100V,电流互感器(TA)二次侧额定电流为5A或1A,这样测量仪表和继电保护装置标准化、小型化,二次设备的绝缘水平可按低压设计,结构轻巧、价格便宜。

(2) 所有二次设备可用低电压、小电流的控制电缆来连接,这样就使配电屏内布线简单、安装方便;同时也便于集中管理,可以实现远距离控制和测量。

(3) 二次回路不受一次回路的限制,可采用星形、三角形或V形接线,因而接线灵活方便。同时,对二次设备进行维护、调换以及调整试验时,不需中断一次系统的运行,仅适当地改变二次接线即可实现。

(4) 互感器可使一次设备和二次设备实现电气隔离。这样一方面使二次设备和工作人员与高电压部分隔离,而且互感器二次侧还要接地,从而保证设备和人身安全。另一方面,二次设备如果出现故障也不会影响到一次侧,因此提高了一次系统和二次系统的安全性和可靠性。

(5) 互感器可取得零序电流、电压分量,供反应接地故障的继电保护装置使用。将三相电流互感器二次绕组并联,使其输出总电流为三相电流之和即得到一次电网的零序电流。如将一次电路(如电缆电路)的三相穿过一个铁芯,则绕于该铁芯上的二次绕组输出零序电流。

互感器按功能不同可分为电流互感器和电压互感器两种。

电流互感器型号含义如下:

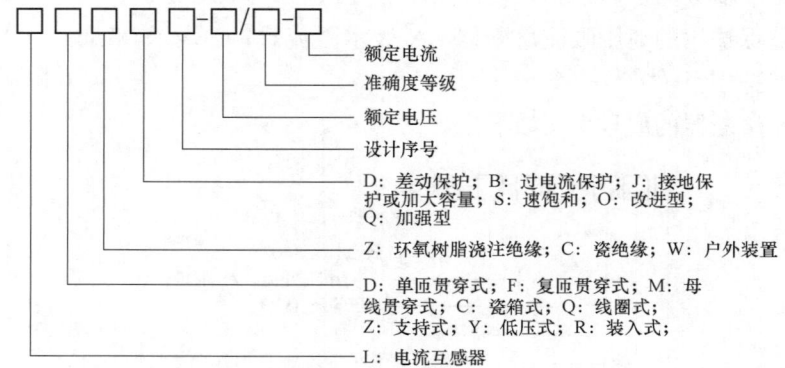

图1-11所示为LZZBJ9-10型电流互感器。

电压互感器型号含义如下:

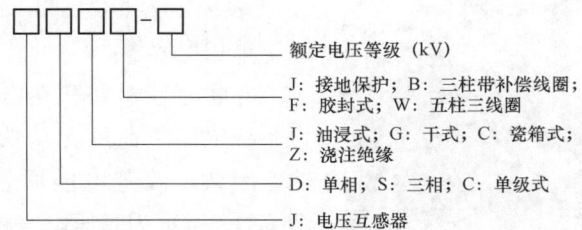

图 1-12 所示为 JDZX10-10 型电压互感器。

图 1-11　LZZBJ9-10 型电流互感器　　　　图 1-12　JDZX10-10 型电压互感器

## 四、电力电容器和电抗器

### (一) 电力电容器

电力系统的并联补偿是指在电网各变电站并联安装一些无功补偿装置,集中补偿无功功率。电力系统的串联补偿是指在感抗大的线路上,适当串联电容器,补偿线路感抗,从而降低电压损耗和无功损耗。

电力系统无功补偿装置有发电机、调相机、电力电容器、静止补偿器等。在配电网络中用量最多的应属并联电力电容器。电力电容器按照用途来分主要有并联电容器、串联电容器、耦合电容器、滤波电容器等。

并联电力电容器型号含义如下:

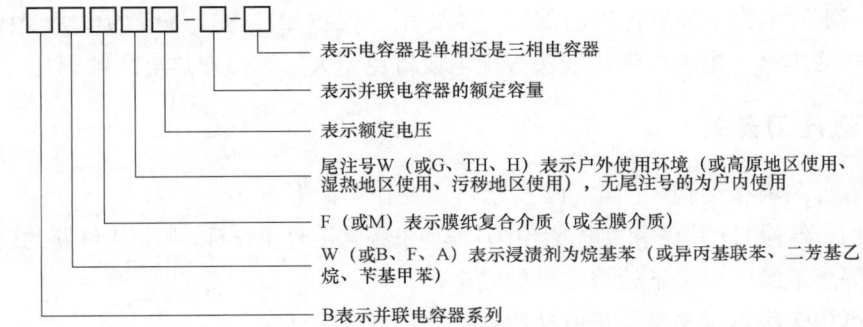

比如,BWF0.4-12-1,其中 BWF 是表示浸渍剂为烷基苯,介质为膜纸复合介质

的并联电容器，0.4 代表额定电压为 0.4kV，12 代表额定容量为 12kvar，1 代表该电容器属于单相电容器。

并联电容器并联在电网中，用来补偿电力系统感性负荷的无功功率，以提高系统的功率因数，改善电能质量，降低线路损耗。图 1-13 所示为高压电容柜，柜内主要以并联电容器为主。

图 1-13 高压电容柜

（二）电抗器

电抗器是电力系统中常用的一种电感元件，按其用途可分为并联电抗器、限流电抗器、阻尼电抗器、消弧线圈等。在配电系统中主要以限流电抗器、消弧线圈比较多见。

（1）限流电抗器。限流电抗器一般安装于配电线路，用以限制馈线的短路电流，并维持母线电压不致因馈线短路而导致过低。

（2）消弧线圈。消弧线圈广泛应用于 10、35kV 级的中性点非有效接地系统，用来补偿系统单相接地时产生的容性电流。

## 五、避雷器

避雷器是保护电力系统及电器的绝缘，免受瞬态过电压的危害，限制续流的持续时间和幅值的一种装置，主要有管型避雷器、阀型避雷器、氧化锌避雷器等。

避雷器型号含义如下：

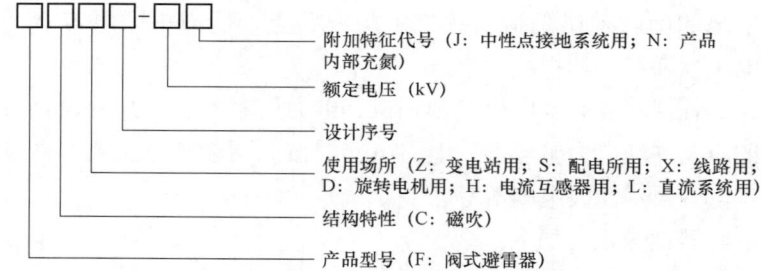

图 1-14 所示为一种氧化锌避雷器，主要用于保护相应电压等级的电力变压器、开关柜、箱式变电站、电力电缆出线头等配电设备免受大气和操作过电压的损坏。

## 六、低压刀开关

低压刀开关典型结构如图 1-15 所示，主要作用如下：

（1）用于各种配电设备和供电线路中，作为不频繁接通和分断低压供电线路的设备。

（2）隔离电源，以保证检修人员的安全。

（3）可用于小容量笼型异步电动机的直接启动。

项目一 设备认知与选型

图 1-14 氧化锌避雷器

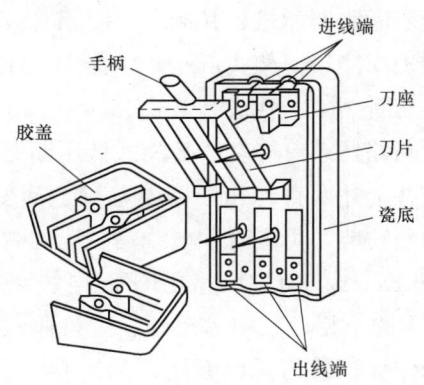

图 1-15 HK2 型开启式低压刀开关

## 七、低压转换开关

转换开关的结构特点是用动触片向左、右旋转来代替刀开关的推合、拉开，结构较为紧凑。图 1-16 所示为三极转换开关，三个动触片装在绝缘垫板上，并套在方轴上，通过手柄可使方轴做 90°正、反向地转动，从而使动触片与静触头保持接合或分断。转换开关除用作电源引入开关外，也有用来直接启动冷却液泵电动机及控制机床照明等。

刀开关和转换开关都直接串接在电动机电路中，电动机所在电路称为主电路。

## 八、低压断路器

低压断路器旧称自动空气开关，为了与 IEC 标准一致，现改用此名。低压断路器是一种可以自动切断故障电路的开关电器，当电路中发生短路、过负荷、失压等故障时，能自动切断电路。在正常情况下，可以作为不频繁地接通和断开电路以及控制电动机的设备。

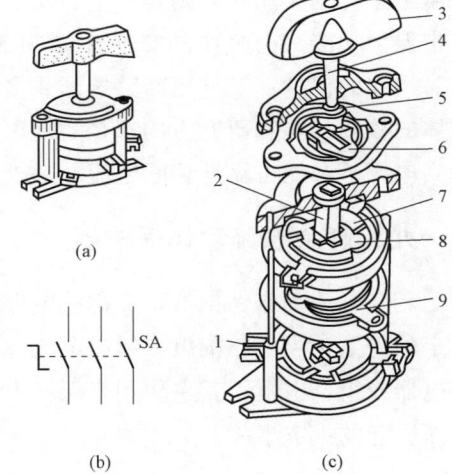

图 1-16 转换开关
(a) 外形；(b) 图形符号；(c) 结构
1—接线柱；2—绝缘杆；3—手柄；
4—转轴；5—弹簧；6—凸轮；
7—绝缘板；8—动触片；9—静触片

常见的低压断路器，主要分为两大类：一类是框架式低压断路器，另一类是塑壳式低压断路器。两者不同之处在于框架式低压断路器额定电流相对比塑壳式低压断路器较高，一般用于配电房进线回路或配电总回路，因没有塑料外壳遮挡，可以看见断路器框架结构，断路器框架式由此得名。框架式低压断路器内部可根据需要选择配备各种保护功能（由脱扣器实现），因此也称这种电器为万能式低压断路器，常规型号表示为 DW。其中 D 代表低压断路器，W 代表万能式。塑壳式低压断路器因有塑料外壳，故由此得

23

名，与框架式低压断路器相较，其额定电流相对较低，主要用于各出线回路或分支配电回路，内部的保护功能较框架式低压断路器少，相对体积也较小。常规型号表示为DZ，其中D代表低压断路器，Z代表装置式。

常见的低压断路器还有多功能智能式低压断路器、微型低压断路器、漏电保护低压断路器等，都是在上述两种低压断路器基础上演变来的。智能式低压断路器具有检测、控制、保护和通信功能，可实现配电线路状况的智能管控和无线互联。微型低压断路器（Micro Circuit Breaker，MCB），常用于配电线路终端，因体积小而得名，一般用于额定电压125A以下的单相、三相的短路、过负荷、过电压等保护。漏电保护低压断路器则是剩余电流动作保护器与低压断路器的组合，它除了具有低压断路器的保护功能外，还具有漏电则跳闸保护的功能。

与高压断路器相比，低压断路器的特点有：①低压断路器的灭弧介质以空气为主，高压断路器的灭弧介质则是真空、$SF_6$气体、变压器油或者压缩空气等；②低压断路器自带保护功能（由脱扣器实现），高压断路器本体并不带保护功能，需配合继电保护实现对线路的保护；③低压断路器形式多样化，也易于实现更多的附加功能，高压断路器本体的核心功能和研究方向都是实现可靠的灭弧能力，使高压断路器无论用在超高还是特高电压下都能可靠地切断电流，故外形及结构变化不大，附加功能不多。

## 九、剩余电流动作保护器

剩余电流动作保护器，又称漏电保护器，是低压断路器的一个重要分支，是一种在规定条件下，当电路漏电或触电电流达到或超过给定值时能自动断开电路的一种机械开关电器或组合电器。其主要用来保护人身避免发生电击伤亡，以及防止因电器或线路漏电而引起的火灾事故。

## 十、低压交流接触器

低压交流接触器用来频繁地接通和分断交流主电路及大容量控制电路，并可实现远距离控制，主要控制对象通常是电动机，也可控制其他电力负荷，具有操作方便、动作速度快、灭弧性能好等优点，在自动控制系统中得到广泛应用。

低压交流接触器的内部结构和在电路中的接线如图1-17（a）、（b）所示，其工作原理是电磁线圈通电后产生磁场，使静铁芯产生足够的吸力，将动铁芯吸合，三对主触点和所有动合辅助触点闭合，所有动断辅助触点断开，当接触器线圈断电时，电磁吸力消失，动铁芯在反作用弹簧力的作用下复位，所有触点也同时复位。低压交流接触器各部分的图形符号如图1-17（c）所示。

交流接触器的结构可分为四个部分。

（1）电磁系统。电磁系统包括静铁芯、动铁芯（衔铁）和线圈。其中线圈的触点一般用A1和A2表示；铁芯由硅钢片叠压而成，以减少损耗，避免铁芯过热。接触器的

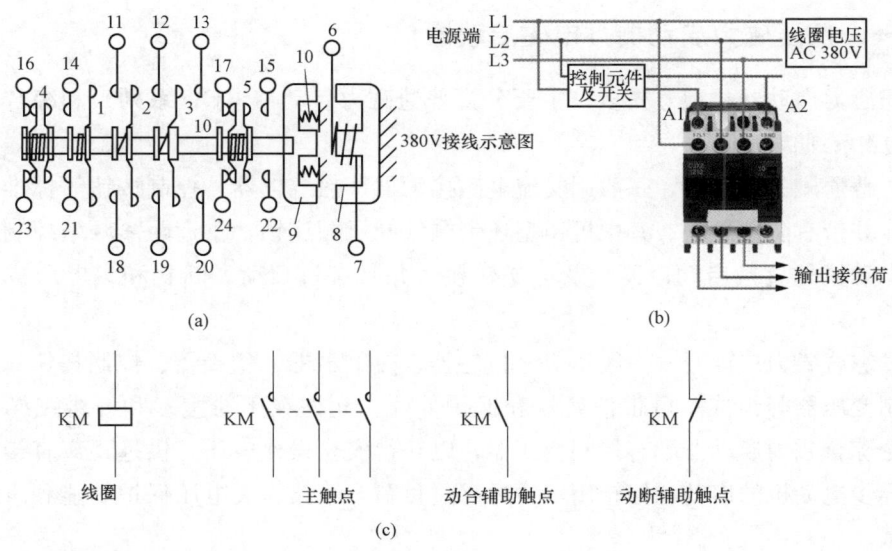

图 1-17 低压交流接触器
(a) 内部结构示意图;(b) 接线示意图;(c) 图形符号
1~3—主触点;4、5—辅助触点;6、7—线圈;8—铁芯Ⅰ;9—衔铁;
10—弹簧;11~24—触点的接线柱

静铁芯上装有一个短路铜环,其作用是减小交流接触器吸合时产生的振动和噪声,也称减振环。

(2) 触点系统。触点系统包括主触点和辅助触点。主触点接在主电路中,作用是接通和断开主电路,允许通过较大的电流。辅助触点接在由按钮和接触器线圈组成的控制电路中,只允许通过较小电流。动合、动断触点是指电磁系统通电后触点的动作状态,通常动合触点用 NO 表示,动断触点用 NC 表示。动合和动断触点基本上是一起动作的,当线圈通电时,动断触点先断开,动合触点随即闭合;线圈断电时,动合触点先断开,随即动断触点恢复闭合状态。

(3) 灭弧罩。当接触器断开大电流时,在动、静触点之间会产生很强的电弧,烧伤触点,并使电路切断时间延长,影响接触器的正常工作,因此交流接触器都装有陶土制成的灭弧罩。灭弧罩的栅片将电弧分割成若干短弧,同时栅片将电弧的热量散发,促使电弧熄灭。

(4) 其他部分。其他部分包括反作用弹簧、缓冲弹簧、触点压力弹簧片,各部分作用如下:

1) 反作用弹簧的作用是当线圈断电时,使触点复位。
2) 缓冲弹簧的作用是缓冲动铁芯在吸合时对静铁芯的冲击力。
3) 触点压力弹簧片的作用是增加动、静触点之间的压力,从而增大接触面积,以减少接触电阻。

## 十一、低压磁力启动器（电磁启动器）

低压磁力启动器的型号繁多，主要分为普通磁力启动器（QC 系列）和综合磁力启动器（QZ 系列）。

（1）普通磁力启动器，一般用交流电磁接触器、热继电器、控制按钮等标准元件组合而成，并带有防护外壳。其中可逆型还带电气及机械连锁，供远距离频繁控制三相笼型异步电动机的直接启动、停止及可逆转换，并具有过负荷、断相和失电压或欠电压保护。

（2）综合磁力启动器，一般由交流接触器、热继电器、熔断器、控制按钮、组合开关、控制变压器等组成，可带信号灯和保护外壳，允许在于粉尘多和纤维飞扬场合使用，部分综合磁力启动器配有控制变压器，以获得安全操作电压，供远距离直接控制三相笼型异步电动机的启动和停转用，并具有过负荷，短路、失电压保护功能和事故信号指示装置。

## 十二、继电器

继电器是一种传递信号的电器，用于接通和分断控制电路。继电器的输入信号可以是电压、电流等电气量，也可以是热、光、声等非电气量，而输出则都是触头动作。继电器的电磁系统和触头都较小，因此它的动作迅速，反应灵敏。

在控制电路中，继电器被用来改变控制电路的状态，以实现既定的控制程序，达到预定的目的，同时也提供一定的保护。

继电器按功能可分为保护继电器、控制继电器、通信继电器三种类型。例如，热继电器就是一种应用比较广泛的保护继电器。它是利用电流通过热元件所产生的热效应实现动作的一种继电器。当负荷电流超过允许值时，热继电器动作，对电气设备起过负荷保护作用。

## 十三、低压熔断器

低压熔断器是一种简单而有效的短路保护电器，串联在被保护的电路中。正常情况下，低压熔断器相当于一根导线，当发生短路或严重过负荷时，熔丝因过热而熔断，自动将电路切断，起到了保护作用。熔断器的主要元件是熔丝，它是用低熔点的铅锡合金做成。常用的熔断器有瓷插式［见图 1-18（a）］和螺旋式［见图 1-18（b）］等，图形符号如图 1-18（c）所示。

## 十四、无功补偿控制器

无功补偿装置是电力系统供电系统中的必要装置，无功补偿控制器是无功补偿装置的核心部件。无功补偿控制器有三种采样方式，即功率因数型、无功功率型、无功电流

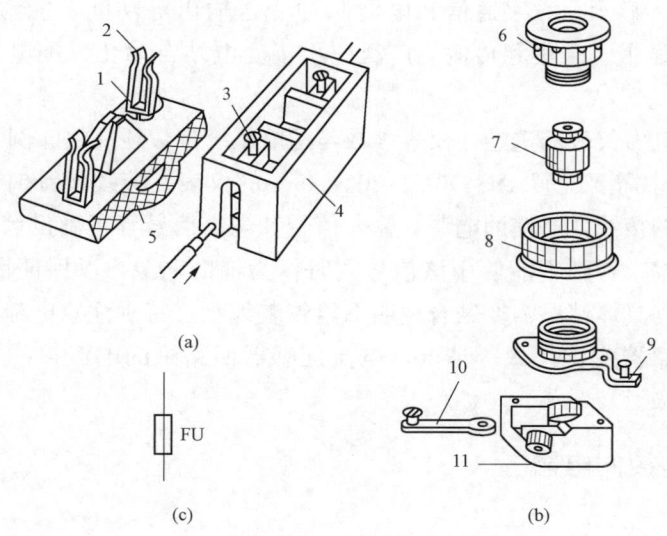

图 1-18 熔断器
（a）瓷插式熔断器；（b）图形符号；（c）螺旋式熔断器
1—熔丝；2—动触点；3—静触点；4—瓷底座；5—瓷盖；6—瓷帽；
7—熔管；8—瓷套；9—上接线柱；10—下接线柱；11—底座

型。无功补偿控制器是无功补偿装置的指挥系统，采样、运算、发出投切信号，参数设定、测量、元件保护等功能均由补偿控制器完成。

无功补偿控制器的补偿方式分为静态补偿（延时投切方式）和动态补偿（瞬时投切方式）两种，具体选择哪一种补偿方式，还要依据电网的状况而定。对于负荷较大且变化较快的工况，以及电焊机、电动机的线路，应采用动态补偿方式；对于负荷相对平稳的线路应采用静态补偿方式，也可采用动态补偿方式。静态补偿方式投切电容器组，可采用专用的接触器（如CJ19）、复合开关或者同步开关（又名选相开关）加以配合，其目的在于防止过于频繁的动作使电容器组损坏，更重要的是防止电容不停投切导致供电系统振荡。

无功补偿控制器可根据需要进行参数设定。例如，延时投切时间设定，一般应在10~120s；投入及切除门限设定，其功率因数一般应在 0.85（滞后）~0.95（超前）范围内整定。无功补偿控制器的电流与电压的采样需根据说明书设计接线，一般电流采样取自进线柜，电压采样直接取自无功补偿柜即可。

### 十五、三相多功能电力仪表

三相多功能电力仪表是一种测量三相电流、三相相电压、三相线电压、三相有功功率、三相无功功率、三相视在功率、三相总功率因数、频率、三相有功电能、三相无功电能为一体的综合仪表，具备 RS485 通信接口，采用 MODBUS-RTU 协议。它具有可编程测量、显示、数字通信和电能脉冲变送输出等功能,能够完成电量测量、电能计量、数据显示、采集和传输,广泛应用于变电站自动化、配电自动化、智能建筑等。

三相多功能电力仪表的选型,仪表参数与配电系统参数须一致。例如,在 AC380V、200A/5A 的线路中需要配置 AC400V、200A/5A 的仪表;接线设计时,按照实际的要求参照说明书中的接线,对辅助电源、输入信号和输出信号等正确设计接线,除非电压互感器有足够功率,否则不能使用该信号同时作为辅助电源,以保证仪表的正常工作;装配时,按照线路具体情况需要结合说明书给仪表编程,特别注意电流互感器变比应与实际线路电流互感器变比一致等情况,电流互感器回路中的电流接线端子螺钉务必拧紧,以免产生故障。

### 十六、其他控制电器

1. 主令电器

主令电器是在自动控制系统中发出操纵指令的电器,它的作用是控制接触器、继电器或其他电器,使其接通和分断电路来实现自动控制。

2. 电阻器

电阻器是一种用来限制电流的电器元件,一般电阻主要是用于交直流电动机的启动、制动、调速以及电路的放限流、分压等。其用途广泛,品种多。

3. 变阻器

变阻器实际上是一种由电阻和换接装置组成的,可以连续均匀地调节或逐级分挡改变电阻值的电器。

4. 电磁铁

电磁铁的主要用途是操纵或牵引机械装置以完成自动化的动作。从自动化角度来说,电磁铁是断续动作的执行机构。

### 十七、低压电器快速选型方法及选型举例

1. 快速选型方法

低压电器选择时可采用快速选择的方法进行,即用计算电流乘以选型倍数。选型倍数是一个经验数据,是厂家在长期选型过程中积累总结而来。举例如下:

(1) 选电容补偿回路接触器,最快的方法是直接用电容容量乘以选型倍数。例如,单相乘以 4,三相乘以 2。

(2) 电动机回路选接触器,先算出电动机计算电流,然后用计算电流乘以选型倍数。例如,1.5~2.5 倍,小容量选 1.5,大容量选 2.5。

(3) 电动机回路选断路器,先算出电动机计算电流,然后用计算电流乘以选型倍数。例如,1.5~2.5 倍,小容量选 1.5,大容量选 2.5。

2. 快速选型举例

图 1-19 为某配电柜的一次系统图，根据一次系统的已知条件，计算出各回路电流大小。

【例 1-1】 已知低压 0.4kV 三相笼型异步电动机 1 容量为 7.5kW，功率因数为 0.95；电动机 2 容量为 22kW，功率因数为 0.91。要求写出选型计算过程及选型结果。

需选型设备（选型参考表扫描二维码 4 查看）：
(1) 自动空气开关 Q、Q1、Q2；
(2) 交流接触器 KM1、KM2；
(3) 热继电器 FR1、FR2；
(4) Q 主回路、Q1 支路及 Q2 支路所需电缆型号。

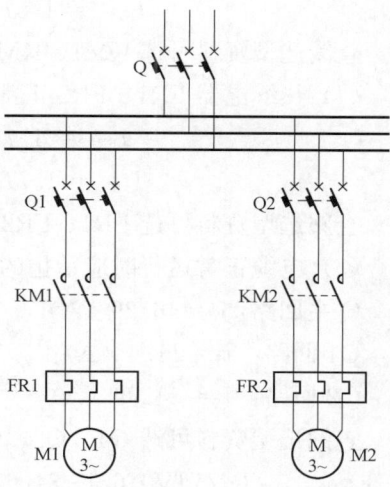

图 1-19 某配电柜一次系统图

二维码4
设备选型资料

**解** 此例中断路器选择系数取 3，交流接触器选择系数取 5，热继电器选择系数取 1.7；电缆（敷设于空气中）规格，按载流量选择。

$U_N=0.4\text{kV}$，电机效率均为 $\eta=0.9$。其中，$P_{1N}=7.5\text{kW}$，$\cos\varphi_1=0.95$，$P_{2N}=22\text{kW}$，$\cos\varphi_2=0.91$，则自动空气开关 Q、Q1、Q2；交流接触器 KM1、KM2；热继电器 FR1、FR2；Q 主回路、Q1 支路及 Q2 支路所需电缆选择方法如下：

(1) 计算回路额定电流。

1) 电动机 M1 回路

$$I_{N1}=\frac{P_{1N}}{\sqrt{3}U_N\cos\varphi}=\frac{7.5}{\sqrt{3}\times 0.4\times 0.95}=11.40(\text{A})$$

2) 电动机 M2 回路

$$I_{N2}=\frac{P_{2N}}{\sqrt{3}U_N\cos\varphi}=\frac{22}{\sqrt{3}\times 0.4\times 0.91}=34.89(\text{A})$$

3) 主回路

$$I_N=I_{N1}+I_{N2}=46.29\text{A}$$

(2) 自动空气开关 Q1、Q2、Q 正常运行时应承担的电流分别为

$$I_{Q1}=3I_{N1}=3\times 11.4=34.2(\text{A})$$
$$I_{Q2}=3I_{N2}=3\times 34.89=104.67(\text{A})$$
$$I_Q=3I_N=3\times 46.29=138.87(\text{A})$$

查阅选型资料可选 Q1、Q2、Q：NXM-63/33002-40、NXM-125/33002-125、NXM-160/33002-160（除额定电流之外的数据，根据实际需要选择）。

(3) 交流接触器 KM1、KM2 正常运行时应承担的电流分别为

$$I_{KM1}=1.5I_{N1}=1.5\times 11.4=17.1(\text{A})$$

$$I_{KM2} = 1.5I_{N2} = 1.5 \times 34.89 = 52.335(A)$$

查阅选型资料可选 KM1、KM2：CJT1-20、CJT1-63。

（4）热继电器 FR1、FR2 正常运行时应承担的电流分别为

$$I_{FR1} = 1.7I_{N1} = 1.7 \times 11.4 = 19.38(A)$$

$$I_{FR2} = 1.7I_{N2} = 1.7 \times 34.89 = 59.313(A)$$

查阅选型资料可选 FR1、FR2：NRE8-25、NRE8-100。

（5）电缆正常运行时应承担的电流。

Q 主回路：$I = 46.29$（A）

Q1 回路：$I_1 = 11.4$（A）

Q2 回路：$I_2 = 34.89$（A）

查阅选型资料可选 Q1、Q2、Q 回路电缆：ZR-YJV0.6/1-3×1.5，ZR-YJV0.6/1-3×4.0，ZR-YJV0.6/1-3×6.0。

## 【自我分析与总结】

| 学生学会的内容 | 笔记 |
|---|---|
|  |  |
| 学生总结 |  |
|  |  |

## 【拓展学习】

| 网络空间 | 笔记 |
|---|---|
| 二维码5<br>低压电器选型 |  |

## 项目二

# 智能供配电系统电气图识读及故障查找

**【项目描述】**

本项目介绍了高压开关柜和低压配电柜图的识读方法。通过学习能看懂不同的高压开关柜和低压配电柜图,为按图接线、按图查线、按图排查故障打下基础。

**【项目目标】**

(1) 掌握电气图纸绘制规范。
(2) 能熟练进行高压开关柜、低压配电柜故障排查。
(3) 理解并遵守职业标准和安全规程,培养学生本着"问题导向"原则来进行故障查找。

## 任务一　电气图纸绘制规范认知

### 任务描述

将测量回路展开式原理图按电气图纸绘制规范,补充未知信息,绘制成标准的电气图纸。

### 任务目标

知识目标:
(1) 熟悉电气制图与电气简图用图形符号、文字符号的国家标准。
(2) 了解电气图中电路图、技术说明和标题栏三部分的画图或填写要求。

能力目标:
(1) 能识读电气原理图。
(2) 能按任务要求,用规定的图形符号、文字符号画出简单的电气一次图和二次图。

态度目标:
(1) 理解并遵守职业标准,提升学生职业荣誉感和自我认可,激发学生学习兴趣。

(2) 培养严谨的做事原则和高度负责的工作态度，树立牢固的安全意识。
(3) 培养学生主动探究未知的精神，提高独立分析问题和解决问题的能力。

## 任务准备

(1) 接受任务，明确任务目标。
(2) 仔细阅读浏览本任务相关知识点，重点学习相关知识中元件图形符号及文字符号。
(3) 准备电气图绘图用品。

## 任务实施及评价

任务实施及评价见表 2-1。

表 2-1　　　　　　　　　任 务 实 施 及 评 价

| 序号 | 任务步骤 | 工作内容 | 分值 | 评分标准 | 扣分 |
|---|---|---|---|---|---|
| 1 | 前期准备 | (1) 接受任务，明确任务目标；<br>(2) 认真熟悉图纸，理解控制原理；<br>(3) 熟悉标准图形符号和文字符号 | 20 | (1) 任务准备不充分，每项扣5分；<br>(2) 在领取的图纸乱涂乱画，每处扣3分 | |
| 2 | 识读电气图并按要求完成任务 | (1) 熟悉元器件图形符号或文字符号；<br>(2) 熟悉绘图格式；<br>(3) 熟悉工程名称、图名、图号及设计人、制图人、审核人的签名和日期等；<br>(4) 熟悉元器件的符号、规格、数量等 | 10 | 未按时完成任务，每项扣2分 | |
| 3 | 任务评定 | (1) 正确识读元器件图形符号或文字符号；<br>(2) 正确识读工程名称、图名、图号及设计人、制图人、审核人的签名和日期等图纸信息；<br>(3) 正确识读元器件的符号、规格、数量等信息 | 60 | (1) 未正确识读元器件图形符号或文字符号，每项扣5分；<br>(2) 未正确识读工程名称、图名、图号及设计人、制图人、审核人的签名和日期等图纸信息，每处扣5分；<br>(3) 未正确识读元器件的符号、规格、数量等信息，每处扣3分 | |

续表

| 序号 | 任务步骤 | 工作内容 | 分值 | 评分标准 | 扣分 |
|---|---|---|---|---|---|
| 4 | 职业素养 | （1）严谨细致，爱岗敬业，主动参与；<br>（2）遵守纪律，团结协作，诚实守信 | 10 | 任意一项不满足，扣2分 | |
| 实施人员 | | | 最终得分 | | |

评分员确认签字：

_____年_____月_____日

## 相关知识

### 一、电器元件

电器元件，在电力系统中也称为电气设备，根据其在电力系统中的作用将其分为一次设备和二次设备。

一次设备是指直接用于电力的生产、输送、分配和使用，构成电力发、输、配、用的主系统。这些设备包括发电机、变压器、隔离开关、母线、断路器、电压互感器、电流互感器、电力电容器、避雷器、电缆、母线等。把这些设备连接在一起组成的回路称为一次回路，也称主接线或者一次方案回路。

二次设备是指用于对电力系统一次设备的工况进行监测、控制、调节和保护的低压电气设备。二次设备之间的相互连接的回路统称为二次回路，它是确保电力系统安全生产、经济运行和可靠供电不可缺少的重要组成部分。二次回路通常包括：采集一次系统电压、电流信号的交流电压回路、交流电流回路；对断路器及隔离开关等设备进行操作的控制回路；对发电机励磁回路、主变压器分接头进行控制的调节回路；反映一、二次设备运行状态、异常及故障情况的信号回路；供二次设备工作的电源系统等。

### 二、电气制图基本知识

（一）电气制图的标准

绘制电气图、阅读电气图的基本依据是电气简图与电气制图用图形符号的国家标准。电气简图用图形符号的国家标准GB/T 4728—2018《电气简图用图形符号》，与电气制图的国家标准GB/T 6988—2008《电气技术文件编制》共同构成电气制图的基本依据。

IEC和国际标准化组织ISO联合起草了将电气制图的使用范围由"电气"向"一切技术领域"扩展的一系列新标准。中国国家标准也紧随IEC制定和发布了一系列新电气制图标准，见表 2-2。

表 2-2　　　　　　　　　　　电气制图的标准

| 中国国家标准 | IEC 标准 | 标准名称 |
| --- | --- | --- |
| GB/T 4728.1—2018 | IEC 60617.1 | 电气简图用图形符号　第1部分：一般要求 |
| GB/T 4728.2—2018 | IEC 60617.2 | 电气简图用图形符号　第2部分：符号要素、限定符号和其他常用符号 |
| GB/T 4728.3—2018 | IEC 60617.3 | 电气简图用图形符号　第3部分：导线和连接件 |
| GB/T 4728.7—2022 | IEC 60617.7 | 电气简图用图形符号　第7部分：开关、控制和保护器件 |
| GB/T 4728.8—2022 | IEC 60617.8 | 电气简图用图形符号　第8部分：测量仪表、灯和信号器件 |
| GB/T 6988.1—2008 | IEC 61082.1 | 电气技术文件的编制　第1部分：规则 |
| GE/T 5094—2018 | IEC 61346.1~4 | 工业系统、装置与设备以及工业产品结构原则与参照代号 |
| GB/T 18135—2008 | | 电气工程 CAD 制图规则 |

（二）电气制图图符

（1）电气制图时通常采用图形符号和文字符号表示，见表 2-3。

电气元件的图形符号基本固定，但识图时同一种电气元件不同电气设计师使用的文字符号会有区别，这主要有两方面的原因：一是不同的时期 IEC 标准和国家标准的修订，使得不同时期使用的电气元件文字符号和图形符号有差异；二是有些 IEC 标准和国家标准没有严格规定的文字符号，在电气设计师口传亲授时沿用了习惯符号。所以，在识读电气图时就需多看多总结，再结合元件列表中对文字符号的解释来理解电气图。

即便如此，电气制图图符的文字符号和电气符号也是基本固定的，制图时不能随便改变，应使用现行国家标准中规定的文字符号和图形符号。

表 2-3　　　　　　　　　　　常用电气图符

| 图形符号 | 说明 | 实物图 | 文字符号 |
| --- | --- | --- | --- |
| | 名称：高压断路器<br>能够关合、承载和开断高压正常回路条件下的电流并能在规定的时间内关合、承载和开断异常回路条件下的电流的开关装置 | | QF |
| | 名称：低压断路器（又称自动空气开关，简称空气开关）<br>能够关合、承载和开断低压正常回路条件下的电流并能在规定的时间内关合、承载和开断异常回路条件下的电流的开关装置 | | Q |
| | 名称：浪涌保护器<br>又称避雷器，在低压配电系统中，对间接雷电和直接雷电影响或其他瞬时过电压的电涌进行保护 | | F |

续表

| 图形符号 | 说明 | 实物图 | 文字符号 |
|---|---|---|---|
| ϕ# 或 | 名称：电流互感器<br>依据电磁感应原理将一次侧大电流转换成二次侧小电流来测量的仪器 | | TA |
| $f_1/f_2$ | 名称：变频器<br>频率由 $f_1$ 变到 $f_2$，$f_1$ 和 $f_2$ 可用输入和输出频率数值替代 | | 没有统一的符号，常用 V/F，或者 INV 表示 |
| M 3~ | 名称：三相电动机<br>又称三相感应电动机，需要三相电源供电的异步电动机 | | M |
| | 名称：熔断器<br>常出现在二次回路中，用于短路保护，是应用最普遍的保护器件之一 | | FU |
| | 名称：旋钮<br>用于实现回路不同的电气状态，常见的有储能旋钮、照明旋钮等 | | SA |
| | 名称：控制按钮<br>通常用于电路中发出启动或停止指令，以控制电磁启动器、接触器、继电器等电器线圈电流的接通和断开 | | SB |
| ⊗ | 名称：信号灯<br>用于反应设备或电路的运行情况，不同颜色的信号灯表示不同的含义 | | HL 或按颜色来写符号，如 HR、HG、HY、HW 等 |
| | 名称：试验端子<br>用于在不断开二次回路的情况下，对仪表、继电器进行试验 | | X |
| SQ | 名称：位置开关（动合、动断）<br>一般指行程开关，又称限位开关，这类开关被用来限制机械运动的位置或行程，使运动机械按一定位置或行程自动停止、反向运动、变速运动或自动往返运动等 | | SQ |

续表

| 图形符号 | 说明 | 实物图 | 文字符号 |
|---|---|---|---|
| 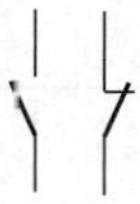  | 名称：辅助触点（动合、动断）<br>一般的通断功能开关，常用于信号控制和电气联锁使用 |   | 辅助触点一般没有专门符号，标注时，写对应的主元件的符号，例如，接触器 KM3 的辅助触点，就标注 KM3 |
| 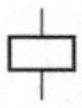  | 名称：线圈<br>多指继电器、接触器或电磁执行操作 |   | 线圈一般没有专门符号，标注时，写对应的主元件的符号，例如，接触器 KM1 线圈，就标注 KM1。也有用 YC、HQ 等表示合闸线圈，用 YQ、TQ 等表示分闸线圈 |
|  | 名称：导线、导体<br>用于承载电流，使电路连通 |   | 相线 L，中性线 N |
|   | 名称：插头和插座（凸头的和内孔的）<br>表示可移动部分的接插件 | 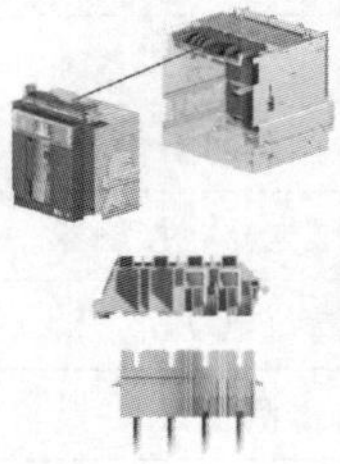  | 一般没有专门符号，标注时，写对应的主元件的符号 |
|  | 名称：接地符号<br>用来指示等电位点或接地母线 |   | PE |
|  | 名称：手动操动机构<br>多指未配电动操动机构的塑壳断路器，合分闸需要手动操作来完成 |   | CS |

续表

| 图形符号 | 说明 | 实物图 | 文字符号 |
|---|---|---|---|
| Ⓜ---- | 名称：电动操动机构<br>多指智能框架断路器内的储能电机，与塑壳断路器配合使用，实现电动合分闸操作 | | CD |
| | 名称：热执行器<br>例如，热继电器或热过电流保护器，这里是指断路器自带的保护脱扣 | | FR |
| | 名称：过电流保护电磁操作<br>这里是指断路器自带的保护脱扣 | | KA |
| | 名称：电缆终端头<br>装配到电缆线路的首末端，用以完成与其他电气设备连接的装置 | | 一般不标注符号 |

(2) 电气设备类别标识和导线电气标识，见表2-4和表2-5。

表 2-4 电气设备类别标识

| 标识字母 | 电气设备类别 | 说明 |
|---|---|---|
| C | 电容器 | |
| F | 保护装置 | |
| G | 发电机 | |
| H | 信号器件 | HL（信号灯） |
| K | 继电器、接触器 | KA（继电器）、KM（接触器） |
| M | 电动机 | |
| P | 测量仪表 | PA（电流表）、PV（电压表） |
| Q | 大电流开关电器 | QF（断路器）、QS（隔离开关） |
| R | 电阻 | |
| S | 开关、选择器 | SA（选择开关）、SB（按钮开关）、SQ（行程开关） |
| T | 变压器 | T（变压器）、TA（电流互感器）、TV（电压互感器） |
| U | 调制器、变换器 | |
| X | 接线端子、插头、插座 | XT（接线端子） |
| Y | 电操作的机械装置 | |
| Z | 终端设备 | |

表2-5　　　　　　　　　　　　导　线　电　气　标　识

| 导线 | | 导线端头标识 | 电气设备接线端的标识 |
|---|---|---|---|
| 交流电网 | 相线1 | L1 | A |
| | 相线2 | L2 | B |
| | 相线3 | L3 | C |
| | 中间线 | N | N |
| 直流电网 | 正 | L+ | C |
| | 负 | L− | D |
| | 中间线 | M | M |
| 保护导体 | | PE | PE |
| 具有保护功能的中性线 | | PEN | |
| 接地导线 | | E | E |

（三）导线的表示方法

导线在图纸上用图线来表示。图线是指起点和终点间以任意方式连接的一种几何图形，它是组成图形的基本要素，形状可以是直线或曲线、连续线或不连续线。国家标准中规定了在工程图样中使用的六种图线，其名称、型式、宽度和主要用途见表2-6。

表2-6　　　　　　常用图线的名称、型式、宽度和主要用途

| 图线名称 | 图线型式 | 图线宽度 | 主要用途 |
|---|---|---|---|
| 粗实线 | —————— | b | 电气线路、一次线路 |
| 细实线 | —————— | 约b/3 | 二次线路、一般线路 |
| 虚线 | - - - - - - | 约b/3 | 屏蔽线、机械连线 |
| 细点划线 | — · — · — · | 约b/3 | 控制线、信号线、围框线 |
| 粗点划线 | — · — · — · | b | 有特殊要求线 |
| 双点划线 | — ·· — ·· — | 约b/3 | 原轮廓线 |

图线分为粗、细两种。以粗线宽度作为基础，粗线的宽度b应按图的大小和复杂程度，在0.5~2mm之间选择，细线的宽度应为粗线宽度的1/3。图线宽度的推荐系列为0.18、0.25、0.35、0.5、0.7、1、1.4mm和2mm。若各种图线重合，应按粗实线、点划线、虚线的先后顺序选用线型。

### 三、电气图纸使用要求

1. 图纸幅面要求

图纸幅面是指图纸短边和长边所确定的尺寸。绘制图样时，图纸幅面尺寸应优先采用表2-7中规定的基本幅面。

表 2-7　　　　图纸的基本幅面及图框尺寸（代号 $B×L\ a\ c\ e$）　　　　　　　　mm

| 幅面代号 | A0 | A1 | A2 | A3 | A4 |
|---|---|---|---|---|---|
| $B×L$ | 841×1189 | 594×841 | 420×594 | 297×420 | 210×297 |
| $a$ | 25 ||||| 
| $c$ | 10 |||| 5 |
| $e$ | 20 ||| 10 ||

表 2-7 中：$a$、$c$、$e$ 为留边宽度。图纸幅面代号由"A"和相应的幅面号组成，即 A0～A4。幅面代号的几何含义，实际上就是对 0 号幅面的对开次数。基本幅面共有五种，例如，A1 中的"1"，表示将全张纸（A0 幅面）长边对折裁切一次所得的幅面；A4 中的"4"，表示将全张纸长边对折裁切四次所得的幅面，其尺寸关系如图 2-1 所示。

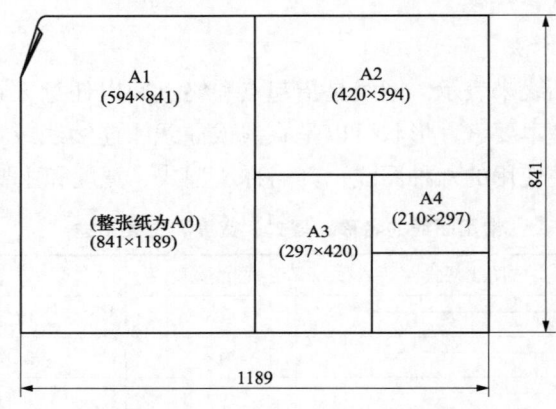

图 2-1　基本幅面的尺寸关系

2. 图框要求

图框是指规定在图纸幅面上绘图的有效边界，以保证图素不超过或太靠近纸页边缘。图框线必须用粗实线绘制。图框格式分为留有装订边和不留装订边两种，分别如图 2-2 和图 2-3 所示。应注意，同一产品的图样只能采用一种格式。图面外框采用细实线（0.25mm），内框与外框距离为 5mm，采用粗实线（0.5mm）。

3. 图幅分区的要求

图幅分区的目的是确定图中内容的位置，一些幅面较大、内容复杂的电气图通常需要进行分区，如图 2-4 所示。

图幅分区方法是：将图纸相互垂直的两边各自加以等分，竖边方向用大写拉丁字母 A、B、C…编号，横边方向用阿拉伯数字 1、2、3…编号，编号的顺序应从标题栏相对的左上角开始，分区数应为偶数。

图幅分区的要求是图纸比例为 1∶1，每一分区的长度一般应不小于 25mm，不大于

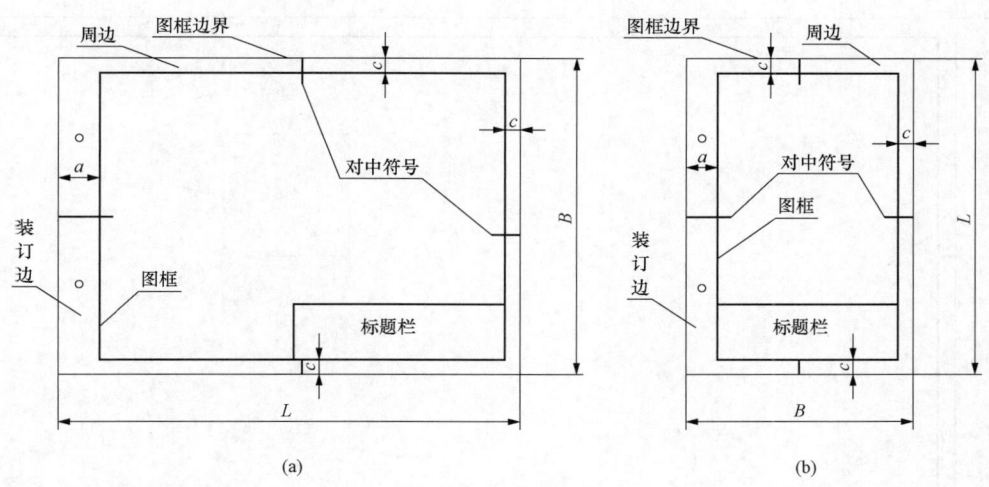

图 2-2　留有装订边图样的图框格式
(a) 横装；(b) 竖装

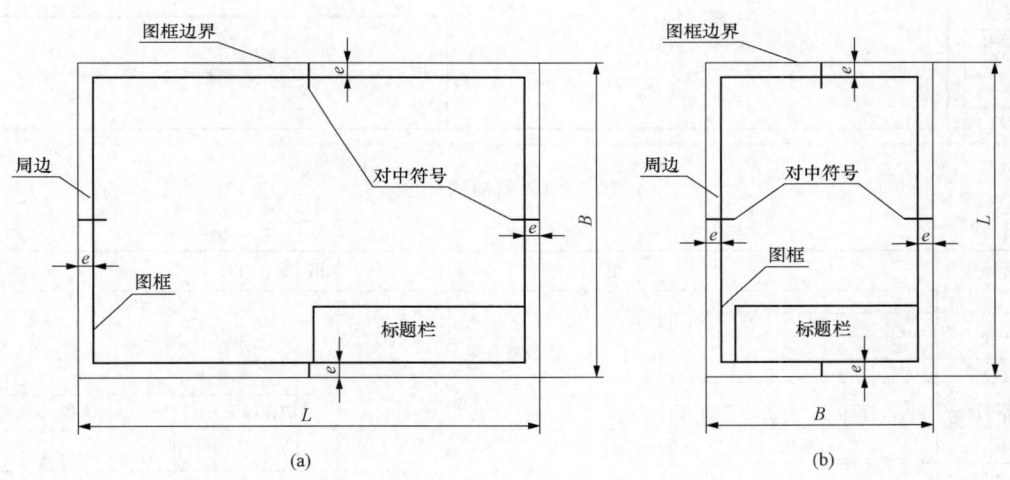

图 2-3　不留有装订边图样的图框格式
(a) 横装；(b) 竖装

75mm，对分区中符号应以粗实线给出，其线宽不宜小于 0.5mm，比例放大或者缩小，可以根据相应变化相同的比例倍数。

图纸分区后，相当于在图样上建立了一个坐标，如图 2-4 中 B6 区域。电气图上的元件和连接线的位置可由此"坐标"而唯一地确定下来。

4. 标题栏要求

标题栏用来确定图纸的信息，位于图样的下方或右下方。通常采用的标题栏应包括有设计单位名称、工程名称、项目名称、图名、图号等信息。

图 2-5 所示为电气工程图中常用的标题栏格式。

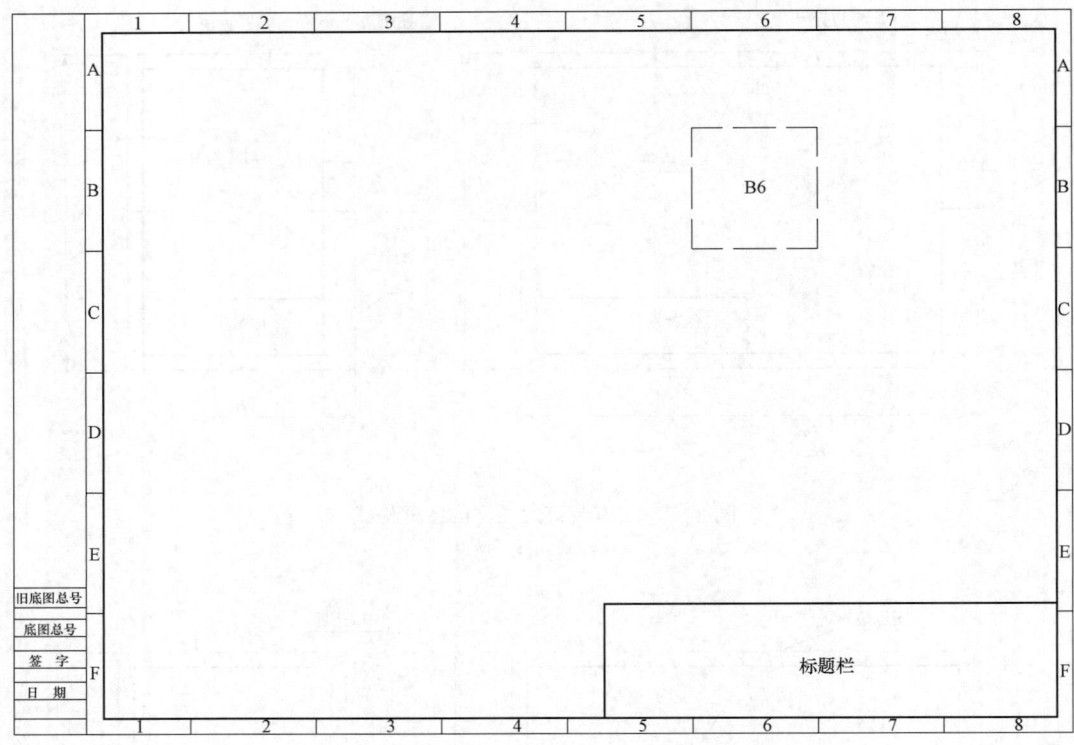

图 2-4 图幅的分区

图 2-5 标题栏格式

5. 绘图比例要求

图中所画图形符号的大小与物体实际大小的比值,称为比例。

大部分的电气线路图都是不按比例绘制的,柜面布置(屏面)图等一般按比例绘制或部分按比例绘制,在平面图上测出两点距离就可按比例值计算出两者间的距离,对于导线的放线、设备机座、控制设备等安装都有利。推荐使用绘图比例见表 2-8。

表 2-8　　　　　　　　　　　　　　绘 图 的 比 例

| 种类 | | 比例 | 注释 |
| --- | --- | --- | --- |
| 原值比例 | | 1:1 | |
| 放大比例 | 优先使用 | 5:1　2:1　5×$10^n$:1　2×$10^n$:1　1×$10^n$:1 | 比例=物体图纸测量尺寸:物体实际尺寸 |
| | 允许使用 | 4:1　2.5:1　4×$10^n$:1　2.5×$10^n$:1 | |
| 缩小比例 | 优先使用 | 1:2　1:5　1:10　1:2×$10^n$　1:5×$10^n$<br>1:1×$10^n$ | |
| | 允许使用 | 1:1.5　1:2.5　1:3　1:4　1:6　1:1.5×$10^n$<br>1:2.5×$10^n$　1:3×$10^n$　1:4×$10^n$　1:6×$10^n$ | |

**注**　$n$ 为正整数。

通过下面例题介绍图纸比例选择方法。

【**例 2-1**】 有 2 个柜子屏面（高×宽：2200×800）布置图需要在 1 张 A4 幅面图纸上体现，请问：如何选择图纸比例？把图框放大多少倍可以放下这两个柜子的屏面图？

**解**　2 个柜子屏面（高×宽：2200×800）布置图所占长×宽为 2200×1600，占图框面积 25%～50%。

计算 A4 图框 1:10，把图框放大 10 倍＝2100×2970，太小；

计算 A4 图框 1:15，把图框放大 15 倍＝3150×4455，合适；

计算 A4 图框 1:20，把图框放大 20 倍＝4200×5940，太大。

因此，选择 1:15 比较合适；图框放大 15 倍可以放下这两个柜子的屏面图。

## 四、二次回路图识读要点

（一）二次回路标号

二次回路标号是指为了电气设备后期施工、检修及运维，将二次设备元件、二次回路等用文字、字母和数字组合在一起用以表达二次设备元件、二次回路之间相互关系的编号。

按二次回路的性质和用途来进行标号的方法叫回路标号法，按设备端子和线的走向进行标号的方法叫相对标号法。

**1. 回路标号法**

用于连接屏内设备与屏外设备，且需要经过端子排连接的，应使用回路标号法。

以下两种情况都使用回路标号法：

1）设备间用控制电缆经端子排连接的；

2）某些屏顶上的设备经过端子排与屏内设备连接的（此时屏顶设备可看作是屏外设备）。

(1) 回路标号作用。在展开式原理图中，回路标号和安装接线图端子排上的标号是一一对应的，这样看到端子排上的标号就可以在展开图上找到对应这一标号的回路，从而为二次回路的检修、维护提供极大的方便。

(2) 回路标号的标注方法。按回路的性质或用途来进行标号叫回路标号法，例如，A411 为电流互感器 TA1 的 A 相二次电流线缆标号。按相连的元器件及元器件端子号进行标号叫相对标号法，例如，1∶4 是指该元器件端子接 1 号元器件的 4 号端子。用 4 位或 4 位以下的数字组成，需要标明回路的相别或某些主要特征时，可在数字标号的前面（后面）增注文字或字母符号。

使用得较多的方法是按"等电位原则"标注，即在电气回路中，连于同一电位上的所有导线均标以相同的回路标号。标注时注意：

1) 电气设备的触点、线圈、电阻、电容等元件所间隔的线段，即视为不同的线段，一般给予不同的标号；

2) 由动断触点相连的两段线路也要给予不同标号。因为当两段线路经过动断触点相连，触点闭合时是等电位，但触点断开后，就变为不等电位；

3) 对于在接线图中不经过端子而在屏内直接连接的回路，可不标号；

4) 表 2-9 列出了直流回路标号原则。

表 2-9　　　　　　　　　　直流回路标号原则

| 序号 | 回路名称 | 原标号 | | | | 新标号 | | | |
|---|---|---|---|---|---|---|---|---|---|
| | | 1组 | 2组 | 3组 | 4组 | 1组 | 2组 | 3组 | 4组 |
| 1 | 正电源回路 | 1 | 101 | 201 | 301 | 101 | 201 | 301 | 401 |
| 2 | 负电源回路 | 2 | 102 | 202 | 302 | 102 | 202 | 302 | 402 |
| 3 | 合闸回路 | 3～31 | 103～131 | 203～231 | 303～331 | 103 | 203 | 303 | 403 |
| 4 | 合闸监视回路 | 5 | 105 | 205 | 305 | 105 | 205 | 305 | 405 |
| 5 | 跳闸回路 | 33 | 133～149 | 233～249 | 333～349 | 133<br>1133<br>1233 | 233<br>2133<br>2233 | 333<br>3133<br>3233 | 433<br>4133<br>4233 |
| 6 | 跳闸监视回路 | 35 | 135 | 235 | 335 | 135<br>1135<br>1235 | 235<br>2135<br>2235 | 335<br>3135<br>3235 | 435<br>4135<br>4235 |
| 7 | 备用电源自动合闸回路 | 50～69 | 150～169 | 250～269 | 350～369 | 150～169 | 250～269 | 350～369 | 450～469 |
| 8 | 开关设备对应位置信号回路 | 70～89 | 170～189 | 270～289 | 370～389 | 170～189 | 270～289 | 370～389 | 470～489 |

续表

| 序号 | 回路名称 | 原标号 | | | | 新标号 | | | |
|---|---|---|---|---|---|---|---|---|---|
| | | 1组 | 2组 | 3组 | 4组 | 1组 | 2组 | 3组 | 4组 |
| 9 | 事故跳闸音箱信号回路 | 90~99 | 190~199 | 290~299 | 390~399 | 190~199 | 290~299 | 390~399 | 490~499 |
| 10 | 保护回路 | 01~99 | | | | 01~099（或0101~0999） | | | |
| 11 | 发电机励磁回路 | 601~699 | | | | 601~699（或6101~6999） | | | |
| 12 | 信号及其他回路 | 701~999 | | | | 701~799（或7101~7999） | | | |
| 13 | 断路器位置遥信回路 | 801~809 | | | | 801~899（或8101~8999） | | | |
| 14 | 隔离开关操作闭锁回路 | 881~889 | | | | 901~999（或9101~9999） | | | |

**注** 1. 对于不同用途的直流回路，应使用不同的数字范围。
2. 正极回路的线段按奇数标号，负极回路的线段按偶数标号。
3. 开关设备、控制回路的数字标号组，按开关设备的数字序号进行选择。例如，3个控制回路，按控制回路分组，1号控制回路对应的标号选101~199；2号控制回路对应的标号选202~299；3号控制回路对应的标号选303~399；其中每段里面先按正极性（编为奇数）回路由小到大，再编负极性（编为偶数）回路由大到小，如101、103、…、143、142、140、…。

（3）交流回路标号原则，见表2-10。电流互感器和电压互感器的回路，均需在分配给它们的数字标号范围内，自互感器引出端开始，按顺序标号；例如，TA的回路标号用A401~A409等。

表2-10　　　　　　　交流回路标号原则

| 序号 | 回路名称 | 互感器文字符号 | 标号 | | | | |
|---|---|---|---|---|---|---|---|
| | | | A相 | B相 | C相 | 中性线 | 相线 |
| 1 | 保护装置及测量仪表电流回路 | TA | A401~A409 | B401~B409 | C401~C409 | N401~N409 | L401~L409 |
| 2 | | TA1 | A411~A419 | B411~B419 | C411~C419 | N411~N419 | L411~L419 |
| 3 | | TA2 | A421~A429 | B421~B429 | C421~C429 | N421~N429 | L421~L429 |
| 4 | | … | … | … | … | … | … |
| 5 | | TA9 | A491~A499 | B491~B499 | C491~C499 | N491~N499 | L491~L499 |
| 6 | 保护装置及测量仪表电压回路 | TV | A601~A609 | B601~B609 | C601~C609 | N601~N609 | L601~L609 |
| 7 | | TV1 | A611~A619 | B611~B619 | C611~C619 | N611~N619 | L611~L619 |
| 8 | | TV2 | A621~A629 | B621~B629 | C621~C629 | N621~N629 | L621~L629 |
| 9 | 绝缘检查电压表的公用回路 | | A700 | B700 | C700 | N700 | L700 |

（4）小母线标号细则（见表2-11）。为方便取用交流电压和直流电源，在屏顶安装有一排小母线，小母线的识别标号通常由英文字母表示，后面可以加上表征相别的英文字母，还

可以用英文字母或阿拉伯数字的回路标号进一步说明。表2-11列出了小母线标号原则。

表2-11　　　　　　　　　　　　小母线标号原则

| 序号 | 小母线名称 | 原标号 | | 新标号 | |
|---|---|---|---|---|---|
| | | 文字符号 | 回路标号 | 文字符号 | 回路标号 |
| 直流控制、信号及辅助小母线 | | | | | |
| 1 | 控制回路电源 | +KM、-KM | | +、- | |
| 2 | 信号回路电源 | +XM、-XM | 701、702 | +701、-702 | 7001、7002 |
| 3 | 合闸母线电源 | +HM、-HM | | +、- | |
| 4 | 事故音响 | 2SYM.I | 727.I | M7271 | 7271 |
| 5 | 预告音响 | YBM.I | 729.I | M7291 | 7291 |
| 6 | 第一组或奇数母线段电压 | 1YMa、1YMb、1YMc、1YML、1SYMc、YMN | A630、B630、C630、L630、SC630、N630 | L1-A630、L2-B630、L3-C630 | A630、B630、C630、L630、SC630、N630 |
| 7 | 第二组或偶数母线段电压 | 2YMa、2YMb、2YMc、2YML、2SYMc、YMN | A640、B640、C640、L640、SC640、N640 | L1-A640、L2-B640、L3-C640 | A640、B640、C640、L640、SC640、N640 |
| 8 | 6~10kV备用线段的电压 | 9YMa、9YMb、9YMc | A690、B690、C690、 | L1-A690、L2-B690、L3-C690 | A690、B690、C690、 |

**2. 相对标号法**

相对标号法一般用于安装接线图中，供制造、施工及运行维护人员使用。当A、B两个设备需要互相连接时，在A设备的接线柱上写上B设备的标号及具体接线柱的标号，而在B设备的接线柱上写上A设备的标号及具体接线柱的标号，这种相互对应标号的方法称为相对标号法。图2-6即是用相对标号标示的二次安装接线图，其中以罗马数字和阿拉伯数字组合为设备标号。

（1）相对标号的作用。回路标号可以将不同安装位置的二次设备通过标号连接起来，但对于同一屏内或同一箱内的二次设备，相隔距离近、相互之间的连线多，回路多，采用回路标号很难避免重号，而且不便查线和施工，这时就应使用相对标号。具体标号方法为：首先把本屏或本箱内的所有设备顺序标号，再对每一设备的每一个接线柱进行标号，然后在需要接线的接线柱旁写上对端接线柱标号，以此来表达每一根连线。

（2）相对标号的组成。一个相对标号就代表一个接线柱，一对相对标号就代表一根连接线，对于一面屏接线柱有数百个，必须统一格式。

接线柱上常用标号格式有两种：一种为"设备标号"-"接线柱号"另一种为"设备标号"："接线柱号"。

设备标号用设备顺序号和设备文字符号来表示。

1）设备顺序号是以罗马数字和阿拉伯数字组合的标号，如图2-6所示。罗马数字表示安装单位标号，阿拉伯数字表示设备顺序号，在该标号下边，通常还有该设备的文字符号和参数型号。

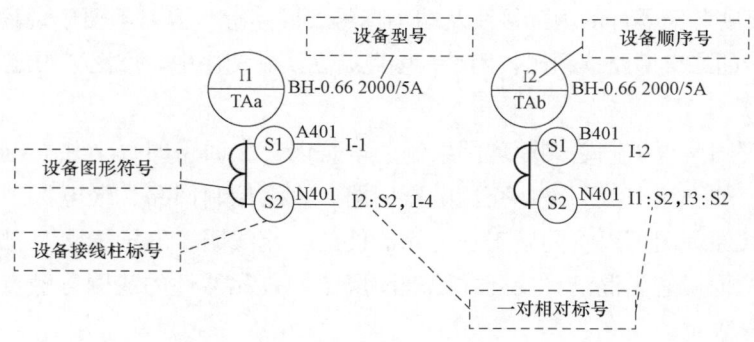

图2-6 设备顺序号

2）设备文字符号是用设备文字符号、相别、序号等组合而成的标号。图2-7所示为设备文字符号。

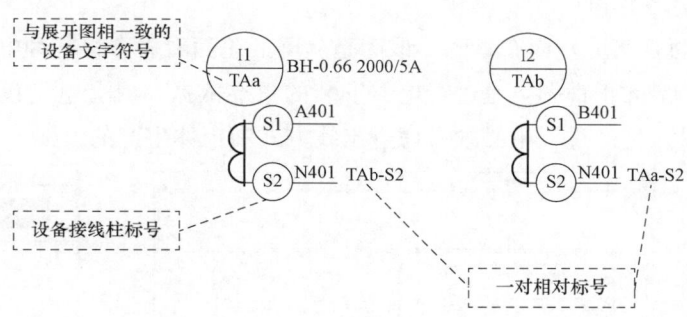

图2-7 设备文字符号

（二）元器件接线端子表示方法

在电气元件中，接线端子用于连接外部导线的导电元器件。端子分为固定端子和可拆卸端子两种，固定端子图形符号用○或•表示；可拆卸端子用图形符号⌀表示。

（三）电气二次图

电气二次图按作用分一般有四种形式，即归总式原理图、展开式原理图、柜（屏）面布置图和安装接线图。工程人员常将以上作用的几种图纸简单地称为"原理图""布置图""接线图"。

1. 归总式原理图

归总式原理图的特点是能够使看图者对整个装置的构成和动作过程有一个明确的整体概念，是绘制展开图和安装接线图的基础。它是表示继电保护测量仪表、自动装置的工作原理的。通常是将二次接线和一次接线中与二次接线有关部分画在一起。

在归总式原理图上，所有仪表、继电器和其他电器都是以整体形式表示的，各元器件间相互联系的电流回路、电压回路、直流回路都是综合在一起的，而且还表示有关的一次回路的部分。

归总式原理图的缺点是对二次回路的细节表示不够,不能表示各元器件之间接线的实际位置,不能反映各元器件的内部接线及端子标号、回路标号等,不便于现场的维护与调试,对于较复杂的二次回路读图比较困难。因此,在实际使用中,广泛采用展开式原理图。

2. 展开式原理图

展开式原理图是根据归总式原理图绘制的,是以二次回路的每个独立电源来划分单元而进行编制,如交流电流回路、交流电压回路、直流控制回路、继电保护回路及信号回路等。展开式原理图可以将同属于一个元器件的电流线圈、电压线圈及触点分别画在不同的电路中,为了避免混淆,展开式原理图属于同一元器件的线圈、触点等,应采用相同的文字符号表示。

展开式原理图可分为交流回路展开图、直流回路展开图两大部分。交流回路展开图一般指的是交流电流回路和交流电压回路的接线图。直流回路展开图指的是控制回路、保护回路、信号回路等接线图。

3. 柜(屏)面布置图

图2-8所示为柜(屏)面布置图。该图是从屏的正面看去,将各种电气设备的实际安装位置按比例画出的正视图,是进行电器安装的重要依据,成套电气设备厂必须参考的图纸,以便厂家在生产过程中必须考虑进出线方式和柜体生产的方案。

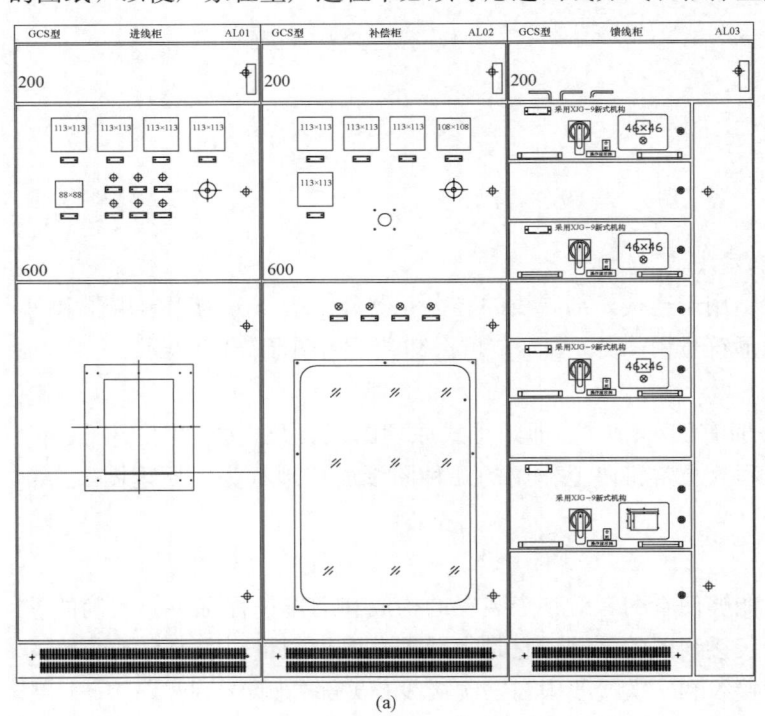
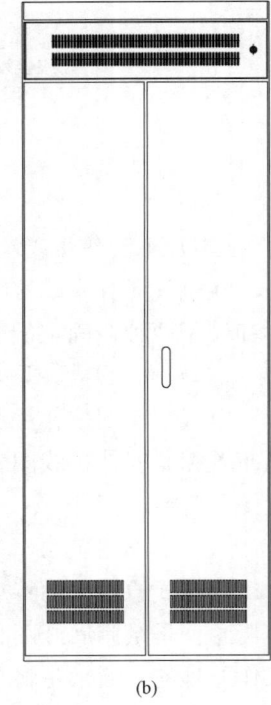

(a) (b)

图2-8 柜(屏)面布置图
(a)正视图;(b)后视图

4. 安装接线图

图 2-9 所示为安装接线图（简称接线图）是以屏面布置图为基础，以原理图为依据而绘制成的接线图，供指导生产检验而用，随产品同时提供给订货单位，是制造、安装、调试、检修、运行的主要参考图。安装接线图一般包括屏面布置图、屏背视布置图、柜体装配图、工艺接线图、背面接线图和端子排列图等。

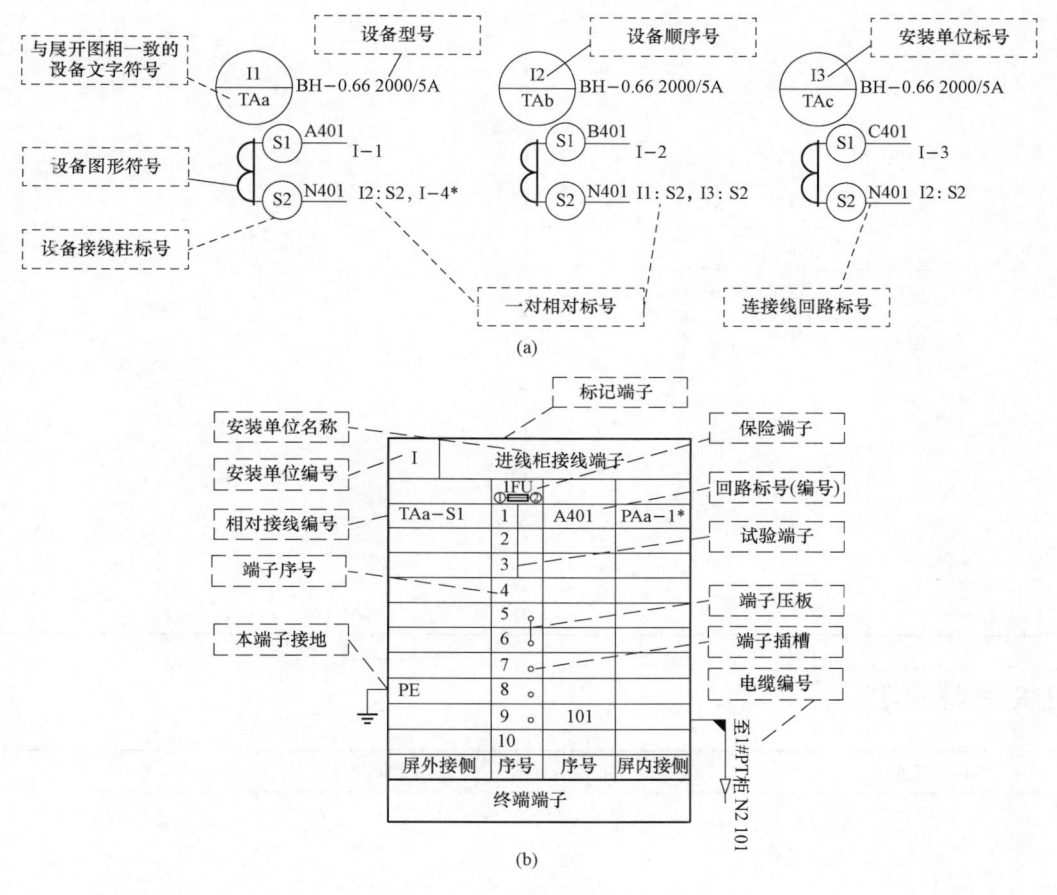

图 2-9 安装接线图示例
(a) 电流互感器接线图；(b) 端子图

安装接线图标明了屏框上各个元器件的代表符号、顺序号，以及每个元器件引出端子之间的连接情况，它是一种指导柜（屏）上配线工作的图纸。为了配线方便，在安装接线图中对各元器件和端子排都采用标号法进行标号，用以说明这些元器件间的相互连接关系。

## 【自我分析与总结】

| 学生学会的内容 | 笔记 |
|---|---|
|  |  |
| 学生总结 |  |

## 【巩固提升】

| 网络空间 | 笔记 |
|---|---|
| 二维码1<br>电气制图图符和识图的基本知识 |  |

## 任务二　低压进线计量柜电气图识读及故障查找

### 任务描述

故障现象为"无法计量"。请利用"万用表"以及低压进线计量柜原理图总图，分析出现"无法计量"的几种可能原因，利用万用表并根据所学知识，写出可行的排查方法，完成"故障记录表"，进而确定故障原因。

### 任务目标

知识目标：
（1）熟悉低压进线计量柜电气图识读方法。
（2）掌握低压进线计量柜电气图中各个元器件的作用。
能力目标：
（1）能看懂低压进线计量柜电气图，并能说出每个图形符号代表的元器件名称及作用。
（2）能分析低压进线计量柜各个回路中各个支路的作用。
（3）能对应低压进线计量柜现场实物结合电气图排查故障，并分析故障原因。
态度目标：
（1）培养学生本着问题导向的原则来进行故障查找。
（2）培养学生的安全意识和吃苦耐劳的精神。

### 任务准备

（1）领取任务书和相关的图纸。
（2）领取万用表。
（3）认真学习与本任务相关的知识，掌握电气设备图识读及应用的方法。
（4）准备完成故障分析所需要的资料等。

### 任务实施及评价

任务实施及评价见表 2-12。

表 2-12　　　　　任 务 实 施 及 评 价

| 序号 | 任务步骤 | 工作内容 | 分值 | 评分标准 | 扣分 |
|---|---|---|---|---|---|
| 1 | 前期准备 | （1）领取任务书；<br>（2）熟悉任务要求； | 5 | （1）未主动领取任务书，扣1分； | |

续表

| 序号 | 任务步骤 | 工作内容 | 分值 | 评分标准 | 扣分 |
|---|---|---|---|---|---|
| 1 | 前期准备 | （3）领取万用表；<br>（4）准备设备选择所需要的手册等资料 | 5 | （2）未主动领取万用表，扣1分；<br>（3）未正确理解任务书要求，扣1分 | |
| 2 | 工作条件选择 | （1）正确判断工作条件；<br>（2）按环境条件选择设备类型 | 20 | （1）工作条件判断错误，每项扣2分；<br>（2）按环境条件选择设备错误，每项扣2分 | |
| 3 | 支路分析 | （1）写出低压进线计量柜中各个元器件的名称、作用；<br>（2）分析低压进线计量柜中各个支路的作用 | 55 | （1）元器件错误或漏掉，每项扣5分；<br>（2）支路分析错误或漏掉，每项扣10分 | |
| 4 | 故障查找 | 分析低压进线计量柜各个支路哪些元器件故障可能会导致"无法计量"，填写"故障记录表" | 10 | （1）查找错误，每项扣除2分；<br>（2）未填写"故障记录表"，扣5分 | |
| 5 | 故障分析 | 针对拟定的可能导致故障的各种可能性，提出排查方法，完成"故障记录表" | 5 | （1）排查方法或故障记录遗漏，每项扣1分；<br>（2）未填写"故障记录表"，扣2分 | |
| 6 | 职业素养 | （1）严谨细致，爱岗敬业，主动参与；<br>（2）遵守纪律，团结协作，诚实守信 | 5 | 任意一项不满足，扣2分 | |
| 实施人员 | | | 最终得分 | | |

评分员确认签字：

_____年_____月_____日

# 相关知识

## 一、低压进线计量柜原理图总图

请扫描二维码，获取低压进线计量柜原理总图，从左到右、从上到下，识读原理图。

## 二、低压进线计量柜原理图分图识读

二维码2
低压进线计量柜原理图

1. 一次系统图识读

图2-10所示为低压进线计量柜一次系统图,其结构特点如下:采用有灭弧装置的三极刀开关,检修时形成明显断点;采用塑壳式电流互感器,供额定频率为50Hz,额定电压为0.66kV及以下的电力系统中将一次侧大电流,转换为二次侧额定电流5A,提供给测量、计量使用;采用万能断路器,用于投、退线路和线路保护跳闸。计量柜一般指的是电能计量柜,可用于电能计量。

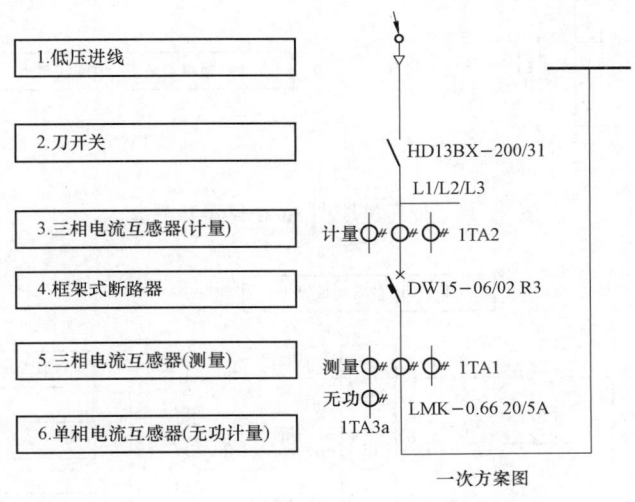

图2-10 低压进线计量柜一次系统图

低压进线柜一次系统应按"从上往下,从左至右"顺序识读。

2. ACR仪器开关量图识读

ACR多功能数显表可以取代常规电力变送器及测量仪表。仪表采用交流采样技术,能测量电网中的电流、电压频率、有功功率、无功功率、有功电能、无功电能等参数。多功能数显表的开关量包括:①断路器触头分、合闸位置,合闸对应"1"、分闸对应"0",送入多功能数显表;②断路器"远方合闸""远方分闸"命令,对应各自回路"1"送出多功能数显表。

图2-11所示为低压进线柜ACR仪器开关量,其识读也按"从上往下,从左至右"顺序识读。

3. 电流测量回路图识读

图2-12所示为低压进线计量柜电流测量回路,它利用三台电流互感器,将三相电流转换为二次侧额定电流5A,送至多功能数显表及三相电流表,供它们使用。低压进线计量柜电流测量回路的识读方法。参考高压计量柜电流测量回路识读方法。

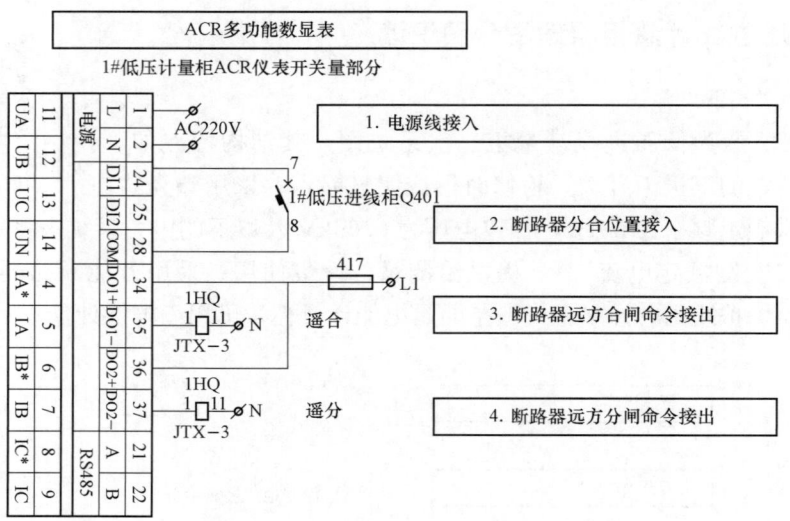

图 2-11　低压进线柜 ACR 仪器开关量

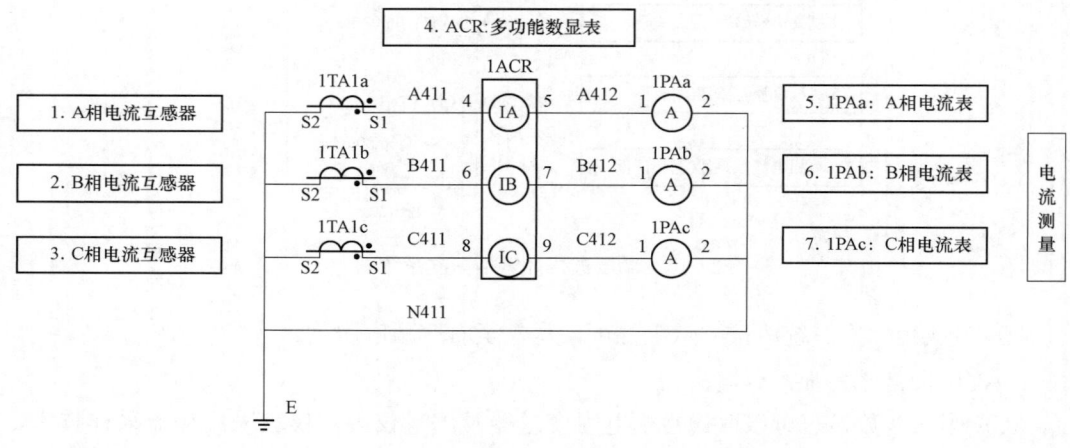

图 2-12　低压进线计量柜电流测量回路图

4. 电压测量图识读

图 2-13 所示为低压进线计量柜电压测量回路图，其内部的低压电压回路串联熔断器，提供过负荷保护和短路保护。二次侧电压与多功能数显表 1ACR 的 11、12、13、14 号端子连接，提供电压信息，供数显表测量并显示电压。低压进线计量柜电压测量回路的识读方法可参考高压计量柜电压测量回路识读方法。

5. 电能计量回路识读

图 2-14 所示为低压进线计量柜电能计量回路图，其内部的电流互感器二次侧提供二次电流，经 DFY 电能计量联合接线盒，供有功电能表、无功电能表计量电能。低压进线计量柜电能计量回路的识读方法可参考高压计量柜电能计量回路识读方法。

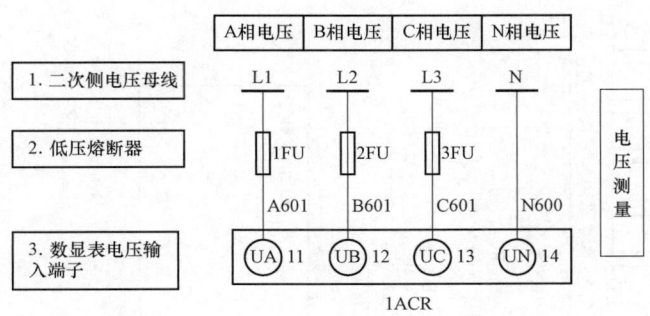

图 2-13 低压进线计量柜电压测量回路图

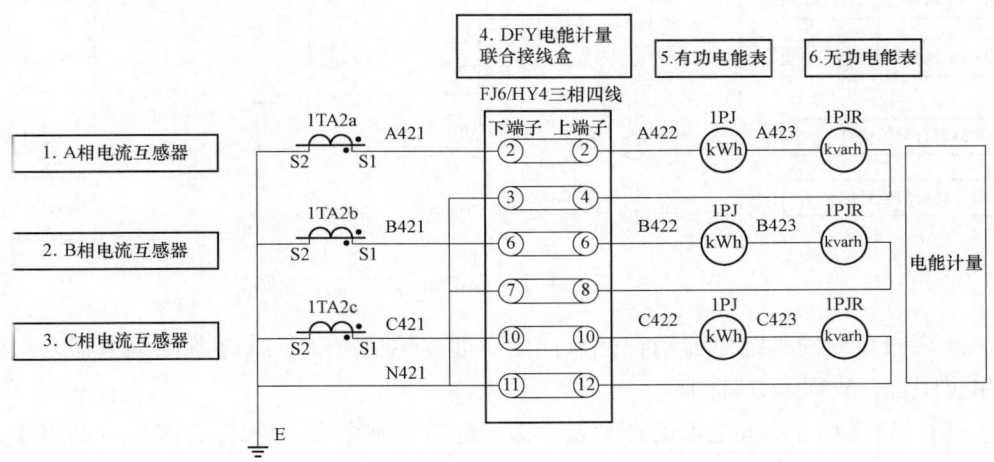

图 2-14 低压进线计量柜电能计量回路图

6. DFY 电能计量联合接线盒回路识读

DFY 电能计量联合接线盒回路的作用是将电压互感器、电流互感器二次侧的电流、电压在接线盒中接线联合起来，再送到 PJ 有功电能表、PJR 无功电能表中，供计量使用。识读方法可参考高压计量柜联合接线盒回路识读方法。

7. 断路器控制回路识读

图 2-15 所示为低压进线计量柜断路器控制回路图，它可按不同功能识读。

（1）分励脱扣：通过按钮或继电器的触点，接通分励线圈，使断路器跳闸。

（2）欠电压脱扣：当电源侧停电，或电源电压过低下降至额定电压的 70%～35% 时，断路器跳闸，断开回路。电源侧停电，自动空气开关便自行跳闸。

（3）1ZK 远方/就地转换开关：触点 1-2 是本地转换开关；触点 3-4 是远方转换开关。

（4）1TA 是本地分闸按钮：旋转 1ZK 至就地位置，触点 1-2 接通本地分闸回路，按下 1TA，实现本地分闸。

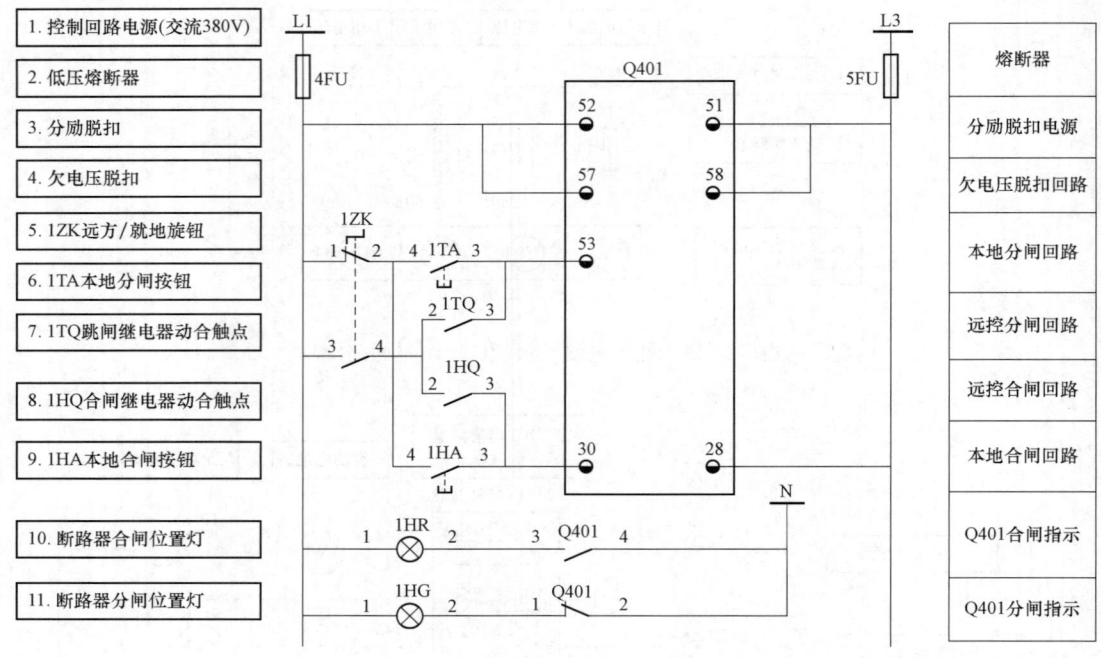

图 2-15 低压进线计量柜断路器控制回路图

（5）1TQ 是跳闸继电器动合触点：接到远方跳闸命令，1TQ 跳闸继电器得电，动合触点闭合，实现远方跳闸。

（6）1HQ 是合闸继电器动合触点：接到远方合闸命令，1HQ 合闸继电器得电，动合触点闭合，实现远方合闸。

（7）1HA 是本地合闸按钮：旋转 1ZK 至远方位置，1-2 接通本地合闸回路，按下 1HA，实现本地合闸。

（8）断路器合闸位置触点 3-4：断路器合位，动合触点闭合，1HR 灯亮。

（9）断路器合闸位置触点 1-2：断路器分位，动断触点闭合，1HG 灯亮。

8. 低压进线柜电压切换回路图识读

图 2-16 所示为低压进线计量柜电压切换回路，应按照不同的并联回路识读。

（1）测量 $U_{AB}$，1ZK 的触点 1 和 2、7 和 8 接通。

（2）测量 $U_{BC}$，1ZK 的触点 5 和 6、11 和 12 接通。

（3）测量 $U_{AC}$，1ZK 的触点 1 和 2、11 和 12 接通。

9. 低压进线柜电压计量回路图识读

图 2-17 所示为低压进线计量柜电压计量回路，其二次电压经 DFY 电能计量联合接线盒提供电压信息，送至有功电能表、无功电能表，供计量使用。

项目二 智能供配电系统电气图识读及故障查找

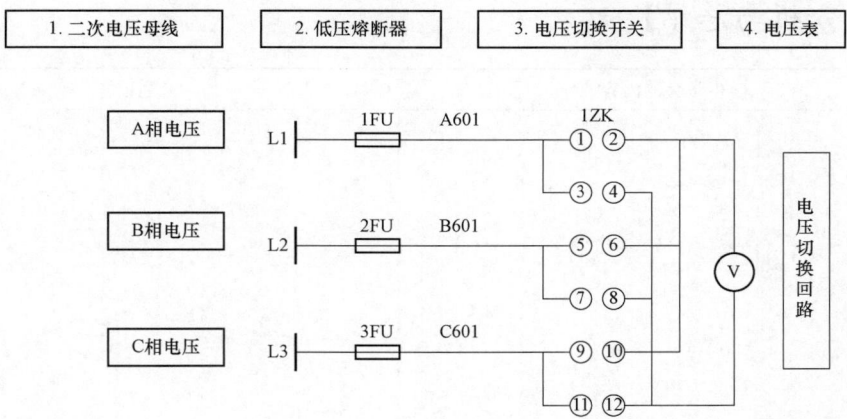

图 2-16 低压进线计量柜电压切换回路图

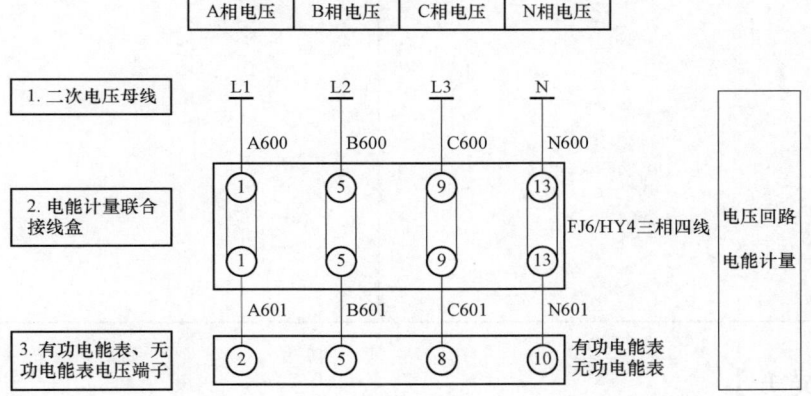

图 2-17 低压进线计量柜电压计量回路图

## 【自我分析与总结】

| 学生学会的内容 | 笔记 |
| --- | --- |
|  |  |
| 学生总结 |  |
|  |  |

## 【巩固提升】

| 网络空间 | 笔记 |
| --- | --- |
| 二维码3<br>低压进线计量柜图纸识读 |  |

## 任务三　低压无功补偿柜电气图识读及故障查找

### 任务描述

故障现象："无法采样电压"。故障已锁定在"电压回路"，请利用"万用表"以及低压无功补偿柜原理图总图，分析出现"无法采样电压"的几种可能原因，利用万用表并根据所学知识，写出可行的排查方法，完成"故障记录表"，进而确定故障产生原因。

### 任务目标

知识目标：
(1) 熟悉低压无功补偿柜电气图识读方法。
(2) 掌握低压无功补偿柜电气图中各个元器件的作用。

能力目标：
(1) 能看懂低压无功补偿柜电气图，能说出每个图形符号代表的元器件名称及其作用。
(2) 能分析低压无功补偿柜各个回路中各个支路的作用。
(3) 能对应低压无功补偿柜现场实物结合电气图排查故障，并分析故障原因。

态度目标：
(1) 理解并遵守职业标准，提升学生职业荣誉感和自我认可，激发学生学习兴趣。
(2) 培养严谨的做事原则和高度负责的工作态度，树立牢固的安全意识。
(3) 培养学生主动探究未知的精神，提高独立分析问题和解决问题的能力。

### 任务准备

(1) 领取任务书和相关的图纸。
(2) 领取万用表。
(3) 认真学习与本任务相关知识，掌握电气设备图识读及应用的方法。
(4) 准备完成故障分析所需要的资料等。

### 任务实施及评价

任务实施及评价见表 2-13。

表 2-13　　　　　　　　　　　任 务 实 施 及 评 价

| 序号 | 任务步骤 | 工作内容 | 分值 | 评分标准 | 扣分 |
|---|---|---|---|---|---|
| 1 | 前期准备 | （1）领取任务书；<br>（2）熟悉任务要求；<br>（3）领取万用表；<br>（4）准备设备，选择所需要的手册等资料 | 5 | （1）未主动领取任务书，扣1分；<br>（2）未主动领取万用表，扣1分；<br>（3）未正确理解任务书要求，扣1分 | |
| 2 | 工作条件选择 | （1）正确判断工作条件；<br>（2）按工作条件选择设备类型 | 20 | （1）工作条件判断错误，每项扣2分；<br>（2）按环境条件选择设备错误，每项扣2分 | |
| 3 | 支路分析 | （1）写出低压无功补偿柜电压回路中各个元器件的名称、作用；<br>（2）分析低压无功补偿柜电压回路中各个支路的作用 | 55 | （1）元器件错误或漏掉，每项扣5分；<br>（2）支路分析错误或漏掉，每项扣10分 | |
| 4 | 故障查找 | 分析低压无功补偿柜电压回路中各个支路哪些元器件故障可能会导致"无法计量"，填写"故障记录表" | 10 | （1）查找错误，每项扣除2分；<br>（2）未填写"故障记录表"，扣5分 | |
| 5 | 故障分析 | 针对拟定的可能导致故障的各种可能性，提出排查方法，完成"故障记录表" | 5 | （1）排查方法或故障记录遗漏，每项扣1分；<br>（2）未填写"故障记录表"，扣2分 | |
| 6 | 职业素养 | （1）严谨细致，爱岗敬业，主动参与；<br>（2）遵守纪律，团结协作，诚实守信 | 5 | 任意一项不满足，扣2分 | |
| 实施人员 | | | 最终得分 | | |

评分员确认签字：

_____年_____月_____日

# 📖 相关知识

## 一、低压无功补偿柜原理图总图

扫描二维码,获取低压无功补偿柜原理总图,从左到右,从上到下,识读原理图。

## 二、低压无功补偿柜原理图分图识读

1. 一次系统图识读

图 2-18 所示为低压无功补偿柜一次系统图应按照从上往下、从左至右顺序识读。

二维码4
低压无功补偿柜原理图

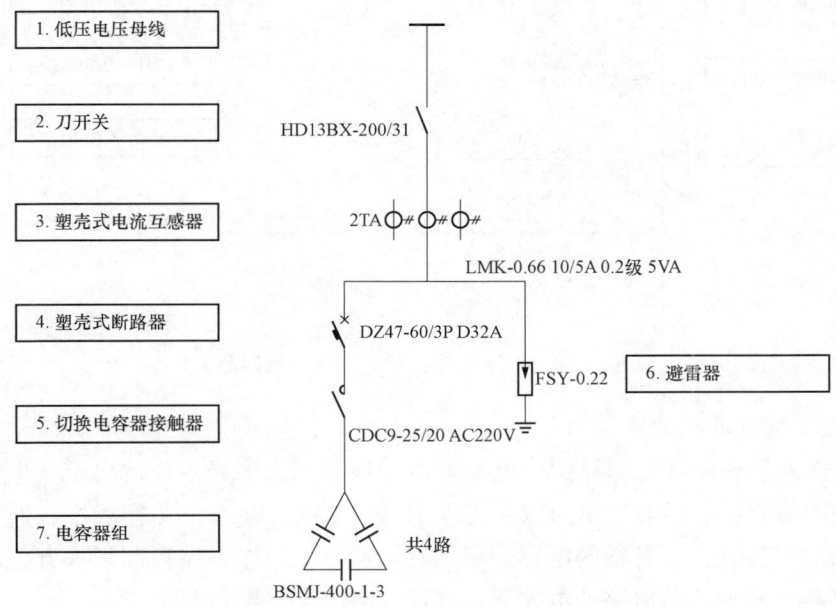

图 2-18 低压无功补偿柜一次系统图

电容补偿柜的作用:电容补偿柜就是无功补偿柜,用以补偿用户用电设备的无功功率,从而提高电网效率。

(1)刀开关:HD 表示单投刀开关,13 为设计序号,BX 表示手动旋转式操作,200A 表示额定电流(约定发热电流),3 表示开关为 3 极,1 表示有灭弧装置。

(2)塑壳式电流互感器:在额定频率为 50Hz、额定电压为 0.66kV 及以下的电力系统中,用于电流、电能测量和继电保护。

(3)塑壳式断路器:是一种具有过负荷与短路双重保护的限流型高分断小型断路器,适用于交流 50Hz/60Hz,额定电压 230V/400V,额定电流至 63A 及以下的电路中,作为线路过负荷和短路保护之用,同时也可在正常情况下频繁的通断电器装置和照明线路。

(4) 切换电容器接触器：用于切换三相单极或多极电容器组，以改善功率因数。切换电容接触器带有抑制涌流装置，能有效地减少合闸电流对电容器组的冲击。

(5) 自愈式低压电容器：BSMJ 型自愈式低压并联电容器是专门用来改善标称电压为 1kV 以下、频率为 50～60Hz 的交流电力系统的功率因数的电容器单元和电容器组。

(6) 避雷器：为电容器组提供过电压保护。

2. 电流测量回路识读

图 2-19 所示为低压无功补偿柜电流测量回路，内部串联 3 台电流互感器，可将三相电流转换为二次侧 5A 额定电流，送至三相电流表使用。低压无功补偿柜电流测量回路的识读方法可参考高压计量柜电流测量回路识读方法。

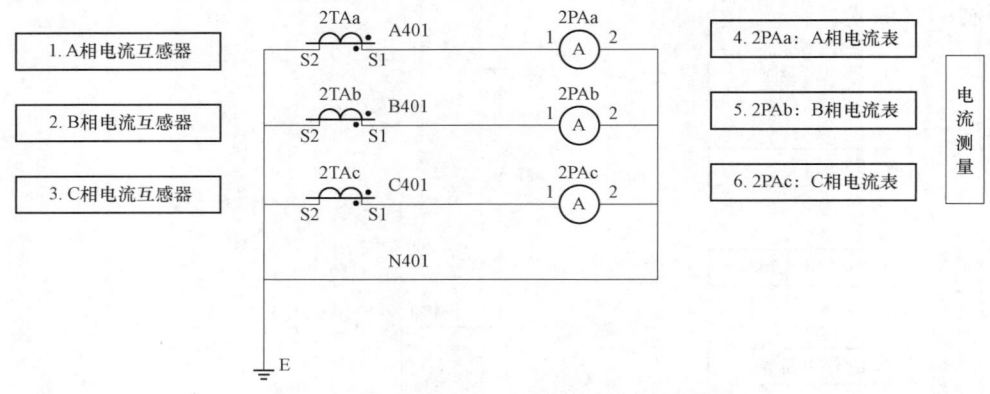

图 2-19　低压无功补偿柜电流测量回路

3. 电流、电压取样回路识读

图 2-20 所示为低压无功补偿柜电流电压采样回路。采样对应的电流、电压，送入 PPF，功率因数表显示当前功率因数；送入 JKW-2SC，动态无功补偿控制器计算功率因数。通过计算得到需要补偿的电容大小。然后通过交流接触器控制切换开关，自动投入或者切断柜子里面连接电路的电容器，满足电网功率因数要求。

4. 低压无功补偿柜识读

图 2-21 所示为低压无功补偿柜交流取样回路，具体识读方法参考高压计量柜电能计量回路识读。

需要补偿的电容计算方法

$$C = \frac{P}{2\pi f U^2}(\tan\varphi_1 - \tan\varphi_2)$$

式中：$\varphi_1$ 为投入前功率因数；$\varphi_2$ 为投入后功率因数。

例如：功率因数 $\cos\varphi=0.8$，要求提高为 0.95，无功补偿控制器自动接通 11KM 线圈，11KM 动合触点闭合，接入一组电容器组，功率因数上升为 0.85，仍然不满足；自动接通 12KM 线圈，12KM 动合触点闭合，再接入一组电容器组，功率因数上升为 0.9，仍然不满足；自动接通 13KM 线圈，13KM 动合触点闭合，再接入一组电容器组，功率

项目二 智能供配电系统电气图识读及故障查找

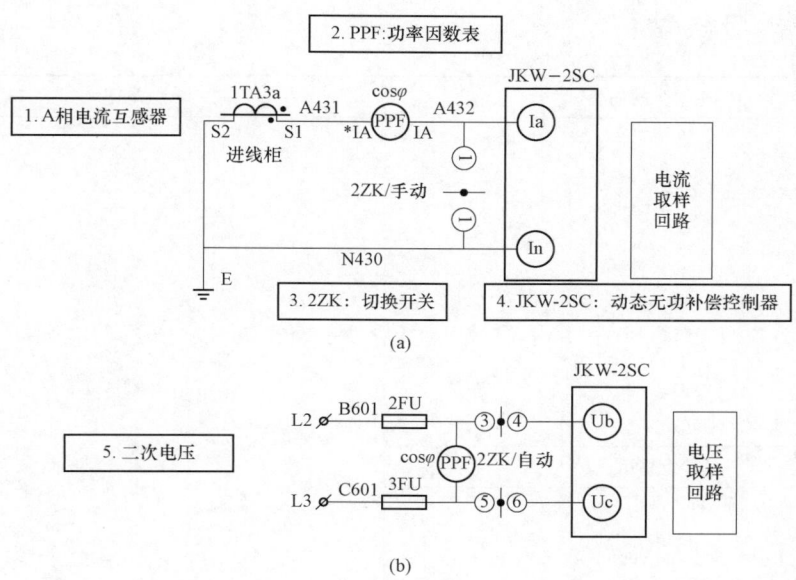

图 2-20 低压无功补偿柜电流、电压取样回路

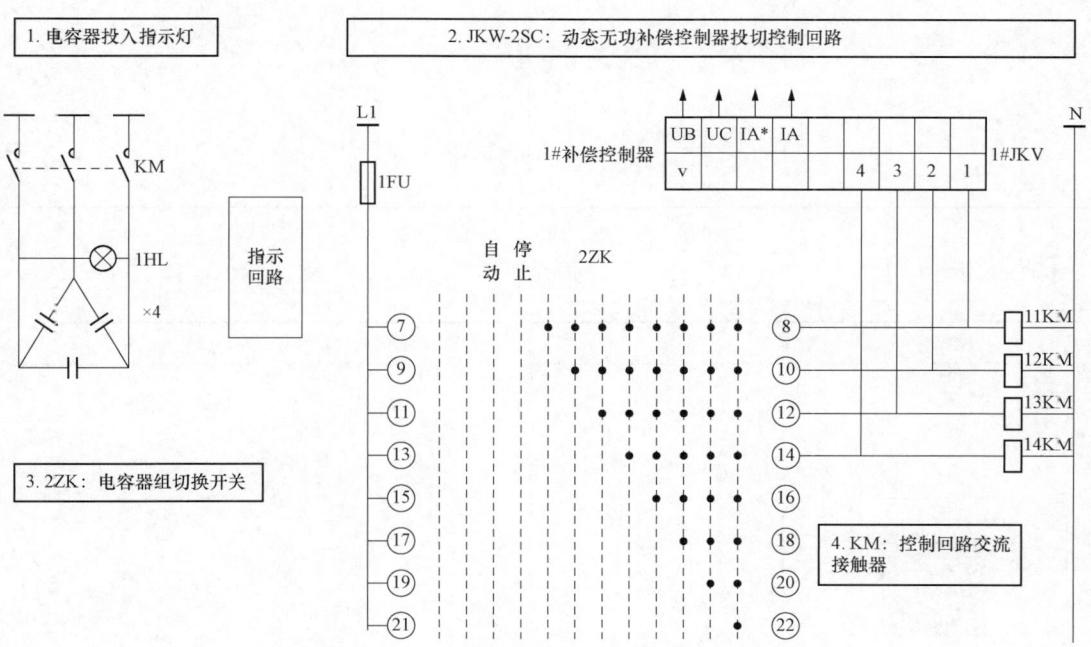

图 2-21 低压无功补偿柜交流取样回路

因数上升为 0.95，达到要求。即需要接入几组电容器，由 JKW-2SC 动态无功控制器计算补偿电容大小后，通过接通 11KM～14KM 对应的交流接触器接入对应大小的电容，满足功率因数要求。

63

## 【自我分析与总结】

| 学生学会的内容 | 笔记 |
|---|---|
|  |  |
| 学生总结 |  |
|  |  |

## 【巩固提升】

| 网络空间 | 笔记 |
|---|---|
| 二维码5<br>无功补偿原理、容量计算、控制器 |  |

## 任务四　低压出线柜电气图识读及故障查找

### 任务描述

故障现象"指示回路灯不亮"。请利用"万用表"以及低压出线柜原理图总图,分析出现"指示回路灯不亮"的几种可能原因,写出可行的排查方法,利用万用表并根据所学知识,完成"故障记录表",进而确定故障原因。

### 任务目标

知识目标:
(1) 熟悉低压出线柜电气图识读方法。
(2) 掌握低压出线柜电气图中各个元器件的作用。

能力目标:
(1) 能看懂低压出线柜电气图,能说出每个图形符号代表的元器件名称及作用。
(2) 能分析低压出线柜各个回路中各个支路的作用。
(3) 能对应低压出线柜现场实物结合电气图排查故障,并分析故障原因。

态度目标:
(1) 理解并遵守职业标准,提升学生职业荣誉感和自我认可,激发学生学习兴趣。
(2) 培养严谨的做事原则和高度负责的工作态度,树立牢固的安全意识。
(3) 培养学生主动探究未知的精神,提高独立分析问题和解决问题的能力。

### 任务准备

(1) 领取任务书和相关的图纸。
(2) 领取万用表。
(3) 认真学习与本任务相关知识,掌握电气设备图识读及应用的方法。
(4) 准备完成故障分析所需要的资料等。

### 任务实施及评价

任务实施及评价见表 2-14。

表 2-14　　　　　任 务 实 施 及 评 价

| 序号 | 任务步骤 | 工作内容 | 分值 | 评分标准 | 扣分 |
|---|---|---|---|---|---|
| 1 | 前期准备 | (1) 领取任务书;<br>(2) 熟悉任务要求;<br>(3) 领取万用表; | 5 | (1) 未主动领取任务书,扣1分; | |

续表

| 序号 | 任务步骤 | 工作内容 | 分值 | 评分标准 | 扣分 |
|---|---|---|---|---|---|
| 1 | 前期准备 | （4）准备设备选择所需要的手册等资料 | 5 | （2）未主动领取万用表，扣1分；<br>（3）未正确理解任务书要求，扣1分 | |
| 2 | 工作条件选择 | （1）正确判断工作条件；<br>（2）按工作条件选择设备类型 | 20 | （1）工作条件判断错误，每项扣2分；<br>（2）按环境条件选择设备错误，每项扣2分 | |
| 3 | 支路分析 | （1）写出低压出线柜中各个元器件的名称、作用；<br>（2）分析低压出线柜中各个支路的作用 | 55 | （1）元器件错误或漏掉，每项扣5分；<br>（2）支路分析错误或漏掉，每项扣10分 | |
| 4 | 故障查找 | 分析低压出线柜中各个支路哪些元器件故障可能会导致"无法计量"，填写"故障记录表" | 10 | （1）查找错误，每项扣除2分；<br>（2）未填写"故障记录表"，扣5分 | |
| 5 | 故障分析 | 针对拟定的可能导致故障的各种可能性，提出排查方法，完成"故障记录表" | 5 | （1）排查方法或故障记录遗漏，每项扣1分；<br>（2）未填写"故障记录表"，扣2分 | |
| 6 | 职业素养 | （1）严谨细致，爱岗敬业，主动参与；<br>（2）遵守纪律，团结协作，诚实守信 | 5 | 任意一项不满足，扣2分 | |
| | 实施人员 | | 最终得分 | | |

评分员确认签字：

_____年_____月_____日

# 相关知识

## 一、低压出线柜原理图总图

扫描二维码，获取低压出线柜原理总图。

## 二、低压出线柜原理图分图识读

1. 低压出线柜一次系统图识读

图 2-22 所示为低压出线柜一次系统图,应按照从上往下、从左至右的顺序识读。一次系统中,四条低压母线出线经 407 号、408 号、409 号、410 号低压断路器出线,串联电流互感器,将出线大电流转换成二次小电流。

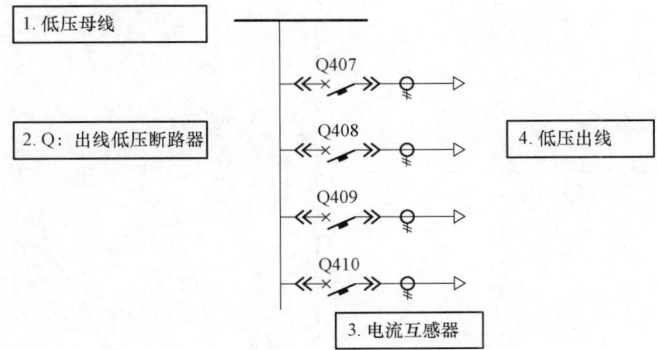

图 2-22 低压出线柜一次系统图

2. 低压出线柜电流测量回路图识读

图 2-23 所示为低压出线柜电流测量回路图。

测量单相电流时,电流互感器二次侧 S1 输出 B 相二次电流—经 B411 号线—进入到 KL610-ID/G 单相电流表(由 3 号端子进,由 4 号端子出)—经 N411—回到电流互感器二次侧 S2 端。

3. 低压出线柜断路器位置指示图识读

图 2-24 所示为低压出线柜断路器位置指示图。低压出线断路器在合位,Q407 闭合,合闸指示灯 5HR1 亮。

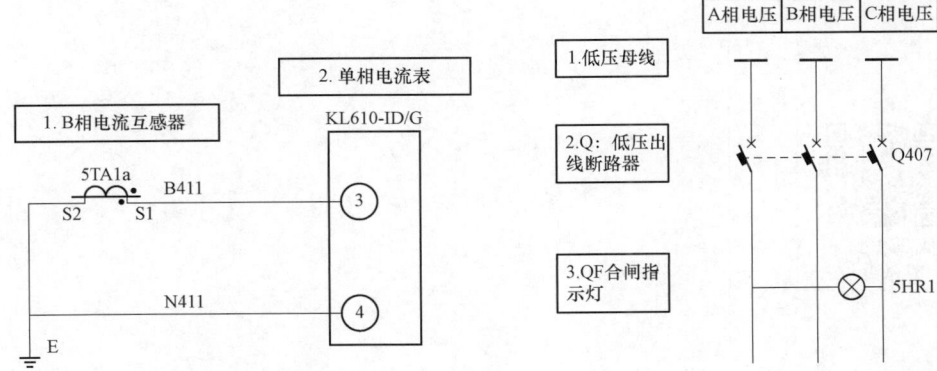

图 2-23 低压出线柜电流测量回路图　　图 2-24 低压出线柜断路器位置指示图

## 【自我分析与总结】

| 学生学会的内容 | 笔记 |
|---|---|
|  |  |
| 学生总结 |  |

## 【巩固提升】

| 网络空间 | 笔记 |
|---|---|
| 二维码7<br>低压出线柜图纸识读 |  |

## 任务五　高压进线柜电气图识读及故障查找

### 任务描述

断路器故障现象为"无法实现合闸"。故障已锁定在"断路器控制回路"，请利用"万用表"以及高压进线柜原理图总图，分析断路器出现"无法实现合闸"的几种可能原因，利用万用表并根据所学知识，写出可行的排查方法，完成"故障记录表"，进而确定故障原因。

### 任务目标

知识目标：
(1) 熟悉高压进线柜电气图识读方法。
(2) 掌握高压进线柜各个元器件的作用。

能力目标：
(1) 能看懂高压进线柜电气图，并说出每个图形符号代表的元器件名称及作用。
(2) 能分析高压进线柜断路器控制回路中各个支路的作用。
(3) 能依据高压进线柜断路器控制回路图对照现场实物排查故障，并分析故障原因。

态度目标：
(1) 理解并遵守职业标准，提升学生职业荣誉感和自我认可，激发学生学习兴趣。
(2) 培养严谨的做事原则和高度负责的工作态度，树立牢固的安全意识。
(3) 培养学生主动探究未知的精神，提高独立分析问题和解决问题的能力。

### 任务准备

(1) 领取任务书和相关的图纸。
(2) 领取万用表。
(3) 认真学习与本任务相关知识，掌握电气设备图识读及应用的方法。
(4) 准备完成故障分析所需要的资料等。

### 任务实施及评价

任务实施及评价见表 2-15。

表 2-15　　　　　　　　　　　任 务 实 施 及 评 价

| 序号 | 任务步骤 | 工作内容 | 分值 | 评分标准 | 扣分 |
|---|---|---|---|---|---|
| 1 | 前期准备 | (1) 领取任务书；<br>(2) 熟悉任务要求；<br>(3) 领取万用表；<br>(4) 准备设备选择所需要的手册等资料 | 5 | (1) 未主动领取任务书，扣1分；<br>(2) 未主动领取万用表，扣1分；<br>(3) 未正确理解任务书要求，扣1分 | |
| 2 | 工作条件选择 | (1) 正确判断工作条件；<br>(2) 按工作条件选择设备类型 | 20 | (1) 工作条件判断错误，每项扣2分；<br>(2) 按工作条件选择设备错误，每项扣2分 | |
| 3 | 支路分析 | (1) 写出高压进线柜断路器控制回路中各个元器件的名称、作用；<br>(2) 分析高压进线柜断路器控制回路中各个支路的作用 | 55 | (1) 元器件错误或漏掉，每项扣5分；<br>(2) 支路分析错误或漏掉，每项扣10分 | |
| 4 | 故障查找 | 分析高压进线柜断路器控制回路中的各个支路哪些元器件故障可能会导致"无法计量"，填写"故障记录表" | 10 | (1) 查找错误，每项扣除2分；<br>(2) 未填写"故障记录表"，扣5分 | |
| 5 | 故障分析 | 针对拟定的可能导致故障的各种可能性，提出排查方法，完成"故障记录表" | 5 | (1) 排查方法或故障记录遗漏，每项扣1分；<br>(2) 未填写"故障记录表"，扣2分 | |
| 6 | 职业素养 | (1) 严谨细致，爱岗敬业，主动参与；<br>(2) 遵守纪律，团结协作，诚实守信 | 5 | 任意一项不满足，扣2分 | |
| 实施人员 | | | 最终得分 | | |

评分员确认签字：

　　　　　　　　　　　　　　　　　　　　　　　　　　　　_____年____月____日

项目二 智能供配电系统电气图识读及故障查找

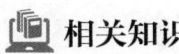

## 一、高压进线柜原理图总图

请扫描二维码获取高压进线柜原理总图。根据图 2-25 所示高压进线柜元器件明细，对照原理图总图、右下角元器件的标号，了解元器件名称，按照从左到右、从上到下的顺序识读原理图。

二维码8

高压进线柜原理图总图

| 17 | HW | 指示灯 | AD56-22D/W AC220V | 1 | |
| 16 | PA1、PA2、PA3 | 指针式电流表 | 42L6-A 20/5A | 3 | |
| 15 | 1EL、2EL、3EL | 照明灯 | 5W白炽灯+底座 AC220V | 1 | |
| 14 | TAa、TAc | 电流互感器 | LZZBJ9-10 0.2/10P10 20/5 | 2 | |
| 13 | HQ/TQ | 小继电器 | JTX-3Q AC220V+底座 | 1 | |
| 12 | QF901 | 真空断路器 | VS1-12/630-25kA AC110V | 1 | |
| 11 | QSE | 接地开关 | JN15-12 | 1 | |
| 10 | 1CM、2CM | 照明灯 | CM-1 AC220V | 2 | |
| 9 | XB | 连接片 | JL2-2红色 | 1 | |
| 8 | 1SA | 照明开关旋钮 | LAY50-22D-11X/K | 1 | |
| 7 | 2SA | 储能旋钮 | LAY50-22D-11X/K | 1 | |
| 6 | 1Q | 微型断路器 | DZ47-63/3P C6 | 1 | |
| 5 | 2Q | 微型断路器 | DZ47-63/2P C6 | 1 | |
| 4 | ZK | 分、合闸转换开关 | LW12-16 D49/2S | 1 | |
| 3 | ACR | 多功能智能数显表 | PZ96L-E4/KC(2DI/2DO) | 1 | |
| 2 | HG | 指示灯 | AD56-22D/G AC220V | 1 | |
| 1 | HR | 指示灯 | AD56-22D/R AC220V | 1 | |
| 序号 | 标号 | 名称 | 型号规格 | 数量 | 备注 |

图 2-25 高压进线柜元器件明细

## 二、高压进线柜原理图分图识读

1. 高压进线柜一次系统图

图 2-26 所示为高压进线柜一次系统图，应按照从上往下、从左至右的顺序识读。一次系统中，10kV 电能经过 901 断路器引入，配置 2 台两相电流互感器为二次侧提供电能。接地开关为检修提供安全保证，带电指示器显示高压进线柜 1 是否带电。

2. 高压进线柜柜顶小母线布置图识读

图 2-27 所示为高压进线柜柜顶小母线布置图，应按照从上往下、从左至右的顺序识读。进线柜柜顶小母线，提供低压电源，供照明、测量、保护、控制回路使用。

3. 高压进线柜电流回路测量表计图识读

图 2-28 所示为高压进线柜电流回路测量表计图，应按照从上往下、从左至右的顺序整体识读。

电流回路具体识读技巧为：应按每个回路分别识读，遇到元器件注意进线和出线，

71

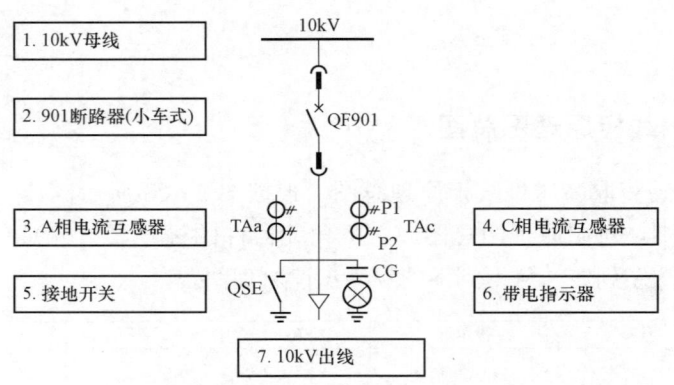

图 2-26 高压进线柜一次系统图

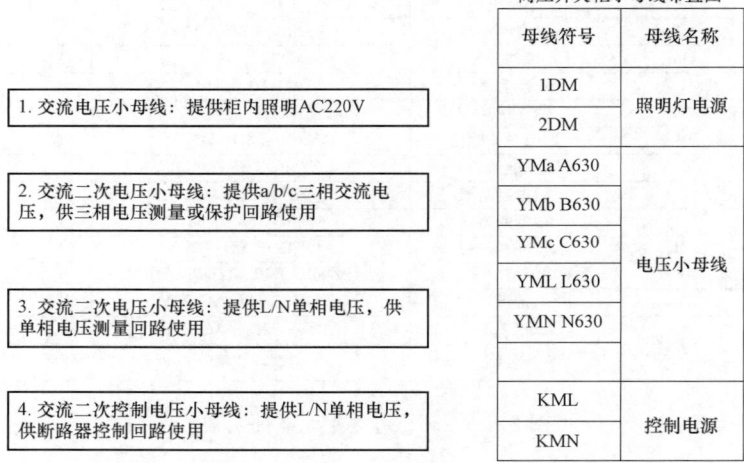

图 2-27 高压进线柜柜顶小母线布置图

遇到端子注意端子号,切记回路不能断路。电流回路从电流互感器二次侧获取 $i_a$、$i_c$,供给三支电流表,监测三相电流;同时送至多功能数显表,为获得测量电网中的电流,计算有功功率、无功功率、有功电能、无功电能等参数。

(1)电流回路1。

电流互感器 a 相一次侧,电流由 P1 进 P2 出。

电流互感器的二次侧,电流从同名端 1S1 出,经 A411 端子—1PA A 相电流表—ACR(4 进 5 出)—ACR(6 进 7 出)—1PAB B 相电流表,到 B411 端子—地。

(2)电流回路2。

电流互感器 c 相一次侧,电流由 P1 进 P2 出。

电流互感器的二次侧,电流从同名端 1S1 出,经 C411 端子—1PC C 相电流表—ACR(8 进 9 出)—ACR(6 进 7 出)—1PAB B 相电流表,到 B411 端子—地。

项目二 智能供配电系统电气图识读及故障查找

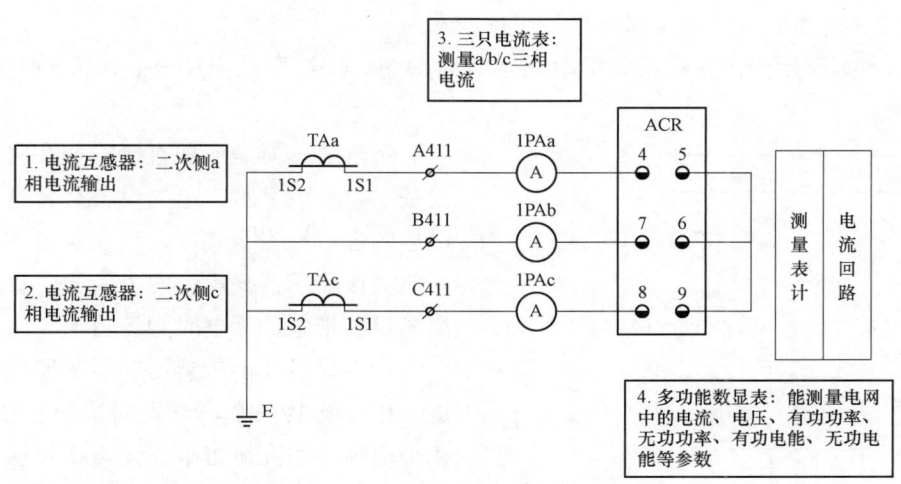

图 2-28 高压进线柜电流回路测量表计接线图

电流回路采用 2 个电流互感器，B 相没用电流互感器，利用 $i_a+i_c=-i_b$，可节省一台电流互感器。

**4. 高压进线柜备用电流回路图识读**

图 2-29 所示为高压进线柜备用电流回路图，应按照从上往下、从左至右的顺序识读。

备用电流回路是电流互感器引出的第二对电流，供电流保护使用。由于电流互感器二次侧不允许开路，因此备用情况下将二次侧短接。

**5. 高压进线柜电压测量回路电压图识读**

图 2-30 所示高压进线柜电压回路测量电压图，应按照从上往下、从左至右的顺序识读。

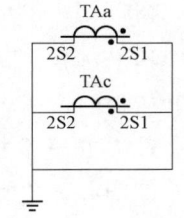

图 2-29 高压进线柜备用电流回路图

电压回路从柜顶电压小母线获取二次电压，获取 $U_a$、$U_b$、$U_c$、$U_n$，供给多功能数显表，获得测量电网中的电压，计算有功功率、无功功率、有功电能、无功电能等参数。微型断路器装在电压回路，保护多功能数显表。

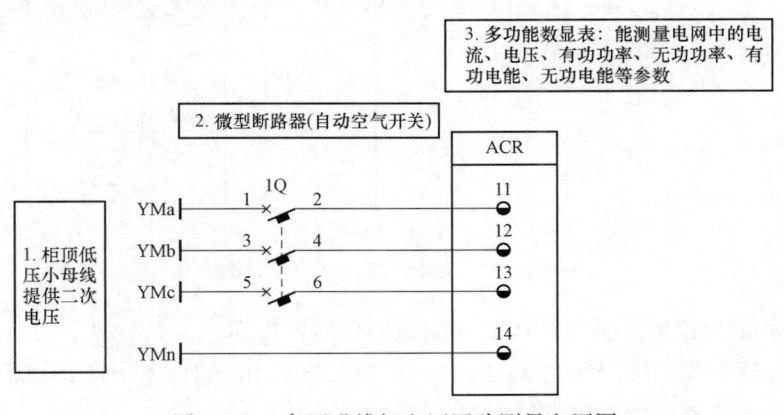

图 2-30 高压进线柜电压回路测量电压图

### 6. 高压进线柜带电显示器回路图识读

图2-31所示为高压进线柜带电显示器回路图，应按照从上往下、从左至右的顺序识读。

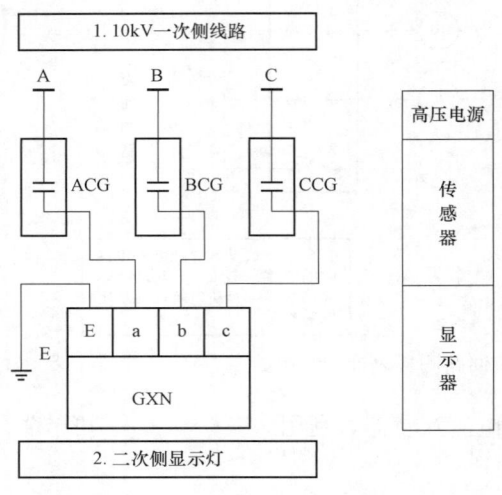

图2-31 高压进线柜带电显示器回路图

带电显示器是一种直接安装在室内电气设备上，直观显示出电气设备是否带有运行电压的提示性安全装置。当设备带有运行电压时，该显示器显示窗发出闪光，警示人们高压设备带电，无电时则无指示。

带电显示器由传感器、显示器两部分组成。传感器共三个，分别对准A、B、C三相带电体，与高压带电体无直接接触，并保持一定的安全距离，它接收高压带电体电场信号，并传送给显示器进行比较判断。当线路带电时，A、B、C三相指示灯亮，"操作"指示灯熄灭，且输出强制闭锁信号；不带电时，A、B、C三相指示灯都熄灭，"操作"指示灯亮，同时解除闭锁信号，可以进行设备操作，才可能打开后柜门的电磁锁。打开后柜门，还需要接地开关的机械闭锁解锁。

### 7. 高压进线柜开关位置图识读

如图2-32所示为高压进线柜开关位置图，应按照从上往下、从左至右的顺序识读。

1. ZK：分、合闸开关
1—2：断路器分闸
3—4：断路器远方
5—6：断路器合闸

ZK (LW12-16 D49/2S)

| 运行方式<br>接点 | -90°<br>分 | -45°<br>预分分后 | 0°<br>远方 | 45°<br>预合合后 | 90°<br>合 |
|---|---|---|---|---|---|
| 1-2 | × | | | | |
| 3-4 | | | × | | |
| 5-6 | | | | | × |

2. 多功能数显表接线

| ACR | | | |
|---|---|---|---|
| DI1 | 24 | 3 QF901 13 | 断路器遥信 |
| DI2 | 25 | NO1 QSE NO1 | 接地开关位置 |
| COM | 28 | | 开关量公共端 |
| RS485 | A | 21 | 485+ | 通信端子 |
| | B | 22 | 485- | |

图2-32 高压进线柜开关位置图

图中，QSE为接地开关；RS485为通信串口接监控后台。

断路器合闸完成，辅助触点3-13接通，DI1与COM端接通，代表逻辑"1"，通过RS485串口将断路器位置送到监控后台。

QSE 接地开关在合位，辅助触点 NO1 接通，DI2 到 COM 端接通，代表逻辑"1"，通过 RS485 串口将接地开关位置送到监控后台。

8. 高压进线柜断路器遥控回路识读

图 2-33 所示为高压进线柜断路器遥控回路图，应按照从上往下、从左至右的顺序识读。

遥控闭合 ACR 的 DO1，如果断路器此时在分位，动断辅助触点 QF901 闭合，接通 901HQ 合闸线圈，完成利用 ACR 遥控断路器远方合闸。

遥控闭合 ACR 的 DO2，如果断路器此时在合位，动合辅助触点 QF901 闭合，接通 901TQ 跳闸线圈，完成利用 ACR 遥控断路器分闸。

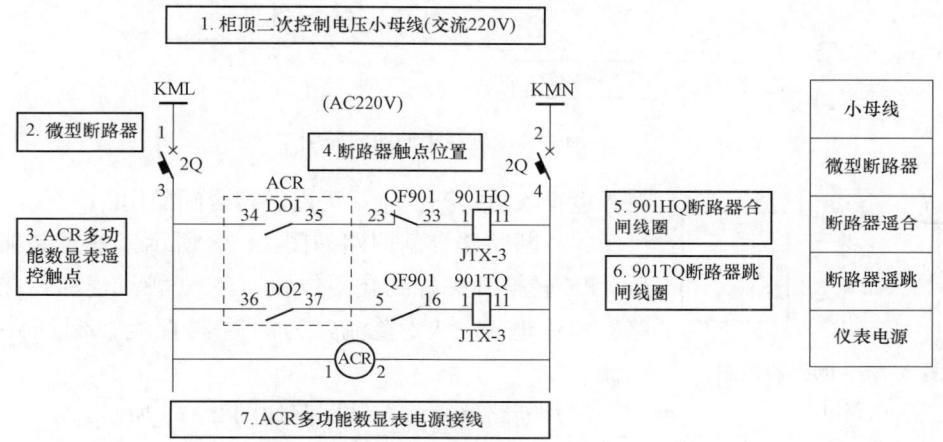

图 2-33　高压进线柜断路器遥控回路图

9. 高压进线柜照明回路图识读

图 2-34 所示为高压进线柜照明回路图，应按照从上往下、从左至右的顺序识读。

（1）1SA 旋钮：照明开关旋至"开"，接通仪表室照明灯。

（2）1SB、2SB 按钮：分别按下 1SB 或 2SB 可接通断路器室或电缆室照明灯。

10. 断路器控制图识读

高压进线柜断路器控制回路内部有十个并联回路，每个串联回路均应按照工作过程识读。

（1）断路器控制回路电源如图 2-35 所示，闭合 2Q，给断路器控制回路供电。

（2）断路器储能回路如图 2-36 所示。转动 2SA 储能旋钮，接通储能回路，通过整流器件 V1，将交流 220V 变为直流，为储能电机 M 供电。储能电机拉伸弹簧，当弹簧完成储能，S2 的 21、22 号动断触点打开，自动切断储能回路，M 储能电机停止工作。

（3）断路器储能指示回路如图 2-37 所示。弹簧储能完成，合闸扣住机构扣住，联动微动开关 S1 动合触点闭合，接通储能指示回路。储能指示灯 BD 得电，储能指示灯

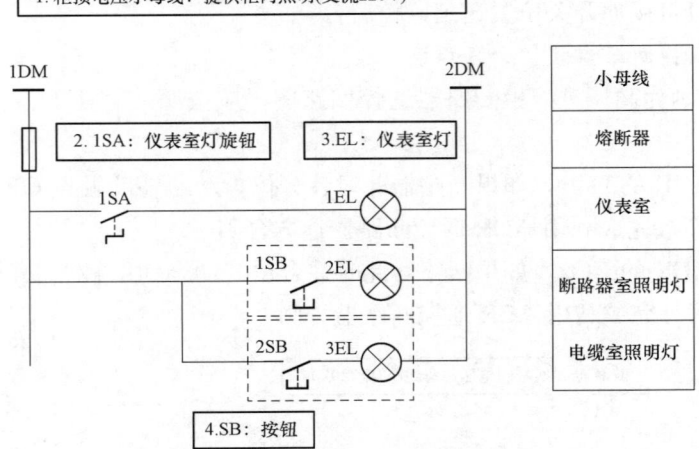

图 2-34 高压进线柜照明回路图

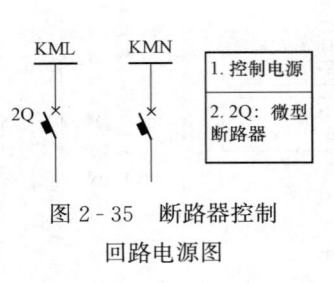

图 2-35 断路器控制回路电源图

亮。运维人员得到信息，可以进行合闸操作。

(4) 断路器合闸回路如图 2-38 所示。弹簧储能完成后，ZK 转换开关拧到合闸位置，5、6 触点连通，接通断路器整流电路，V2 整流，为断路器直流控制回路提供电流。

(5) 断路器直流控制回路如图 2-39 所示。

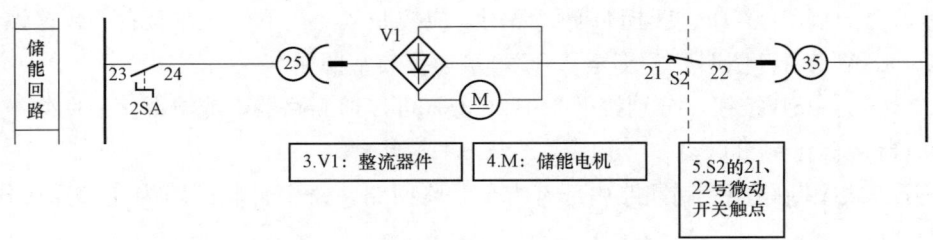

图 2-36 断路器储能回路图

直流回路：合闸线圈 1HQ 得电，合闸允许触点 Y1 闭合（满足合闸条件动合触点闭合），QF 辅助动断触点 53、54 闭合（QF 在分位，动断触点闭合），S1 储能到位，动合触点 33、34 闭合（储能完成动合触点闭合），KO 合闸后继电器动断触点 2、3 闭合（QF 在分位，动断触点闭合），合闸线圈 1HQ 得电，完成合闸。

(6) 断路器遥合回路如图 2-40 所示。

# 项目二 智能供配电系统电气图识读及故障查找

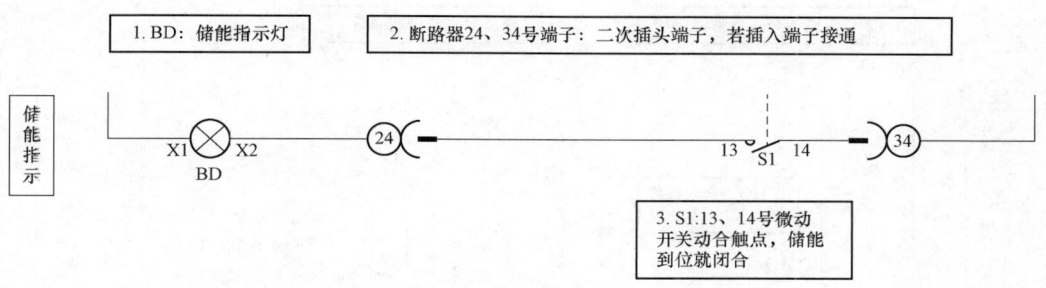

图 2-37 断路器储能指示回路图

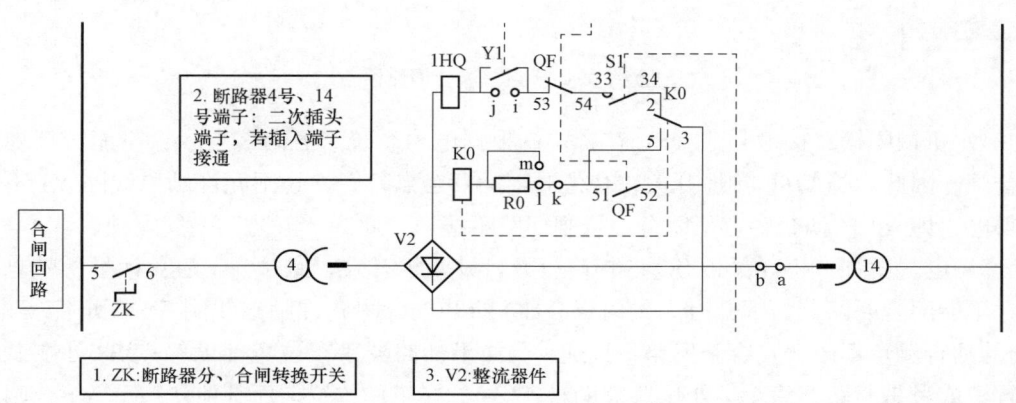

图 2-38 断路器合闸回路图

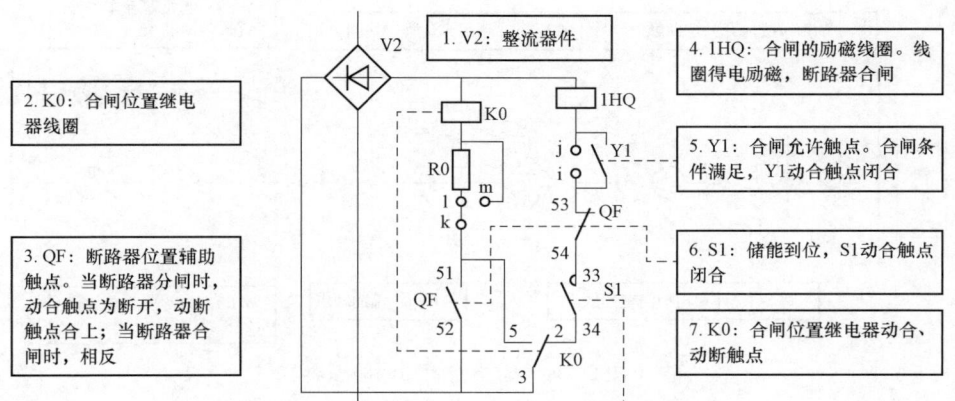

图 2-39 断路器直流控制回路图

转换开关 ZK 拧到遥合位置，接通触点 3、4，HQ 合闸遥控触点闭合，接通断路器直流控制回路，完成断路器遥合。

（7）断路器闭锁回路如图 2-41 所示。

77

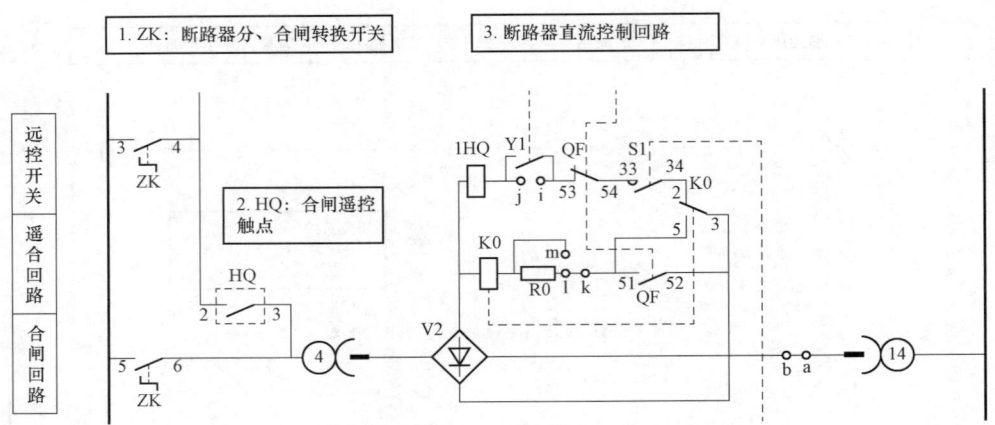

图 2-40 断路器遥合回路图

1) 机械闭锁：接地开关 QSE 在合位，根据电力系统"五防"要求：不能带接地开关合闸。因此，当 QSE 接地开关在合位时，动断触点打开，合闸允许励磁线圈 Y1 不可能得电，即 Y1 的动合触点不闭合，合闸回路不接通，此为"五防"电气闭锁。

2) 电气闭锁：①计量柜 SQ 的柜门打开，计量柜有人，此时为了避免计量柜带电伤人，不能闭合断路器。因此有人的时候，SQ 断开，合闸允许励磁线圈 Y1 不可能得电，Y1 的动合触点不闭合，合闸回路不接通。②如果断路器手车位置辅助触点 S8 处在试验位置，或者是断路器手车工作位置辅助触点 S9 处在工作位置，而其他状态下 Y1 合闸允许励磁线圈不可能得电，即 Y1 的动合触点不可能合上，合闸回路不接通。

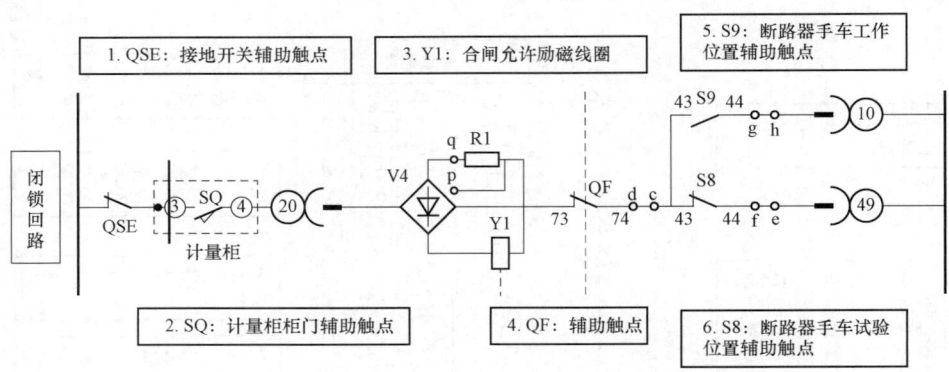

图 2-41 断路器闭锁回路图

(8) 断路器分闸回路如图 2-42 所示。

ZK 转换开关拧到分闸位置，接通触点 1、2，断路器动合触点 QF 在合位，辅助触点 11、12 闭合，压板 XB 投入，分闸交流回路接通。V3 整流回路得电，交流变直流，施加在断路器分闸线圈 1TQ 上，分闸线圈得电，实现断路器分闸。

(9) 断路器遥跳回路如图 2-43 所示。

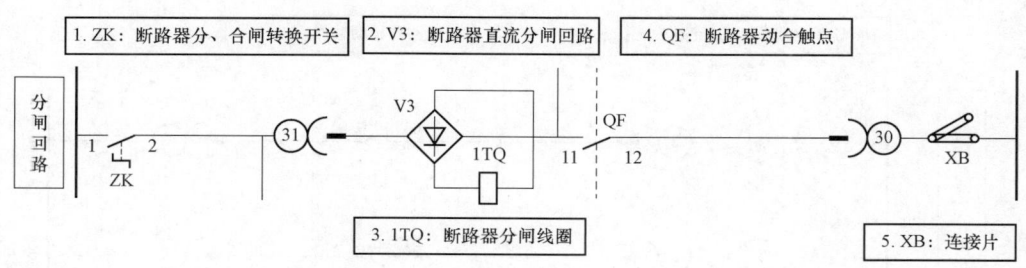

图 2-42 断路器分闸回路图

ZK 转换开关拧到遥分位置，接通 3、4 触点，分闸遥控触点 TQ 闭合，压板 XB 投入，接通断路器直流分闸回路，完成断路器遥分。

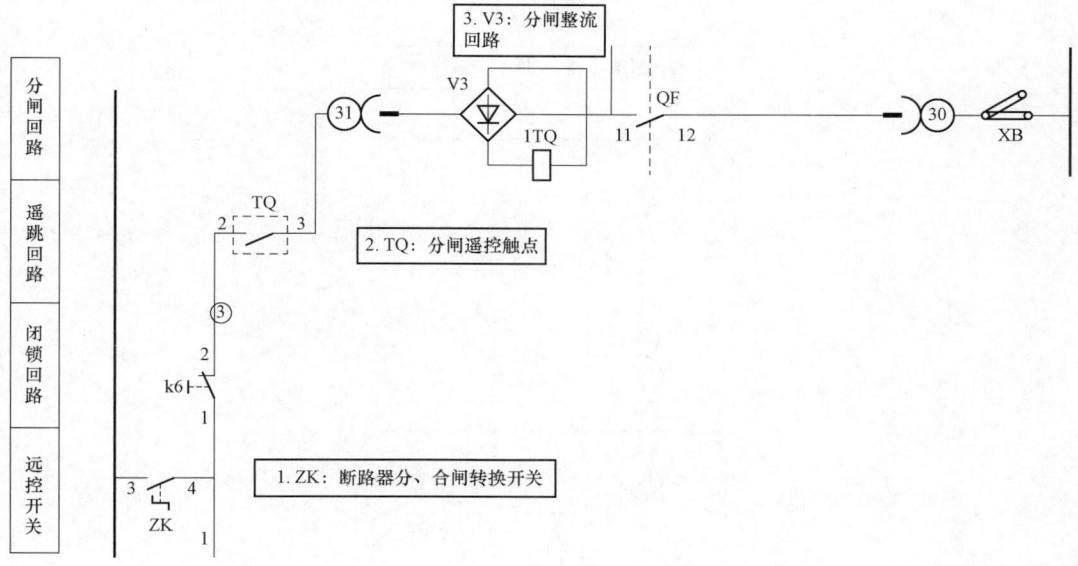

图 2-43 断路器遥跳回路图

（10）断路器指示灯回路如图 2-44 所示。工作原理如下：
1) QF 合闸后，QF 辅助动合触点 61-62 闭合，接通合闸灯光回路，红灯亮。
2) QF 分闸后，QF 辅助动断触点 63-64 闭合，接通分闸灯光回路，绿灯亮。

### 拓展练习

图 2-45 所示为断路器合闸回路图，根据此图完成下列的问题：
(1) 试分析完成合闸后，回路工作情况？
(2) 试分析完成合闸后，QF 的辅助触点 53-54 的动作情况？如何避免合闸线圈烧坏，理解合闸位置继电器的作用？

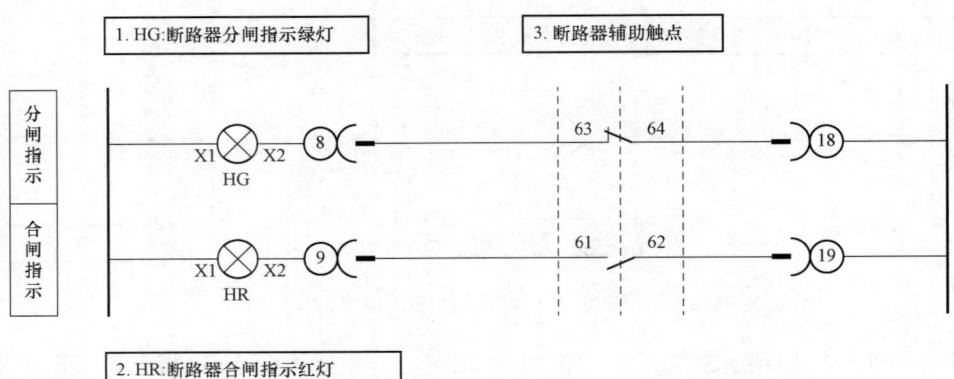

图 2-44 断路器指示灯回路图

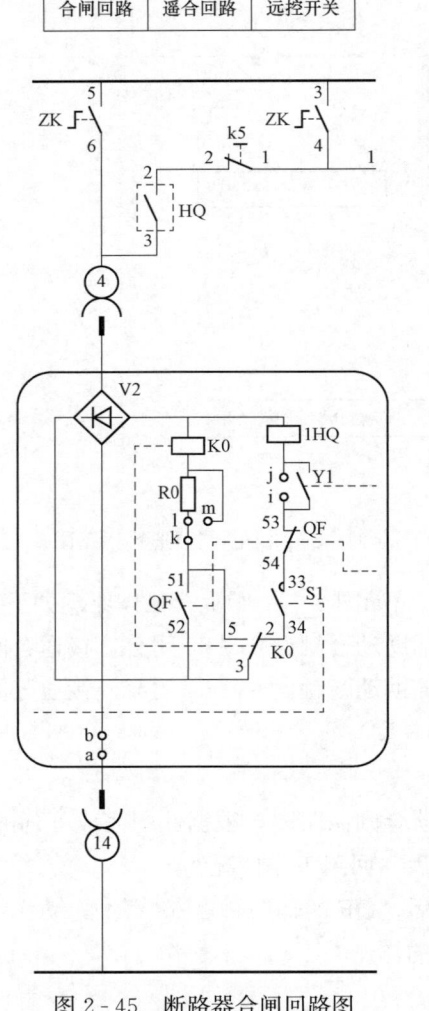

图 2-45 断路器合闸回路图

## 【自我分析与总结】

| 学生学会的内容 | 笔记 |
| --- | --- |
|  |  |
| 学生总结 |  |
|  |  |

## 【巩固提升】

| 网络空间 | 笔记 |
| --- | --- |
| 二维码9<br>高压进线柜图纸识读 |  |

智能供配电系统安装调试与运维

## 任务六　高压电压互感器柜电气图识读及故障查找

### 任务描述

故障现象为"无法显示电压"。故障已锁定在"电压回路",请利用"万用表"和高压电压互感器柜原理图总图,分析"无法显示电压"的几种可能原因,利用万用表并根据所学知识,写出可行的排查方法,完成"故障记录表",进而确定故障原因。

### 任务目标

知识目标:
(1) 熟悉高压电压互感器柜电气图识读方法。
(2) 掌握高压电压互感器柜电气图中各个元器件的作用。

能力目标:
(1) 能看懂高压电压互感器柜电气图,能说出每个图形符号代表的元器件名称及作用。
(2) 能分析高压电压互感器柜各个回路中各个支路的作用。
(3) 能对应高压电压互感器柜现场实物,结合电气图排查故障,并分析故障原因。

态度目标:
(1) 理解并遵守职业标准,提升学生职业荣誉感和自我认可,激发学生学习兴趣。
(2) 培养严谨的做事原则和高度负责的工作态度,树立牢固的安全意识。
(3) 培养学生主动探究未知的精神,提高独立分析问题和解决问题的能力。

### 任务准备

(1) 领取任务书和相关的图纸。
(2) 领取万用表。
(3) 认真学习与本任务相关知识,掌握电气设备图识读及应用的方法。
(4) 准备完成故障分析所需要的资料等。

### 任务实施及评价

任务实施及评价见表 2-16。

表 2-16　　　　　任务实施及评价

| 序号 | 任务步骤 | 工作内容 | 分值 | 评分标准 | 扣分 |
|---|---|---|---|---|---|
| 1 | 前期准备 | (1) 领取任务书; | 5 | (1) 未主动领取任务书,扣 1 分; | |

续表

| 序号 | 任务步骤 | 工作内容 | 分值 | 评分标准 | 扣分 |
|---|---|---|---|---|---|
| 1 | 前期准备 | （2）熟悉任务要求；<br>（3）领取万用表；<br>（4）准备设备选择所需要的手册等资料 | 5 | （2）未主动领取万用表，扣1分；<br>（3）未正确理解任务书要求，扣1分 | |
| 2 | 工作条件选择 | （1）正确判断工作条件；<br>（2）按环境条件选择设备类型 | 20 | （1）工作条件判断错误，每项扣2分；<br>（2）按环境条件选择设备错误，每项扣2分 | |
| 3 | 支路分析 | （1）写出高压电压互感器柜电压回路中各个元器件的名称、作用；<br>（2）分析高压电压互感器柜电压回路中各个支路的作用 | 55 | （1）元器件错误或漏掉，每项扣5分；<br>（2）支路分析错误或漏掉，每项扣10分 | |
| 4 | 故障查找 | 分析高压电压互感器柜电压回路中各个支路哪些元器件故障可能会导致"无法计量"，填写"故障记录表" | 10 | （1）查找错误，每项扣除2分；<br>（2）未填写"故障记录表"，扣5分 | |
| 5 | 故障分析 | 针对拟定的可能导致故障的各种可能性，提出排查方法，完成"故障记录表" | 5 | （1）排查方法或故障记录遗漏，每项扣1分；<br>（2）未填写"故障记录表"，扣2分 | |
| 6 | 职业素养 | （1）严谨细致，爱岗敬业，主动参与；<br>（2）遵守纪律，团结协作，诚实守信 | 5 | 任意一项不满足，扣2分 | |
| 实施人员 | | | 最终得分 | | |

评分员确认签字：

_____年____月____日

## 相关知识

### 一、高压电压互感器柜原理图总图

扫描二维码，获取高压电压互感器柜原理总图。根据图2-46所示的高压电压互感器柜元器件明细图，对照高压电压互感器柜原理总图右下角元器件的标号，了解元器件名称，按照从左到右、从上到下的顺序，识读原理图。

| 9 | DSN | 带电显示器 | DXN-Q 400V | 1 | |
|---|---|---|---|---|---|
| 8 | 1EL，2EL | 照明灯 | 5W白炽灯+底座 AC220V | 2 | |
| 7 | TAa，TAb TAc | 电压互感器 | JDZ10-10 $0.4/\sqrt{3}\ 0.1/\sqrt{3}/0.1\sqrt{3}$ | 3 | |
| 6 | SB | 电缆室灯按钮 | CM-1 AC220V | 1 | |
| 5 | 2Q | 微型断路器 | DZ47-63/2P C6 | 1 | |
| 4 | 1Q | 微型断路器 | DZ47-63/3P C6 | 1 | |
| 3 | ZK | 转换开关 | LW5-16YH3/3 | 1 | |
| 2 | SA | 仪表室灯旋钮 | LAY50-22D-11X/K | 1 | |
| 1 | PV | 电压表 | 42L6-A 10/0.1V | 1 | |
| 序号 | 标号 | 名称 | 型号规格 | 数量 | 备注 |

二维码10
高压电压互感器柜原理图总图

图2-46 高压电压互感器柜元器件明细图

## 二、高压电压互感器柜原理图分图识读

1. 高压电压互感器柜一次系统图识读

图2-47所示为高压电压互感器柜一次系统图，应按照从上往下、从左至右的顺序识读。

高压电压互感器柜并联10kV一次母线，利用带电指示器了解一次母线是否带电。配置手车式电压互感器将一次侧高电压降为二次侧低电压，供给测量、计量、保护使用。为保护电压互感器，并联避雷器防止电压互感器过电压，高压熔断器串联在电压互感器一次侧，提供电压互感器过负荷、短路保护。

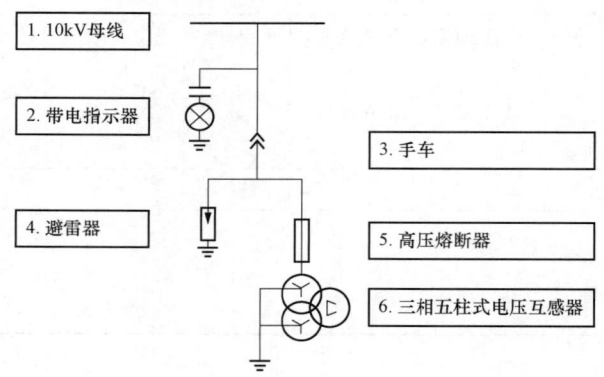

图2-47 高压电压互感器柜一次系统图

2. 高压电压互感器柜柜顶小母线布置图识读

图2-48所示为高压电压互感器柜柜顶小母线布置图，应按照从上往下、从左至右的顺序识读。柜顶小母线，提供低压电源，供照明、测量、保护、控制回路使用。

项目二 智能供配电系统电气图识读及故障查找

1. 交流电压小母线：提供柜内照明AC220V

2. 交流二次电压小母线：提供A/B/C三相交流电压，供三相电压测量或保护回路使用

3. 交流二次电压小母线：将电压互感器二次侧开口三角形侧输出电压，引到YML/YMN二次电压小母线上，反应三相电压相量之和

4. 交流二次控制电压小母线：提供L/N单相电压，供断器控制回路使用

高压开关柜小母线布置图

| 母线符号 | 母线名称 |
|---|---|
| 1DM | 照明灯电源 |
| 2DM | |
| YMa A630 | 电压小母线 |
| YMb B630 | |
| YMc C630 | |
| YML L630 | |
| YMN N630 | |
| KML | 控制电源 |
| KMN | |

图 2-48 高压电压互感器柜柜顶小母线布置图

3. 高压电压互感器柜手车二次接线图识读

图 2-49 所示为高压电压互感器柜手车二次接线图，应按照从上往下、从左至右的顺序识读。

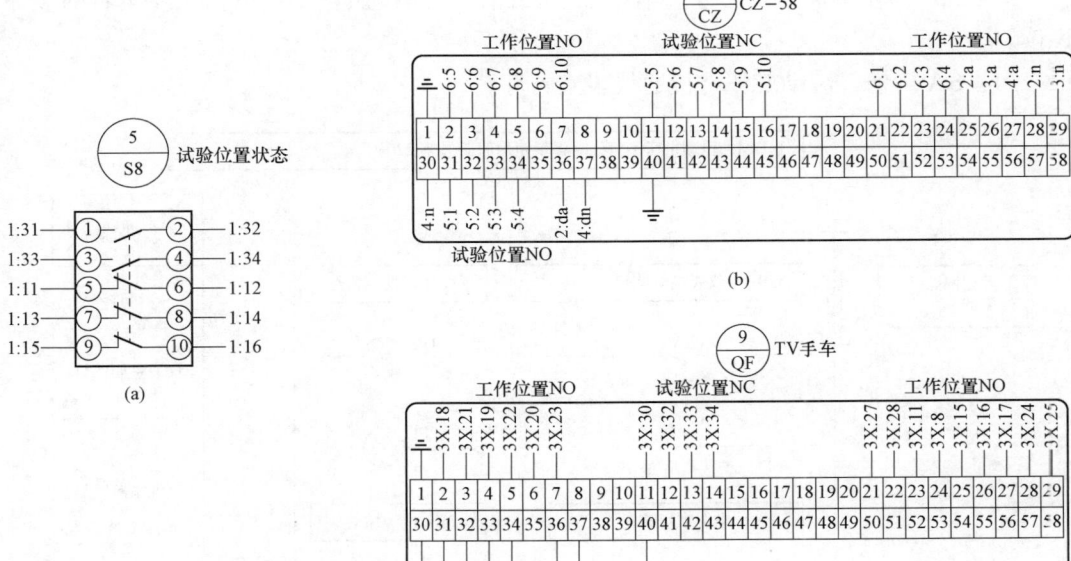

图 2-49 高压电压互感器柜手车二次接线图
(a) 手车机械位置接线；(b) 手车二次插头接线；(c) 手车二次插座接线

85

手车分为工作、试验、检修三种状态。三种状态的信息通过S8（5号器件）状态触点，经过CZ（1号器件）手车二次插头端子，再到QF（9号器件）手车二次插座端子，将机械状态信号送入二次回路。

图2-50所示为高压电压互感器柜手车备用二次接线图，手车二次插座QF中的11-12、13-14号端子，作为试验位置的备用端子。

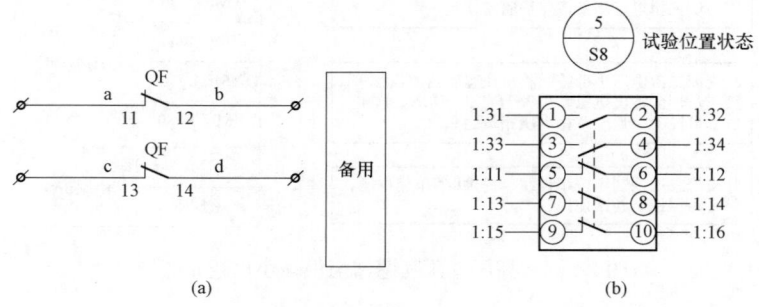

图2-50 高压电压互感器柜手车备用二次接线图
(a) 手车备用端子接线；(b) 手车机械位置接线

4. 高压电压互感器柜照明回路图识读

图2-51所示为高压电压互感器柜照明回路图，应按照从上往下、从左至右的顺序识读。

（1）SA旋钮：转动旋钮，接通仪表室的灯。

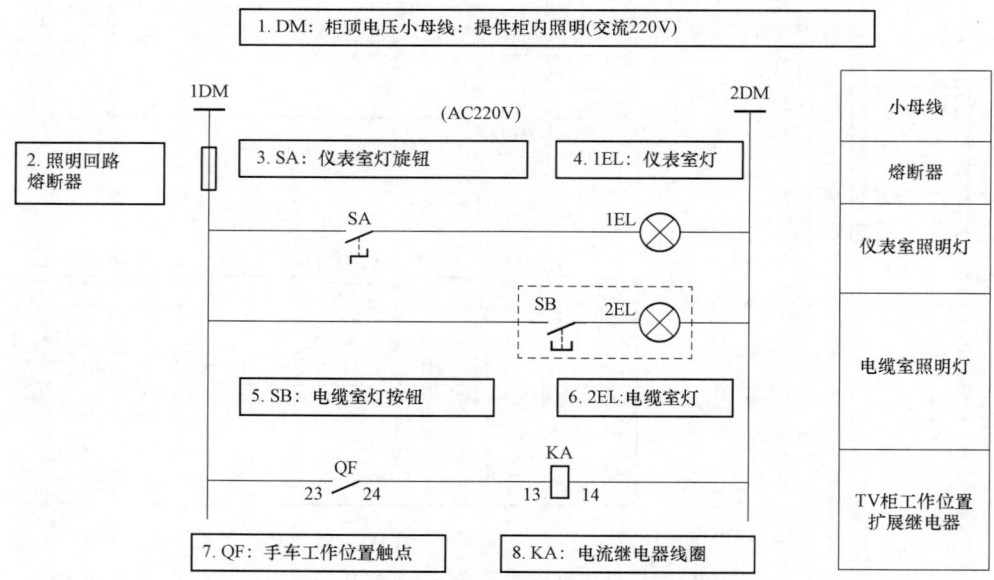

图2-51 高压电压互感器柜照明回路图

(2) 1SB按钮：按钮按下，接通电缆室灯。

(3) 图2-52所示为高压电压互感器柜手车工作位置接线图。手车机械位置推至工作位，动断触点3-4闭合，通过手车二次插头，将信号传递到柜内手车二次插座QF23-24端子，接通扩展继电器KA线圈。KA动断触点闭合，将电压互感器在工作位置的信息送到变压器出线柜的保护装置中。变压器出线柜需要利用电压互感器采集电压，只有电压互感器在工作位置，采集到的电压才可能是正确、有效的。

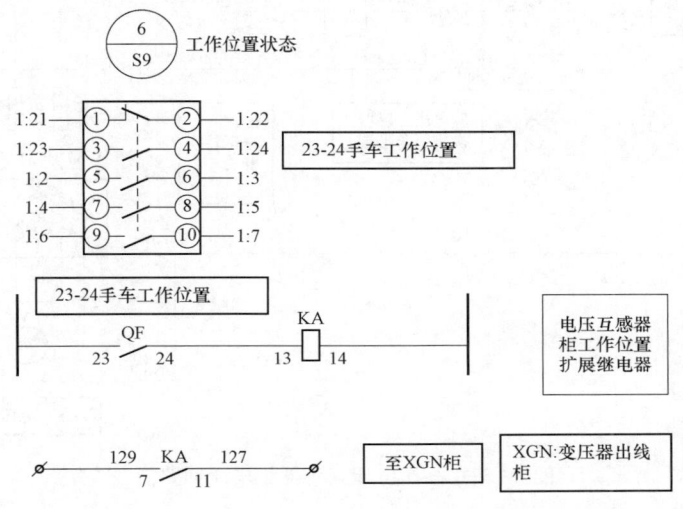

图2-52　高压电压互感器柜手车工作位置接线图

5. 高压电压互感器柜电压回路图识读

图2-53所示为高压电压互感器柜电压回路图，应按照各并联回路的工作过程识读。

(1) 电压互感器一次侧接10kV母线，二次侧星形端a相通过二次插座25号端子上A602号线，b相通过二次插座26号端子上B602号线，c相通过二次插座27号端子上C602号线，至故障设置柜，用于设置故障。

(2) a相经二次插座QF的2-3动合触点、b相经二次插座QF的4-5动合触点、c相经二次插座QF的6-7动合触点串联ZKK自动空气开关，用于二次回路短路保护，至二次电压小母线，用于电压测量。

(3) 电压互感器开口三角形一侧通过L601连接二次插座QF36号端子，经L602接至工作位置扩展继电器KA的5、9动合触点，后经L603、1RD接至YML；电压互感器开口三角形另一侧接至二次插座QF35号端子，后经N630接至YMN。三相电压柜量之和，用于判断是否有接地故障或者不平衡运行状态。

(4) 利用ZK电压转换开关，切换挡位，获得不同的输出电压，用一块电压表就可以切换显示线电压。

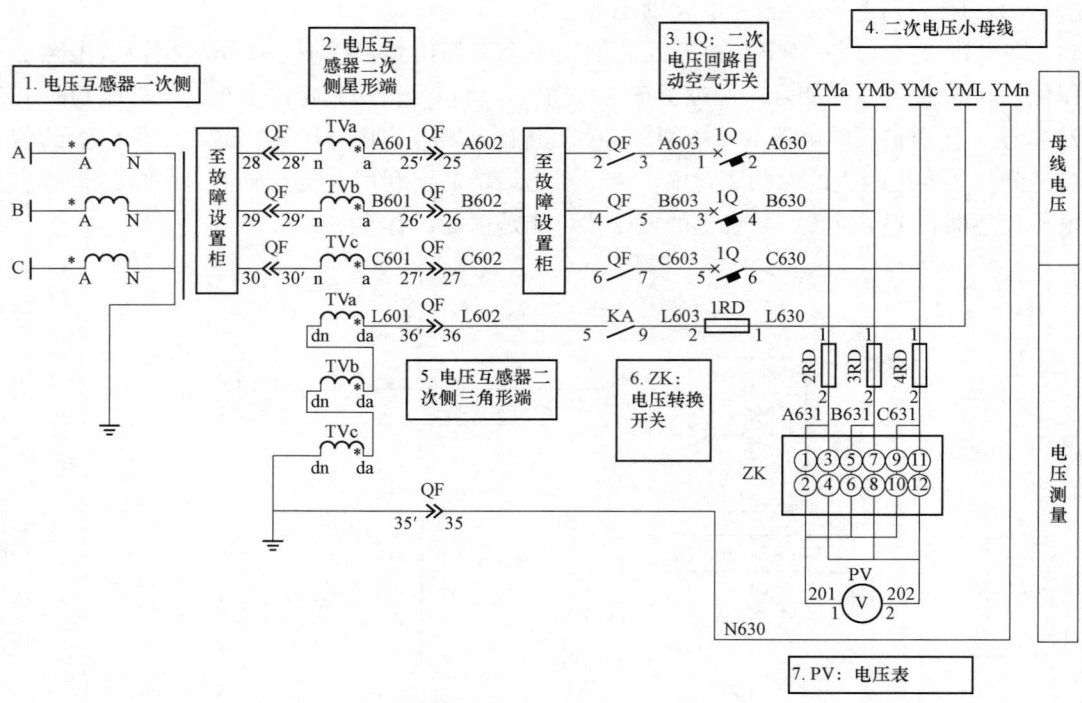

图 2-53 高压电压互感器柜电压回路图

## 【自我分析与总结】

| 学生学会的内容 | 笔记 |
|---|---|
|  |  |
| 学生总结 |  |
|  |  |

## 【巩固提升】

| 网络空间 | 笔记 |
|---|---|
| 二维码11<br>高压电压互感器柜电气图识读 |  |

## 任务七  高压计量柜电气图识读及故障查找

### 📋 任务描述

故障现象"无法计量"。请利用"万用表"以及高压计量柜原理图总图,分析出现"无法计量"的几种可能原因,利用万用表并根据所学知识,写出可行的排查方法,完成"故障记录表",进而确定故障原因。

### 📋 任务目标

知识目标:
(1) 熟悉高压计量柜电气图识读方法。
(2) 掌握高压计量柜电气图中各个元器件的作用。
能力目标:
(1) 能看懂高压计量柜电气图,并说出每个图形符号代表的元器件名称及作用。
(2) 能分析高压计量柜各个回路中各个支路的作用。
(3) 能依据高压计量柜电气图对现场实物排查故障,并分析故障原因。
态度目标:
(1) 理解并遵守职业标准,提升学生职业荣誉感和自我认可,激发学生学习兴趣。
(2) 培养严谨的做事原则和高度负责的工作态度,树立牢固的安全意识。
(3) 培养学生主动探究未知的精神,提高独立分析问题和解决问题的能力。

### 📋 任务准备

(1) 领取任务书和相关的图纸。
(2) 领取万用表。
(3) 认真学习与本任务相关知识,掌握电气设备图识读及应用的方法。
(4) 准备完成故障分析所需要的资料等。

### 📋 任务实施及评价

任务实施及评价见表 2-17。

表 2-17    任务实施及评价

| 序号 | 任务步骤 | 工作内容 | 分值 | 评分标准 | 扣分 |
|---|---|---|---|---|---|
| 1 | 前期准备 | (1) 领取任务书;<br>(2) 熟悉任务要求; | 5 | (1) 未主动领取任务书,扣1分; | |

项目二　智能供配电系统电气图识读及故障查找

续表

| 序号 | 任务步骤 | 工作内容 | 分值 | 评分标准 | 扣分 |
|---|---|---|---|---|---|
| 1 | 前期准备 | （3）领取万用表；<br>（4）准备设备选择所需要的手册等资料 | 5 | （2）未主动领取万用表，扣1分；<br>（3）未正确理解任务书要求，扣1分 | |
| 2 | 工作条件选择 | （1）正确判断工作条件；<br>（2）按工作条件选择设备类型 | 20 | （1）工作条件判断错误，每项扣2分；<br>（2）按工作条件选择设备错误，每项扣2分 | |
| 3 | 支路分析 | （1）写出高压计量柜中各个元器件的名称、作用；<br>（2）分析高压计量柜中各个支路的作用 | 55 | （1）元器件错误或漏掉，每项扣5分；<br>（2）支路分析错误或漏掉，每项扣10分 | |
| 4 | 故障查找 | 分析高压计量柜中各个支路哪些元器件故障可能会导致"无法计量"，填写"故障记录表" | 10 | （1）查找错误，每项扣除2分；<br>（2）未填写"故障记录表"，扣5分 | |
| 5 | 故障分析 | 针对拟定的可能导致故障的各种可能性，提出排查方法，完成"故障记录表" | 5 | （1）排查方法或故障记录遗漏，每项扣1分；<br>（2）未填写"故障记录表"，扣2分 | |
| 6 | 职业素养 | （1）严谨细致，爱岗敬业，主动参与；<br>（2）遵守纪律，团结协作，诚实守信 | 5 | 任意一项不满足，扣2分 | |
| | 实施人员 | | 最终得分 | | |

评分员确认签字：

_____年_____月_____日

## 相关知识

### 一、高压计量柜原理图总图

扫描二维码，获取高压计量柜原理总图。根据图2-54高压计量柜元器件明细图，对照高压计量柜原理总图右下角元器件的标号，了解元器件名称，按照从左到右，从上到下的顺序，识读原理图。

高压计量柜原理图总图

| 12 | DSN | 带电显示器 | DXN-Q 400V | 1 | |
| 10 | 1EL | 照明灯 | 5W白炽灯+底座 AC220V | 1 | |
| 10 | TVa、TVc | 电压互感器 | LZZJ9-10 20/5A 0.2S | 2 | |
| 9 | TAa、TAc | 电流互感器 | LZZBJ9-10 0.2/10P10 20/5 | 2 | |
| 8 | 1SB、2SB | 照明灯按钮 | CM-1 AC220V | 2 | |
| 7 | SQ | 行程开关 | YBLX-ME8108 | 1 | |
| 6 | SA | 旋钮 | LAY50-22D-11X/K | 1 | |
| 5 | 1Q | 微型断路器 | DZ47-63/2P C6 | 1 | |
| 4 | DFY | 电能计量联合接线盒 | DFY2 | 1 | |
| 3 | DS | 电磁锁 | DSN-BMY AC220V | 1 | |
| 2 | PJR | 无功电能表 | DXS607-3 1.5(6) 3×100V | 1 | |
| 1 | PJ | 有功电能表 | DSS607 1.5(6) 3×100 | 1 | |
| 序号 | 标号 | 名称 | 型号规格 | 数量 | 备注 |

图 2-54 高压计量柜元器件明细图

## 二、高压计量柜原理图分图识读

1. 高压计量柜一次系统图识读

图 2-55 所示为高压计量柜一次系统图，应按照从上往下、从左至右的顺序识读。

高压计量柜并联 10kV 一次母线，利用带电指示器判断一次母线是否带电。配置手车式电压互感器将 10kV 一次侧额定高电压降为 100V 二次侧额定电压，电压互感器采用不完全星形接线，供给电能计量使用。为保护电压互感器，在电压互感器一次侧串联高压熔断器，提供电压互感器过负荷、短路保护。配置电流互感器将 20A 一次侧额定电流变为 5A 二次侧额定电流，供给电能计量使用。本柜配置无功电能表和有功电能表，可以计量有功、无功电能大小。

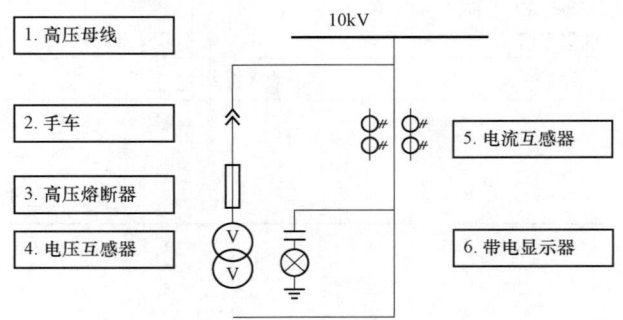

图 2-55 高压计量柜一次系统图

2. 高压计量柜柜顶小母线布置图识读

图 2-56 所示为高压计量柜柜顶小母线布置图，应按照从上往下、从左至右的顺序识读。柜顶小母线，提供低压电源，供照明、测量、保护、控制回路使用。

| 母线符号 | 母线名称 |
|---|---|
| 1DM | 照明灯电源 |
| 2DM | |
| YMa A630 | 电压小母线 |
| YMb B630 | |
| YMc C630 | |
| YML L630 | |
| YMN N630 | |
| KML | 控制电源 |
| KMN | |

1. 交流电压小母线：提供柜内照明AC 220V

2. 交流二次电压小母线：提供a/b/c三相交流电压，供三相电压测量或保护回路使用

3. 交流二次电压小母线：提供L/N单相电压，供单相电压测量回路使用

4. 交流二次控制电压小母线：提供L/N单相电压，供断路器控制回路使用

图 2-56　高压计量柜柜顶小母线布置图

### 3. 高压开关柜行程开关 SQ 触点图识读

图 2-57 所示为高压计量柜行程开关 SQ 触点图，识读顺序为从上往下、从左至右。

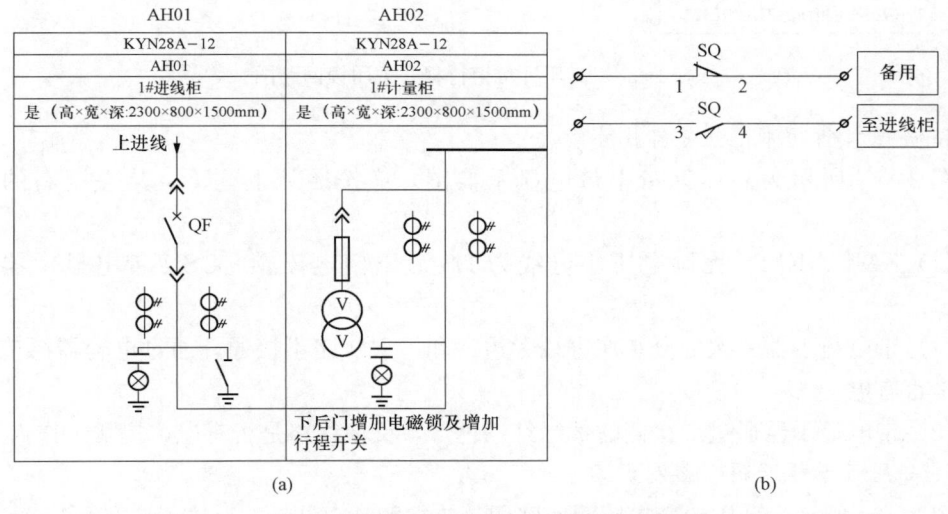

图 2-57　高压计量柜行程开关 SQ 触点图识读
（a）高压进线柜、计量柜接线图；（b）行程开关 SQ 触点图

该图纸必须配合进线柜图纸才能理解，因此应加入进线柜图纸和计量柜图纸联合识图。

（1）计量柜是否有电，取决于进线柜断路器 QF 是否在合闸状态。如果在检修状态下，计量柜下后门被人打开，有人在计量柜下后门，此时有人操作进线柜合闸，那么计量柜下后门的人就会有触电危险。因此，进线柜需要了解计量柜后下门"是否关闭"这一信息。利用高压计量柜下后面电磁锁行程开关（SQ）的动合触点 3-4，将计量柜后下门是否关闭的信息送至"高压进线柜"，避免"高压计量柜"后下门打开时，有人误合

"高压进线柜"的 QF，发生事故。

（2）图 2-58 所示为高压计量柜行程开关闭锁回路图，如果高压计量柜下后门未关，动合触点断开，闭锁回路无法接通，Y1 允许合闸线圈无法通电，合闸回路 Y1 动合触点无法闭合，断路器合闸回路无法接通，这样可以保证计量柜无电，防止事故发生。

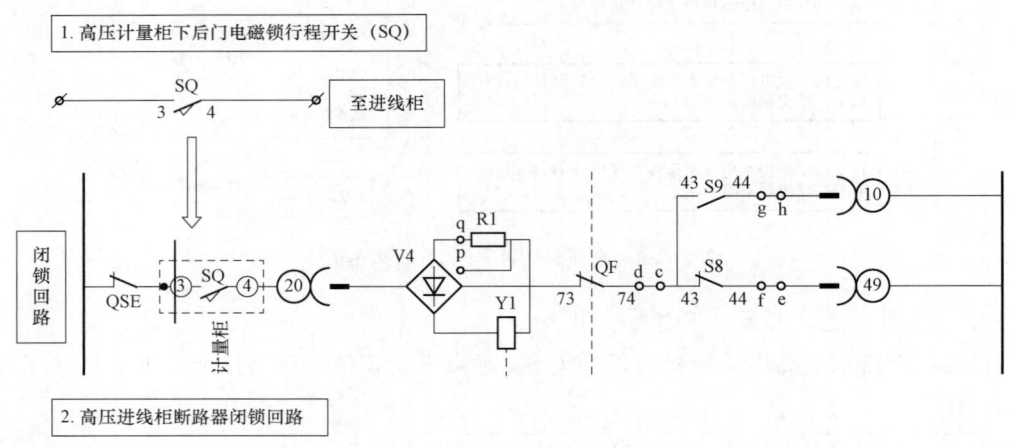

图 2-58　高压计量柜行程开关闭锁回路图

4. 高压计量柜带电显示器图识读

图 2-59 所示为高压计量柜带电显示器图，应按照从上往下、从左至右的顺序识读。

（1）KML、KMN 控制电压小母线为 DS 后下门电磁锁、DSN 带电显示器提供电源。

（2）带电显示器一次部分装在进线旁边，和一次线路不接通，通过电容器感应一次线路是否有电。

（3）带电显示器通过二次侧的黄绿红三色灯，反馈线路是否有电，提醒工作人员。

5. 高压计量柜照明回路图识读

图 2-60 所示为高压计量柜照明回路图，应按照从上往下、从左至右的顺序识读。

（1）SA 旋钮：转动 SA，接通仪表室的灯。

（2）1SB 按钮：按下按钮，接通电缆室灯。

6. 高压计量柜 DFY 电能计量联合接线盒图识读

图 2-61 所示为高压计量柜 DFY 电能计量联合接线盒图，应结合接线图联合识读。DFY 电能计量联合接线盒的作用是将电压互感器、电流互感器二次侧的电流、电压接线在接线盒中联合起来，再送到 PJ 有功电能表、PJR 无功电能表中，供计量使用。

7. 高压计量柜电流回路识读

图 2-62 所示为高压计量柜电流回路图，应按照各电流回路识读。

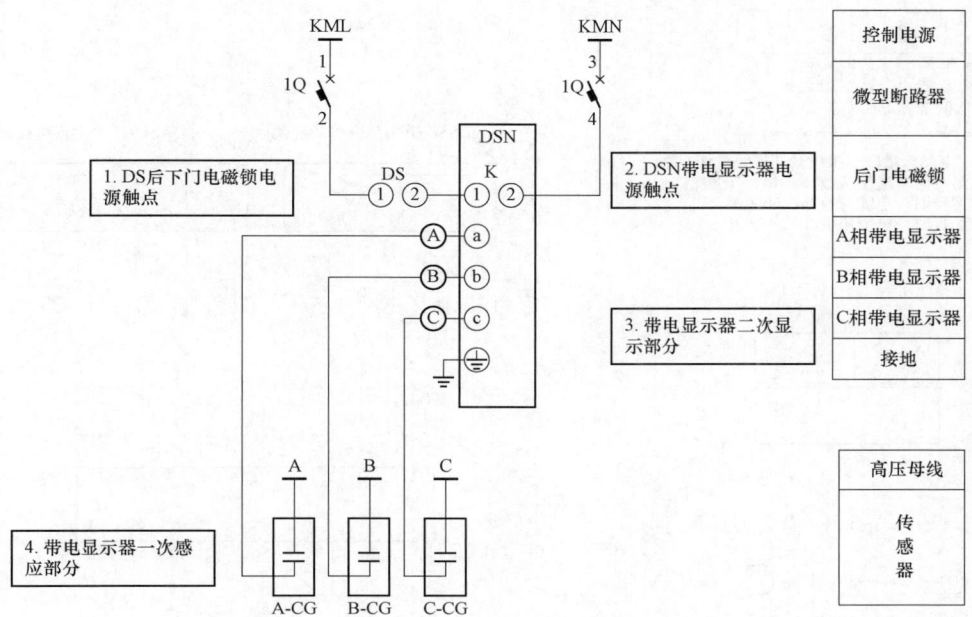

图 2-59 高压计量柜带电显示器接线图

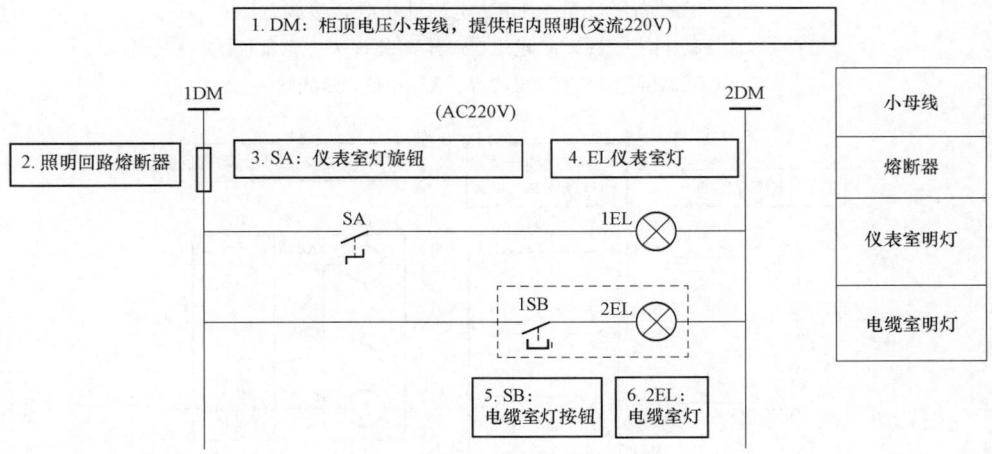

图 2-60 高压计量柜照明回路图

（1）A相电流互感器一次侧电流流向：P1入P2出；二次侧电流流向：S1—A411—DFY电能计量联合接线盒2号端子—A412—有功电能表PJ 1号端子—有功电能表PJ 3号端子—无功电能表PJR 1号端子—无功电能表PJR 3号端子流出—N412—DFY电能计量联合接线盒4号端子—3号端子—N411—S2。

（2）C相回路同理。

（3）有功电能表、无功电能表通过电流回路获取计算功率的电流参数。

# 智能供配电系统安装调试与运维

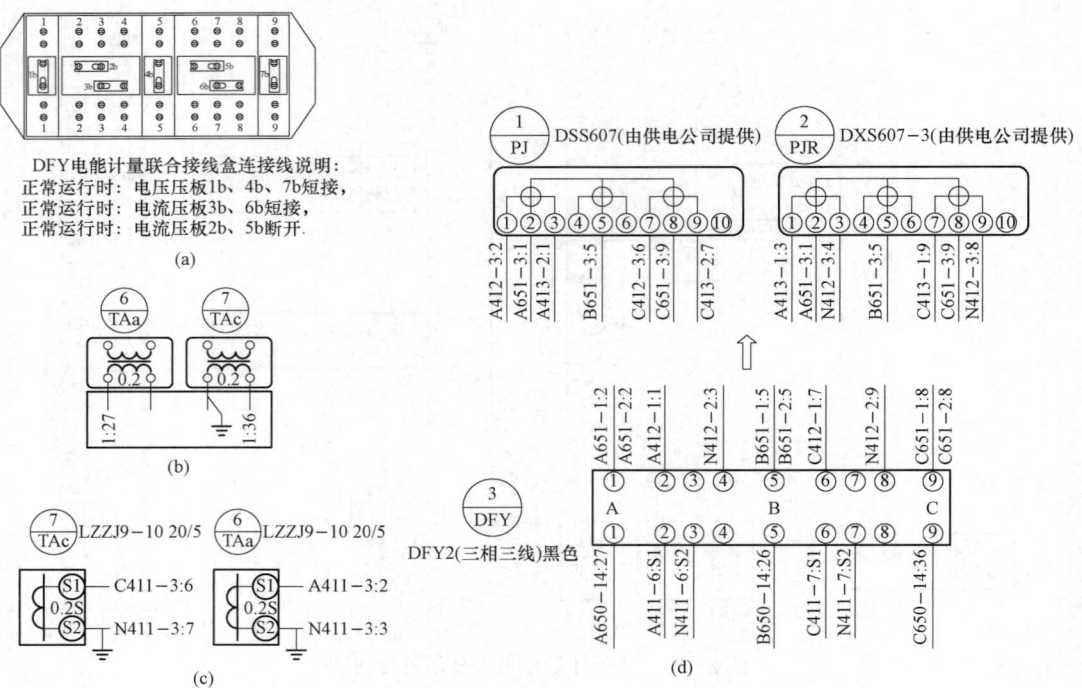

图2-61 高压计量柜DFY电能计量联合接线盒图
（a）DFY电能计量联合接线盒；（b）电压互感器接线图；（c）电流互感器接线图；
（d）高压计量柜有功电能表、无功电能表接线图

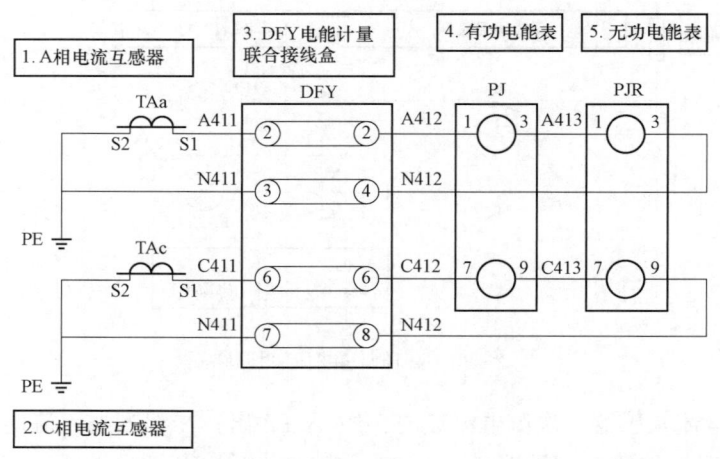

图2-62 高压计量柜电流回路图

8. 高压计量柜电压回路识读

图2-63所示为高压计量柜电压回路图，应按照各电压并联回路的工作过程识读。

（1）电压互感器二次侧输出电压回路：A650′、B650′、C650′—二次插头—A650、

B650、C650—DFY 电能计量联合接线盒 1、5、9 号接线端子—A651、B651、C651—有功电能表 PJ 2、5、8 号端子（无功电能表 PJR2、5、8 号端子）。

（2）有功电能表、无功电能表通过电压回路获取计算功率的电压参数。

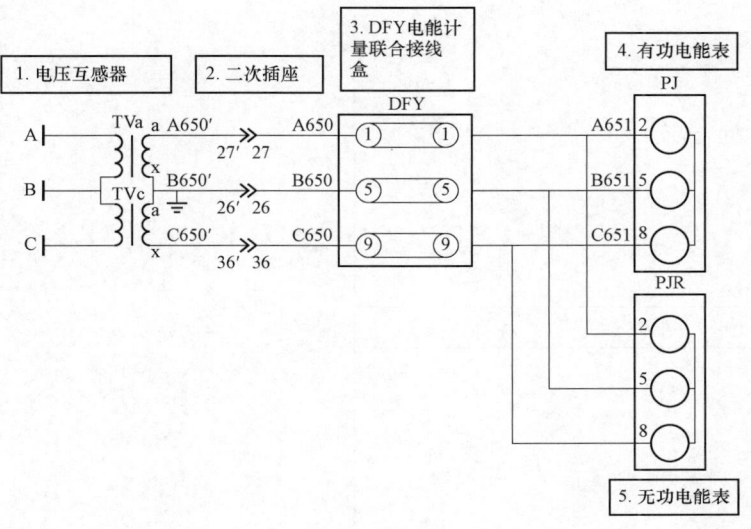

图 2-63　高压计量柜电压回路图

## 【自我分析与总结】

| 学生学会的内容 | 笔记 |
|---|---|
|  |  |
| 学生总结 |  |

## 【巩固提升】

| 网络空间 | 笔记 |
|---|---|
| 二维码13<br>高压计量柜电气图识读 |  |

## 任务八　高压出线柜电气图识读及故障查找

### 任务描述

断路器故障现象"无法实现分闸"。故障已锁定在"断路器控制回路",请利用"万用表"以及高压出线柜原理图总图,分析断路器"无法实现分闸"可能的几种原因,利用万用表并根据所学知识,写出可行的排查方法,完成"故障记录表",进而确定故障原因。

### 任务目标

知识目标:
(1) 熟悉高压出线柜电气图识读方法。
(2) 掌握高压出线柜各个元器件的作用。
能力目标:
(1) 能看懂高压出线柜电气图,能说出每个图形符号代表的元器件名称及作用。
(2) 能分析高压出线柜断路器控制回路中各个支路的作用。
(3) 能对应高压出线柜断路器控制回路对照现场实物排查故障,并分析故障原因。
态度目标:
(1) 理解并遵守职业标准,提升学生职业荣誉感和自我认可,激发学生学习兴趣。
(2) 培养严谨的做事原则和高度负责的工作态度,树立牢固的安全意识。
(3) 培养学生主动探究未知的精神,提高独立分析问题和解决问题的能力。

### 任务准备

(1) 领取任务书和相关的图纸。
(2) 领取万用表。
(3) 认真学习与本任务相关知识,掌握电气设备图识读及应用的方法。
(4) 准备完成故障分析所需要的资料等。

### 任务实施及评价

任务实施及评价见表 2-18。

表 2-18　　　　　　任　务　实　施　及　评　价

| 序号 | 任务步骤 | 工作内容 | 分值 | 评分标准 | 扣分 |
|---|---|---|---|---|---|
| 1 | 前期准备 | (1) 领取任务书; | 5 | (1) 未主动领取任务书,扣1分; | |

续表

| 序号 | 任务步骤 | 工作内容 | 分值 | 评分标准 | 扣分 |
|---|---|---|---|---|---|
| 1 | 前期准备 | （2）熟悉任务要求；<br>（3）领取万用表；<br>（4）准备设备选择所需要的手册等资料 | 5 | （2）未主动领取万用表，扣1分；<br>（3）未正确理解任务书要求，扣1分 | |
| 2 | 工作条件选择 | （1）正确判断工作条件；<br>（2）按工作条件选择设备类型 | 20 | （1）工作条件判断错误，每项扣2分；<br>（2）按工作条件选择设备错误，每项扣2分 | |
| 3 | 支路分析 | （1）写出高压出线柜断路器控制回路中各个元器件的名称、作用；<br>（2）分析高压出线柜断路器控制回路中各个支路的作用 | 55 | （1）元器件错误或漏掉，每项扣5分；<br>（2）支路分析错误或漏掉，每项扣10分 | |
| 4 | 故障查找 | 分析高压出线柜断路器控制回路中各个支路哪些元器件故障可能会导致"无法计量"，填写"故障记录表" | 10 | （1）查找错误，每项扣除2分；<br>（2）未填写"故障记录表"，扣5分 | |
| 5 | 故障分析 | 针对拟定的可能导致故障的各种可能性，提出排查方法，完成"故障记录表" | 5 | （1）排查方法或故障记录遗漏，每项扣1分；<br>（2）未填写"故障记录表"，扣2分 | |
| 6 | 职业素养 | （1）严谨细致、爱岗敬业，主动参与；<br>（2）遵守纪律、团结协作，诚实守信 | 5 | 任意一项不满足，扣2分 | |
| 实施人员 | | | 最终得分 | | |

评分员确认签字：

_____年_____月_____日

# 相关知识

## 一、高压出线柜原理图总图

扫描二维码，获取高压出线柜原理图总图。根据图2-64高压出线柜元器件明细图，对照原理图纸右下角元器件的标号，了解元器件名称，从左到右，从上到下，识读原理图。

| 16 | WD | 指示灯 | AD56-22D/W AC220V | 1 | |
|---|---|---|---|---|---|
| 15 | QS上 | 上隔离开关 | GN30-12/630 | 1 | |
| 14 | 1EL | 照明灯 | CM-1 AC220V | 1 | |
| 13 | TAa, TAb, TAc | 电流互感器 | LZZBJ9-10 20/5 0.2/10P10 | 3 | |
| 12 | QF902 | 真空断路器 | VS1-12/630-25k AC220V | 1 | |
| 11 | QS下 | 下隔离开关 | GN19C-12/630 | 1 | |
| 10 | 1CM, 2CM | 照明灯 | CM-1 AC220V | 2 | |
| 9 | XB | 连接片 | JL2-2红色 | 1 | |
| 8 | 1SA | 照明旋钮 | LAY50-22D-11X/K | 1 | |
| 7 | 2SA | 储能旋钮 | LAY50-22D-11X/K | 1 | |
| 6 | 1Q | 微型断路器 | DZ47-63/3P C | 1 | |
| 5 | 2Q | 微型断路器 | DZ47-63/2P C | 1 | |
| 4 | ZK | 断路器分、合闸转换开关 | LW12-16 D49/2 | 1 | |
| 3 | ZB | 数字变压器后备保护 | HNR5033A 工作与操作电源AC220V | 1 | |
| 2 | HG | 指示灯 | AD56-22D/G AC220 | 1 | |
| 1 | HR | 指示灯 | AD56-22D/R AC220 | 1 | |
| 序号 | 标号 | 名称 | 型号规格 | 数量 | 备注 |

二维码14
高压出线柜原理图总图

图2-64 高压出线柜元器件明细图

## 二、高压出线柜原理图分图识读

1. 高压出线柜一次系统图识读

图2-65所示为高压出线柜一次系统图，应按照从上往下、从左至右的顺序识读。

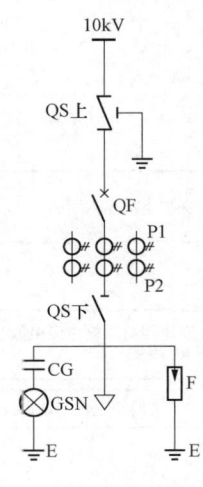

图2-65 高压出线柜一次系统图

10kV电能经过QF断路器将电能引出，出线断路器配上下隔离开关，为断路器检修时提供明显断点，保证检修人员的安全。上隔离开关配接地开关，断路器检修时，接地开关在合位，保证与之相连的检修设备在"零电位"，从而保障检修人员的安全。出线配置2套三相电流互感器，一次侧电流P1流入，P2流出，为二次侧的测量、保护提供电流信号。出线安装CG、GSN带电显示器，用于显示出线是否带电，提醒工作人员注意，防止"误入带电间隔"。F是避雷器，E是接地端。避雷器与出线并联，用于保护出线，防止出线过电压。

2. 高压出线柜柜顶小母线

图2-66所示为高压出线柜顶小母线布置图，应按照从上往下、从左至右的顺序识读。柜顶小母线，提供低压电源，供照明、测量、保护、控制回路使用。

| 高压开关柜小母线布置图 | |
|---|---|
| 母线符号 | 母线名称 |
| 1DM | 照明灯电源 |
| 2DM | |
| YMa A630 | 电压小母线 |
| YMb B630 | |
| YMc C630 | |
| YML L630 | |
| YMN N630 | |
| KML | 控制电源 |
| KMN | |

1. 交流电压小母线：提供柜内照明AC220V

2. 交流二次电压小母线：提供a/b/c三相交流电压，供三相电压测量或保护回路使用

3. 交流二次电压小母线：提供L/N单相电压，供单相电压测量回路使用

4. 交流二次控制电压小母线：提供L/N单相电压，供断路器控制回路使用

图 2-66 高压出线柜柜顶小母线布置图

3. 高压出线柜微机保护原理图识读

（1）图 2-67 所示为高压出线柜微机保护电流回路图。

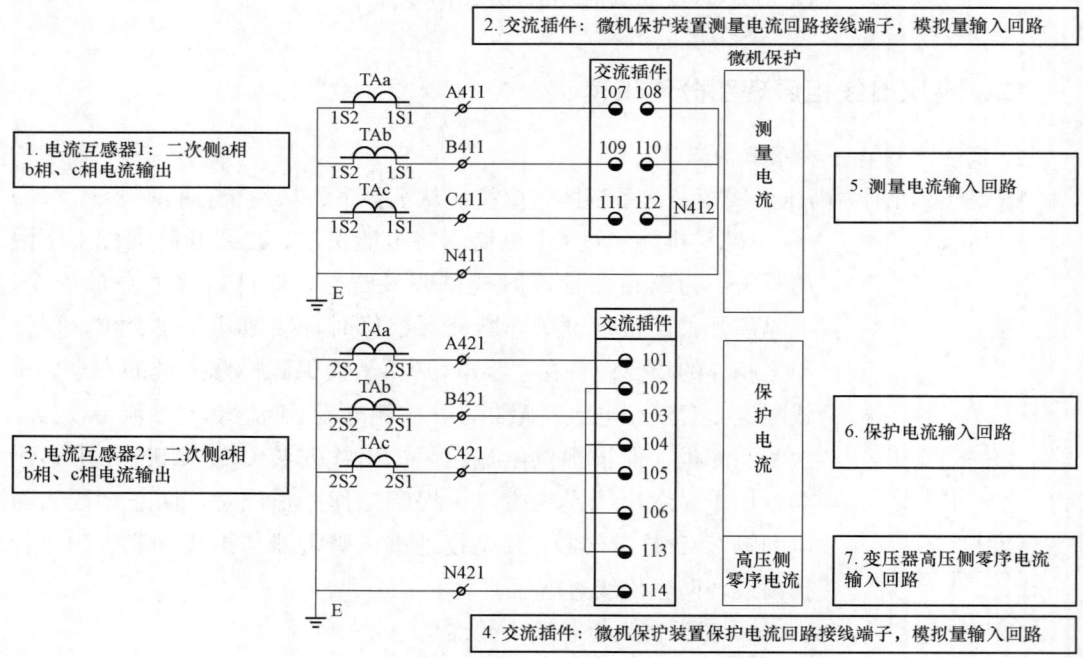

图 2-67 高压出线柜微机保护电流回路图

由图 2-67 可知测量电流回路：

A 相电流互感器一次侧电流流向：P1 入 P2 出；二次侧电流流向：1S1—A411—保

护装置 107—保护装置 108—N412—N411—1S2；B 相电流互感器一次侧电流流向：P1 入 P2 出；二次侧电流流向：1S1—B411—保护装置 109—保护装置 110—N412—N411—1S2；C 相电流互感器一次侧电流流向：P1 入 P2 出；二次侧电流流向：1S1—C411—保护装置 111—保护装置 112—N412—N411—1S2。

由图 2-67 可知保护电流回路：

A 相电流互感器一次侧电流流向：P1 入 P2 出；二次侧电流流向：2S1—A421—保护装置 101—保护装置 102—保护装置 113—保护装置 114—N421—2S2；B 相电流互感器一次侧电流流向：P1 入 P2 出；二次侧电流流向：2S1—B421—保护装置 103—保护装置 104—保护装置113—保护装置 114—N421—2S2；C 相电流互感器一次侧电流流向：P1 入 P2 出；二次侧电流流向：2S1—C421—保护装置 105—保护装置 106—保护装置 113—保护装置 114—N421—2S2。

（2）图 2-68 所示为高压出线柜微机保护测量电压回路。

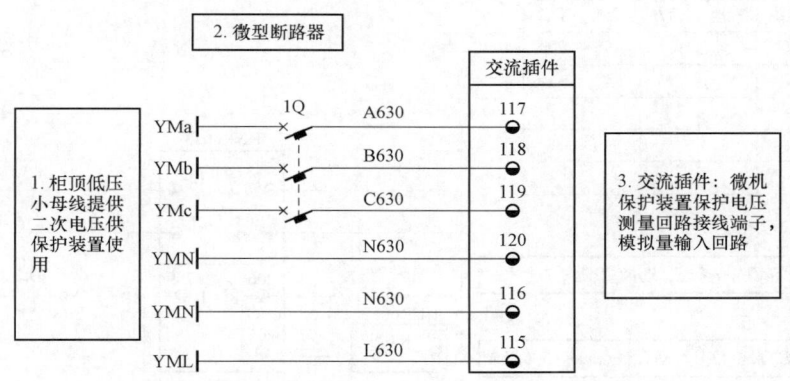

图 2-68　高压出线柜微机保护测量电流回路图

由图 2-68 可知测量电压回路：

TV 柜电压互感器二次侧电压：YMd、YMb、YMC—1Q—A630、B630、C630—保护装置：117、118、119；电压互感器二次侧开口三角形 YMN—N630—保护装置 120；YMN—N630—保护装置 116；YML—L630—保护装置 115。

**4. 高压出线柜微机保护控制回路原理图识读**

图 2-69 所示为高压出线柜微机保护控制回路原理图。

（1）电源开关回路：闭合上 2Q，控制回路得电。

（2）装置电源回路：微机保护装置电源接线端子（123、124）通过 2Q 从 KML、KMN 电源得电。

（3）操作电源回路：合上 2Q，微机保护装置 205、213 端子接通，为操作回路"跳闸继电器"提供电源。跳闸继电器包括手动跳闸继电器 STJ、跳闸保持继电器 TBJ、合闸保持继电器 HBJ 等。

（4）手动分闸回路：断路器转换开关 ZK 1-2 接通，微机保护装置 206、209 开关量输入端子采集该信息，经 QF 的 3、13 动合触点（此时在闭合状态）接通断路器跳闸线圈 TQ，实现手动分闸。

（5）保护跳、遥跳回路：微机保护装置发"遥跳"信号，305、306 动合触点闭合，XB"保护压板"、207、209、QF 的动合触点 3 和 13（此时在闭合状态）断开，TQ 接通断路器跳闸线圈，实现远方分闸。

（6）合位监视：保护装置开关量输入端子 205、208 采集断路器合闸位置信息。

（7）分位监视：保护装置开关量输入端子 205、211 采集断路器分闸位置信息。

（8）遥控合闸回路、分闸控制回路控制原理同手动分闸回路和保护跳、遥跳回路。HQ 是断路器分闸线圈。

微机保护装置采集所需模拟量，模数变换后，送入微机保护 CPU 单元，进行数据处理，分析判断。

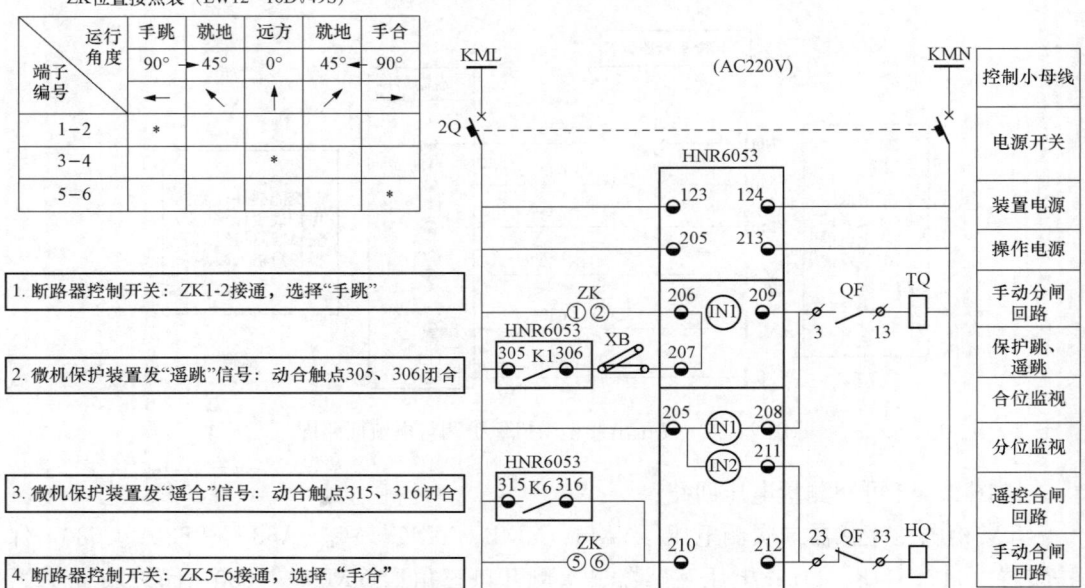

图 2-69　高压出线柜微机保护控制回路原理图

5. 高压出线柜微机保护开关量采集回路图识读

图 2-70 所示为高压出线柜微机保护开关量采集回路图，即微机保护开关量输入单元。微机保护装置采集所需开关量状态"0"或者"1"，送入微机保护 CPU 单元，进行数据处理，分析判断。

6. 高压出线柜通信回路图识读

图 2-71 所示为高压出线柜通信回路图，应按照从上往下、从左至右的顺序识读。

微机保护装置 329、330 端子接 RS485 通信串口。本插件内含通信速率极高、具备通用性接口的 RS485 总线网络芯片，RS485 通信串口为本装置接入系统的主要通信

项目二 智能供配电系统电气图识读及故障查找

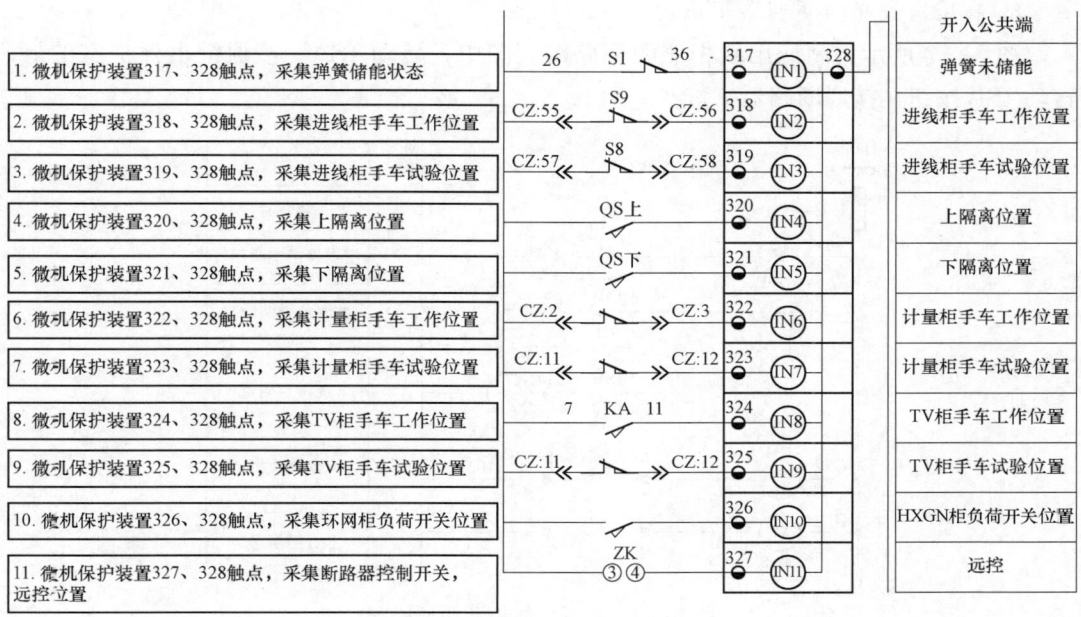

图 2-70 高压出线柜微机保护开关量采集回路图

接口。

7. 高压出线柜电机储能回路图识读

图 2-72 所示为高压出线柜电机储能回路图,它由两条回路组成,分别为电机储能回路和储能指示回路。

(1) 电机储能回路:旋转储能旋钮 2SA,接通电机储能回路,电机开始储能。

(2) 储能指示回路:电机完成储能,储能微动开关 S1 的动断触点 25、35 断开,电机储能回路失电,储能电机停止储能;同时储能微动开关 S1 的动合触点 24、34 闭合,储能指示灯亮,显示已完成储能。

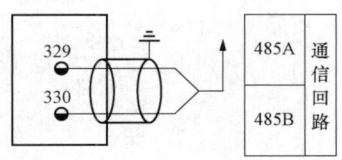

图 2-71 高压出线柜通信回路图

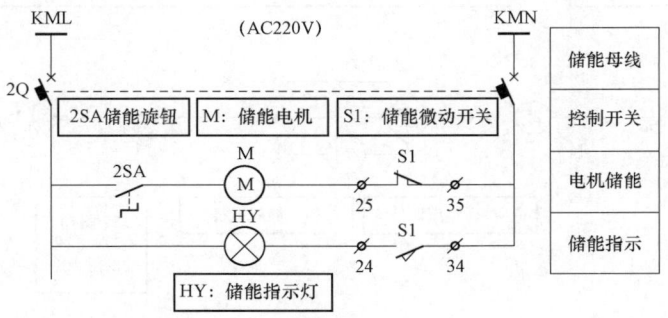

图 2-72 高压出线柜电机储能回路图

105

8. 高压出线柜照明回路图识读

图 2-73 所示为高压出线柜照明回路图。图中，转动 1SA，接通继电保护室的灯；转动 1SB 按钮，接通断路器室灯。

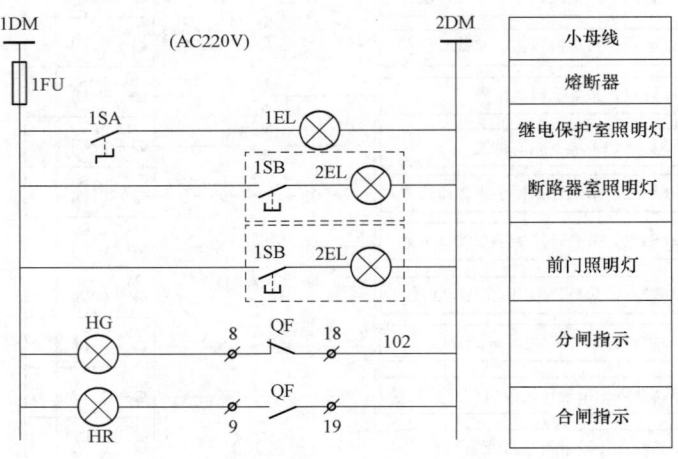

图 2-73　高压出线柜照明回路图

9. 高压出线柜断路器控制图识读

高压出线柜共有 8 个并联回路，各回路应按照工作过程识读。

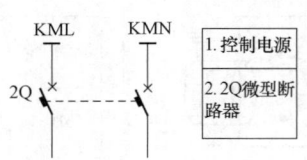

图 2-74　高压出线柜断路器控制回路电源图

（1）图 2-74 所示为高压出线柜断路器控制回路电源图，闭合 QF，断路器控制回路供电。

（2）图 2-75 所示为高压出线柜断路器储能回路图。

按下储能旋钮 2SA，接通储能回路，通过整流器件 V1，将交流 220V 变为直流，给 M 储能电机供电。储能电机拉伸弹簧，当弹簧完成储能，S2 微动开关、动断触点 21 和 22 打开，自动切断储能回路，储能电机 M 停止工作。

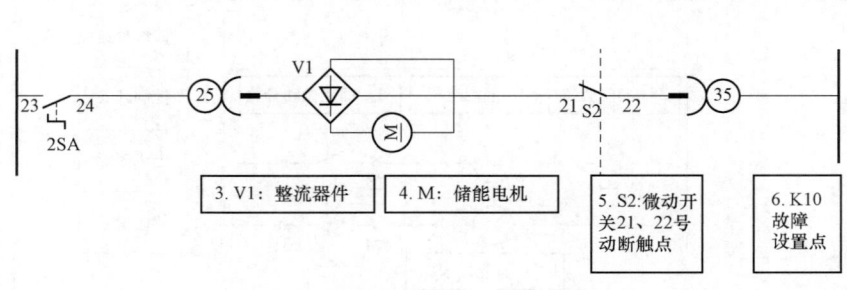

图 2-75　高压出线柜断路器储能回路图

（3）图 2-76 所示为高压出线柜断路器储能指示回路图。

弹簧储能完成，合闸扣住机构扣住，联动 S1 微动开关、动合触点 13 和 14 闭合，接通储能指示回路。储能指示灯 HY 得电，储能指示灯亮。运维人员得到信息，可以进行合闸操作。

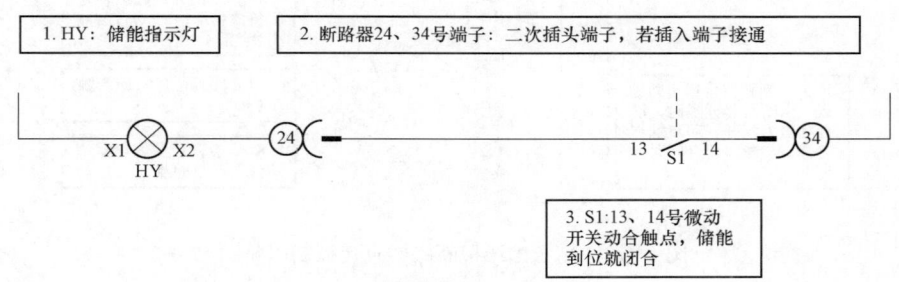

图 2-76　高压出线柜断路器储能指示回路图

（4）图 2-77 所示为高压出线柜断路器合闸回路。

弹簧储能完成后，转换开关 ZK 拧到合闸位置，接通触点 5、6，断路器整流电路通电，V2 整流，提供断路器直流控制回路电流。

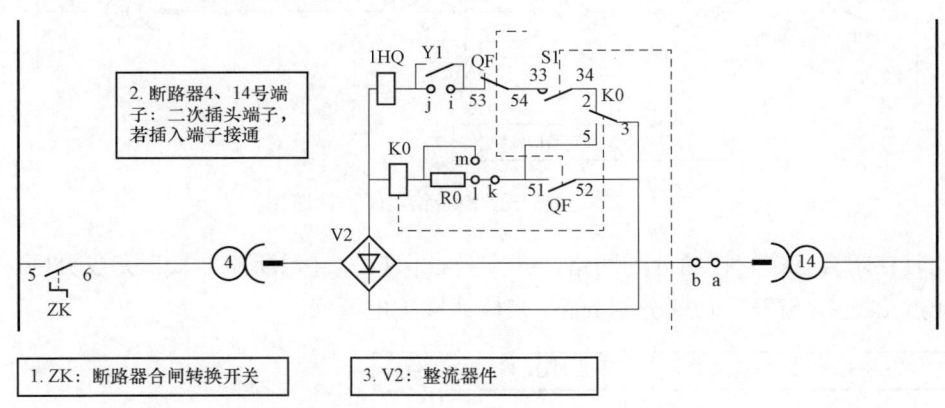

图 2-77　高压出线柜断路器合闸回路图

（5）图 2-78 所示为高压出线柜断路器直流控制回路图。

直流控制回路：合闸励磁线圈 1HQ 得电励磁—合闸允许触点 Y1 闭合（满足合闸条件动合触点闭合）—QF 辅助动断触点 53、54 闭合（QF 在分位，动断闭合）—S1 储能到位，触点动合触点 33、34 闭合（储能完成动合触点闭合）—K0 合闸后继电器动断触点 2、3 闭合（QF 在分位，动断触点闭合）。接通合闸线圈 1HQ 得电，完成合闸。

（6）图 2-79 所示为高压出线柜断路器闭锁回路图。

上下隔离开关如果分位，闭锁断路器合闸。保证合闸顺序为：先隔离开关、再断路器。如果上下隔离开关在合位，接通闭锁回路，Y1 得电，允许合闸。

（7）图 2-80 所示为高压出线柜断路器分闸回路图。

断路器 1TQ 分闸线圈得电，动合触点 2、3 闭合，通过断路器 QF 动合辅助触点 11、

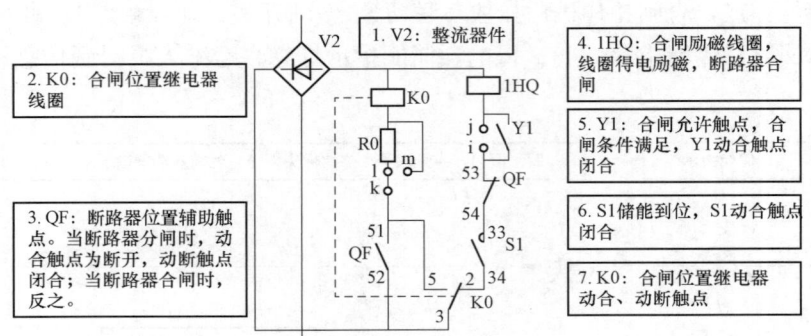

图 2-78 高压出线柜断路器直流控制回路图

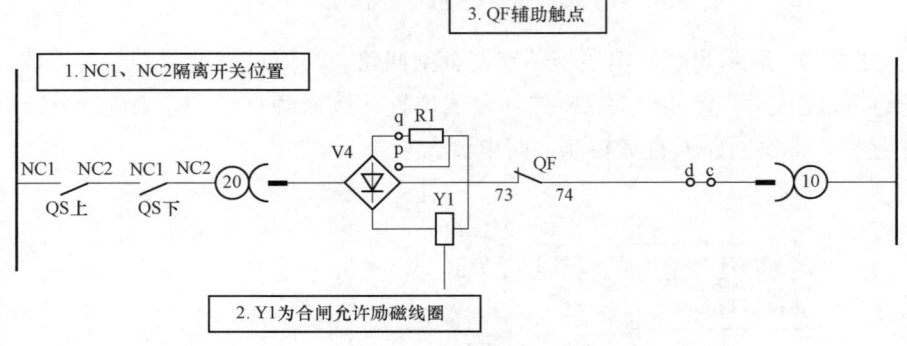

图 2-79 高压出线柜断路器闭锁回路图

12（此时在闭合状态）接通分闸回路，并实现自保持。直到断路器 QF 完成分闸，动合辅助触点 11、12 打开，切断分闸回路，TQ 线圈失电返回。

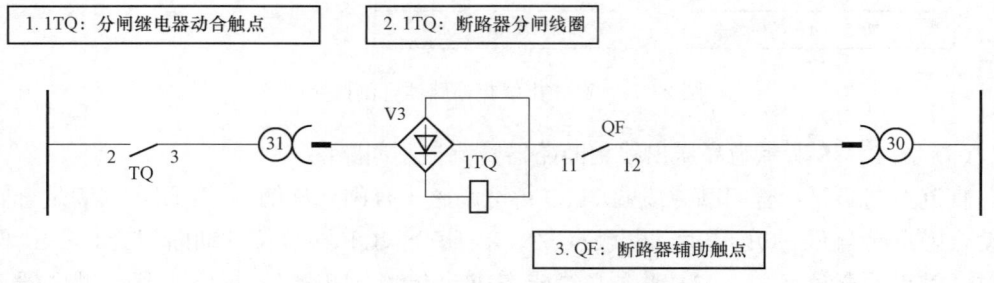

图 2-80 高压出线柜断路器分闸回路图

（8）图 2-81 所示为高压出线柜断路器触点回路图。

断路器 QF 三对辅助触点 31-32、41-42、71-72，前两对外接其他回路，用于反馈断路器触点状态。

（9）图 2-82 所示为高压出线柜断路器指示灯回路图。

QF 合闸后：QF 动合辅助触点 61-62 闭合，接通合闸灯光回路，红灯亮。

项目二 智能供配电系统电气图识读及故障查找

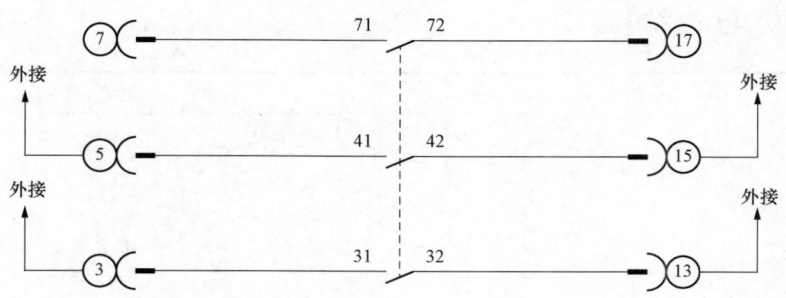

图 2-81 高压出线柜断路器触点回路图

**QF 分闸后**：QF 动断辅助触点 63-64 闭合，接通分闸灯光回路，绿灯亮。

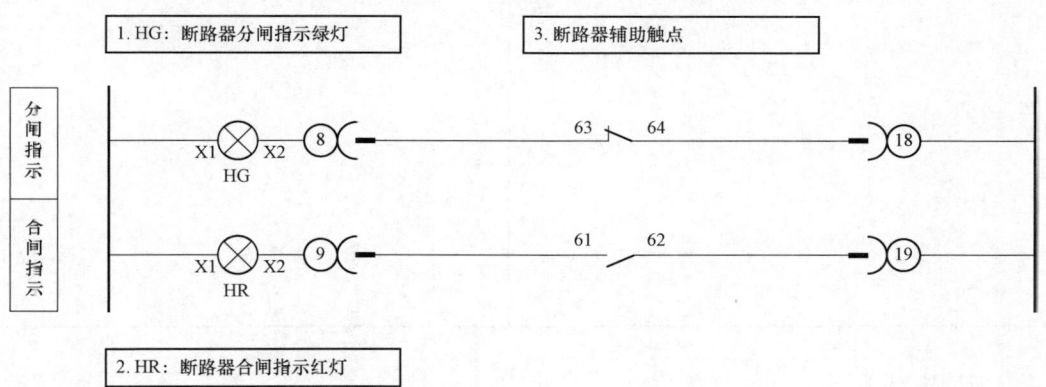

图 2-82 高压出线柜断路器指示灯回路图

# 智能供配电系统安装调试与运维

## 【自我分析与总结】

| 学生学会的内容 | 笔记 |
|---|---|
|  |  |
| 学生总结 |  |
|  |  |

## 【巩固提升】

| 网络空间 | 笔记 |
|---|---|
| 二维码15<br>高压出线柜电气图识读 |  |

## 任务九　高压环网柜电气图识读

### 任务描述

负荷开关故障现象为"无法实现分闸"。故障已锁定在"无法实现分闸",请利用"万用表"以及高压环网柜原理图总图,分析负荷开关出现"无法实现分闸"的几种可能原因,利用万用表并根据所学知识,写出可行的排查方法,完成"故障记录表",进而确定故障原因。

### 任务目标

知识目标:
(1) 熟悉高压环网柜电气图识读方法。
(2) 掌握高压环网柜各个元器件的作用。

能力目标:
(1) 能看懂高压环网柜电气图,能说出每个图形符号代表的元器件名称及作用。
(2) 能分析高压环网柜中各个支路的作用。
(3) 能依据高压环网柜电气图对照现场实物排查故障,并分析故障原因。

态度目标:
(1) 理解并遵守职业标准,提升学生职业荣誉感和自我认可,激发学生学习兴趣。
(2) 培养严谨的做事原则和高度负责的工作态度,树立牢固的安全意识。
(3) 培养学生主动探究未知的精神,提高独立分析问题和解决问题的能力。

### 任务准备

(1) 领取任务书和相关的图纸。
(2) 领取万用表。
(3) 认真学习与本任务相关知识,掌握电气设备图识读及应用的方法。
(4) 准备完成故障分析所需要的资料等。

### 任务实施及评价

任务实施及评价见表 2-19。

表 2-19　　　　任务实施及评价

| 序号 | 任务步骤 | 工作内容 | 分值 | 评分标准 | 扣分 |
|---|---|---|---|---|---|
| 1 | 前期准备 | (1) 领取任务书;<br>(2) 熟悉任务要求; | 5 | (1) 未主动领取任务书,扣 1 分; | |

续表

| 序号 | 任务步骤 | 工作内容 | 分值 | 评分标准 | 扣分 |
|---|---|---|---|---|---|
| 1 | 前期准备 | (3) 领取万用表；<br>(4) 准备设备选择所需要的手册等资料 | 5 | (2) 未主动领取万用表，扣1分；<br>(3) 未正确理解任务书要求，扣1分 | |
| 2 | 工作条件选择 | (1) 正确判断工作条件；<br>(2) 按工作条件选择设备类型 | 20 | (1) 工作条件判断错误，每项扣2分；<br>(2) 按工作条件选择设备错误，每项扣2分 | |
| 3 | 支路分析 | (1) 写出高压环网柜中各个元器件的名称、作用；<br>(2) 分析高压环网柜中各个支路的作用 | 55 | (1) 元器件错误或漏掉，每项扣5分；<br>(2) 支路分析错误或漏掉，每项扣10分 | |
| 4 | 故障查找 | 分析高压环网柜中各个支路哪些元器件故障可能会导致"无法计量"，填写"故障记录表" | 10 | (1) 查找错误，每项扣除2分；<br>(2) 未填写"故障记录表"，扣5分 | |
| 5 | 故障分析 | 针对拟定的可能导致故障的各种可能性，提出排查方法，完成"故障记录表" | 5 | (1) 排查方法或故障记录遗漏，每项扣1分；<br>(2) 未填写"故障记录表"，扣2分 | |
| 6 | 职业素养 | (1) 严谨细致，爱岗敬业，主动参与；<br>(2) 遵守纪律，团结协作，诚实守信 | 5 | 任意一项不满足，扣2分 | |
| | 实施人员 | | 最终得分 | | |

评分员确认签字：

_____年_____月_____日

# 相关知识

二维码16
高压环网柜原理图总图

## 一、高压环网柜原理图总图

扫描二维码，获取高压环网柜原理总图。根据图2-83所示的高压环网柜元器件明细，对照高低环网柜原理总图。按照从左到右，从上到下的顺序，识读原理图。

| 15 | I | 试验端子 | | 12 | |
|---|---|---|---|---|---|
| 14 | I | 普通端子 | | 28 | |
| 13 | CGQ1~3 | 高压传感器 | | 3 | |
| 12 | DDX | 高压带电指示器 | DXNA1-T | 1 | |
| 11 | XB | 压板 | JY1-2 | 1 | |
| 10 | HW, HY | 信号灯 | ND16-22 | AC220V 白黄各半 | 2 | |
| 9 | HR, HG | 信号灯 | ND16-22 | AC220V 红绿各半 | 2 | |
| 8 | 2ZK | 分、合闸转换开关 | LW12-16Z1111: 2A67CK | 1 | 自复式 |
| 7 | 1ZK | 远方/就地转换开关 | LW12 | 1 | 定位式 |
| 6 | 1n | 综合保护装置 | KYB111JH | 1 | |
| 5 | YB | 三相电流表 | PV96-AI3C | 1 | |
| 4 | Q2 | 微型断路器 | DZ47-C6/3P, 6A | 1 | |
| 3 | Q1 | 微型断路器 | DZ47-C10/2P, 10A | 1 | |
| 2 | TAa, TAb, TAc | 电流互感器 | LZZBJ9-10, 0.5/10P10, 5/5A | 3 | |
| 1 | QL: ES | 负荷开关 | KFN12-12 (R.D) /125 熔芯10A, 带5个动合触点、5个动断触点 | 操作电源AC220V | 1 | |
| 序号 | 标号 | 名称 | 型号规格 | | 数量 | 备注 |

图 2-83 高压环网柜元器件明细

## 二、高压环网柜原理图分图识读

1. 高压环网柜一次系统图识读

图 2-84 所示为高压环网柜一次系统图。

（1）10kV 电流经过高压负荷开关出线。高压负荷开关用于分合负荷电流，高压熔断器开断短路电流，通常组合使用。高压熔断器联锁接地开关，熔断器取下时，接地开关闭合；熔断器闭合，接地开关断开，保证安全。

（2）配置 2 套三相电流互感器，二次侧电流用于测量、保护；

（3）出线配置避雷器，防止线路过电压。

（4）出线配置带电指示器，用于显示出线是否有电。

2. 高压环网柜测量电流回路图识读

图 2-85 所示为高压环网柜测量电流回路图，应按照电流回路识读。

（1）三相电流表 YB1、2 号端子由 102、103 号线接入电源。

（2）A 相电流互感器一次侧电流流向：P1 入 P2 出；二次侧电流流向：S1—A411—三相电流表 YB（4 号端子，5 号端子）—N411 流出—端子排Ⅰ（4 号端子），回到 S2。B、C 相电流互感器一、二次侧电流同理。

3. 高压环网柜微机保护装置电流、电压回路图识读

图 2-86 所示为高压环网柜微机保护装置电流、电压回路图。

（1）微机保护装置电流输入回路：

A 相电流互感器一次侧电流流向：P1 入 P2 出；二次侧电流流向：S1—502 号线—端子排Ⅰ的 6、7 号端子—1n4 号端—505 号线—端子排Ⅰ的 13、12 号端子—S2。B、C 相同理。

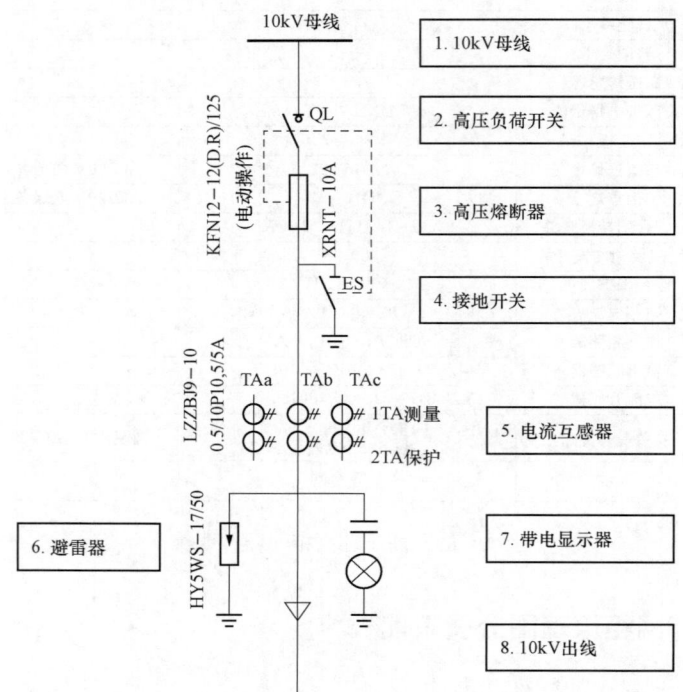

图 2-84 高压环网柜一次系统图

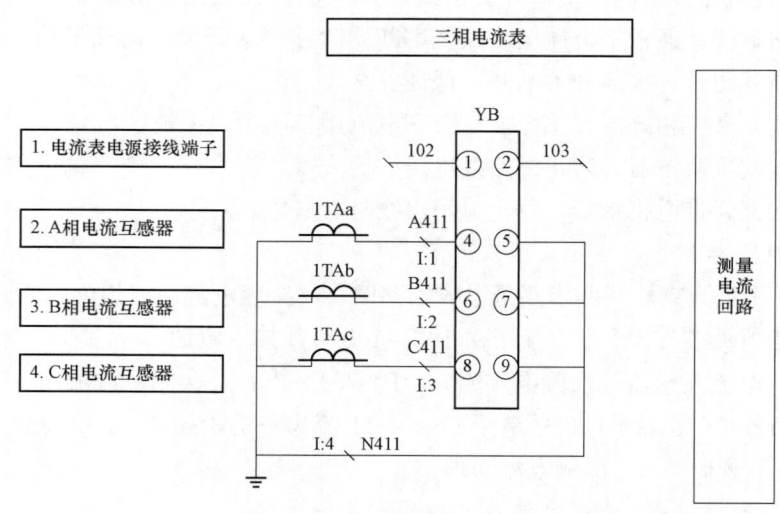

图 2-85 高压环网柜测量电流回路图

（2）微机保护装置电压输入回路：电压互感器输出 a、b、c 二次电压，经端子排 I 的 14、15、16 号端子—401、402、403 号线—Q2—401、402、403 号线—1n 的 UA、UB、UC。电压互感器中性点—端子排 I 的 17 号端子—404 号线—1n 的 UN。

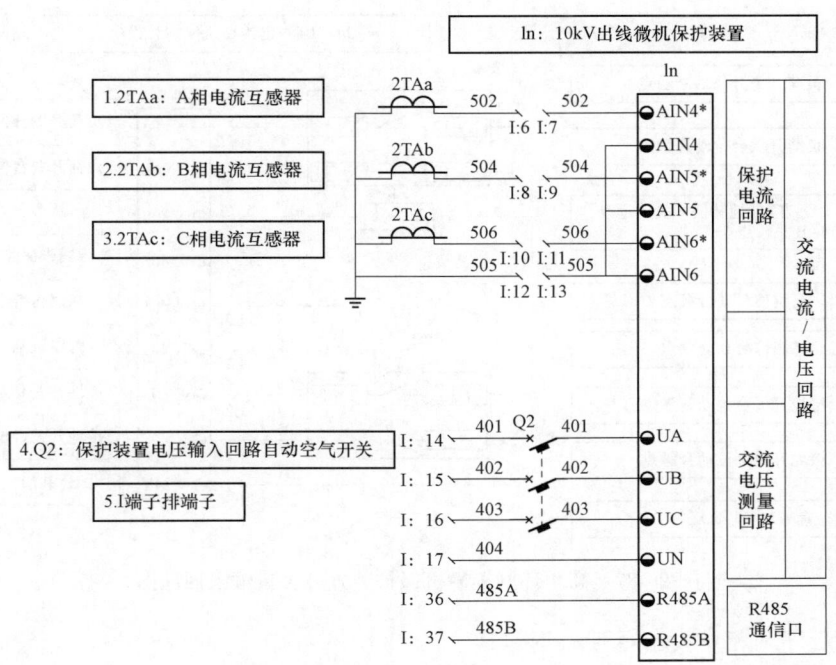

图 2-86　高压环网柜微机保护装置电流、电压回路图

(3) 微机保护装置通信回路：端子排Ⅰ的 36、37 号端子—485A、485B—1n 的 R485A、R485B 端子。

4. 高压环网柜

图 2-87 所示为高压环网柜微机保护装置开关量输入回路图，应从上往下，按照右侧回路名称提示识读。

(1) 微机保护装置负荷开关位置输入回路：负荷开关在分位（QL 分位，动合触点闭合），输出"1"，经 208 号线—端子排Ⅰ的 22 号端子，接至 1n 的 XY07 号端子，将负荷开关位置信息送入保护装置，负荷开关在合位时动合触点输入回路同理。

(2) 负荷开关"远方"位置输入回路：负荷开关"远方/就地"转换开关处在"远方"位置，输出"1"，经 1ZK 的 7、8 号端子—209 号线—端子排Ⅰ的 24 号端子，接至 1n 的 XY08 号端子，将负荷开关"远方"位置信息送入保护装置。

(3) 温度信息输入回路：若高温信号灯亮，WD1 动合触点闭合，输出"1"，经 202 号线—端子排Ⅰ的 25 号端子，接至 1n 的 XY01 号端子，将"高温"信息送入保护装置；超温信息输入回路同理。

(4) 接地开关位置信息输入回路：接地开关在分位，接地开关 T-3、T-4 动断触点接通，输出"1"，经 204 号线—端子排Ⅰ的 28 号端子，接至 1n 的 XY03 号端子，将"接地开关分位"信息送入保护装置；接地开关合位信息输入回路同理。

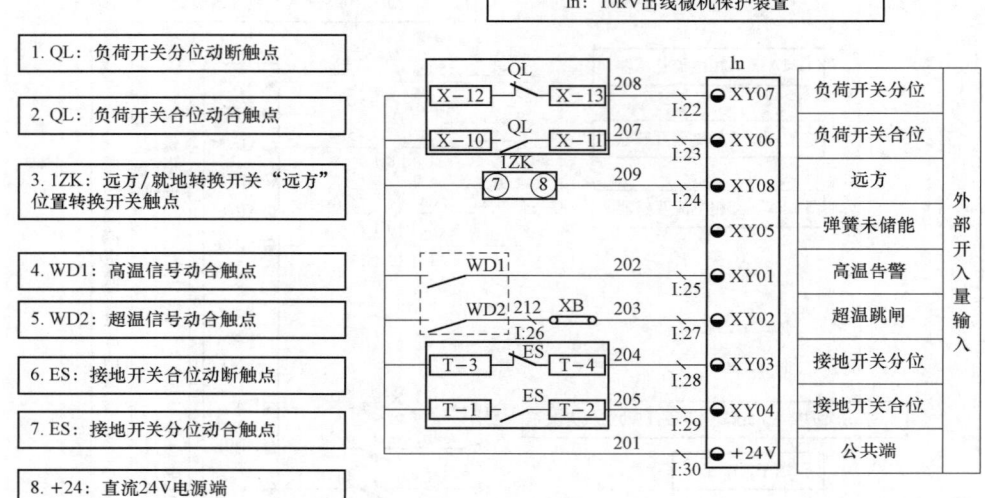

图2-87 高压环网柜微机保护装置开关量输入回路图

**5. 高压环网柜中央信号回路图识读**

图2-88所示为高压环网柜中央信号回路图。

(1) 故障信号回路：＋XM—端子排Ⅰ的31号端子—305号线—1n的OUT3（＋）号端子—OUT3（－）号端子—306号线—端子排Ⅰ的32号端子—SYM。保护装置故障音响发声，故障信号灯亮。

(2) 告警信号回路同故障信号回路，若保护装置发出告警信号，通过"OUT4（＋）、OUT5（－）"接通"告警信号"音响信号回路。保护装置告警音响发声，告警信号灯亮。

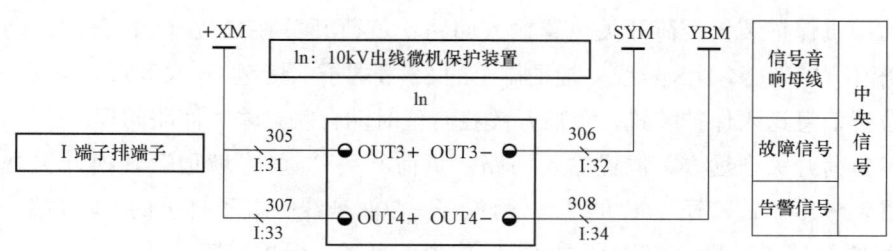

图2-88 高压环网柜中央信号回路图

**6. 高压环网柜控制回路图识读**

图2-89所示为高压环网柜控制回路图。

(1) 手动合闸回路：QL负荷开关手动合闸，接通回路如下：X-3端子—104号线—1ZK：1、2—105号线—2ZK：1、2—106号线—X-4端子。回路接通，完成手动合闸。(1ZK：1、2，就地位置接通；2ZK：1、2，合闸状态接通)

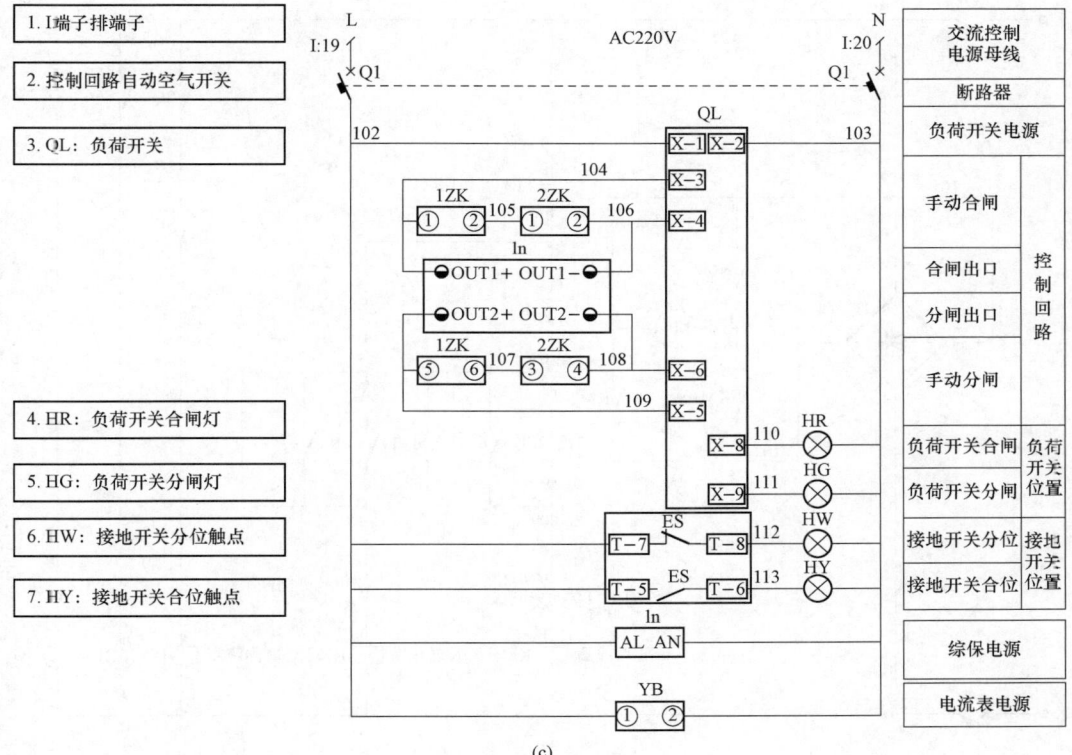

图 2-89 高压环网柜控制回路图识读

(a) 就地/远方转换开关1ZK触点图；(b) 手动分、合闸转换开关2ZK触点图；(c) 控制回路

(2) 手动分闸回路：QL 负荷开关手动分闸，接通回路如下：X-5 端子—109 号线—1ZK：5、6—107 号线—2ZK：3、4—108 号线—X-6 端子。回路接通，完成手动分闸。(1ZK：5、6，就地位置接通；2ZK：3、4，分闸状态接通)

(3) 负荷开关"合闸"位置信号灯回路：回路接通，HR 信号灯亮，负荷开关在"合闸"位置。

(4) 负荷开关"分闸"位置信号灯回路：回路接通，HD 信号灯亮，负荷开关在

"分闸"位置。

(5) 接地开关"分闸"位置信号灯回路：回路接通，HW 信号灯亮，接地开关在"分"位。

(6) 接地开关"合闸"位置信号灯回路：回路接通，HY 信号灯亮，接地开关在"合"位；分合闸出口回路参见图 2-89。

图 2-90 所示为高压环网柜操作回路图。

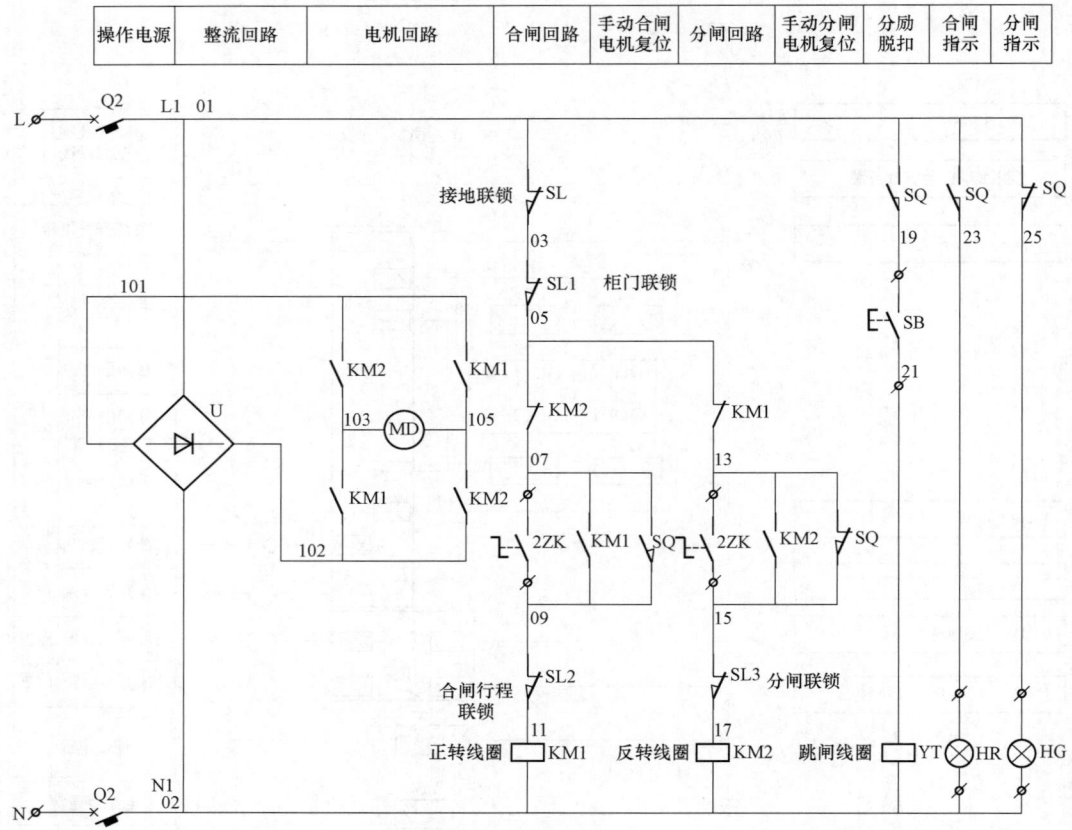

图 2-90　高压环网柜操作回路图

(1) 整流回路：合上 Q2，整流器 U 得电，直流电通过 101 "＋" 到 102 "－"，交流变直流。

(2) 合闸回路：切换转换开关 2ZK 至合闸位，合闸回路接通 KM1 合闸线圈通电，KM1 动合触点闭合，KM1 自保持。

(3) 电机回路：直流电源（＋）经 101—KM1 动合触点闭合—105 号线—电动机 M—KM1 动合触点闭合—102 直流电源（－），回路接通，电动机正转，使负荷开关触头合上，完成合闸。

(4) 分闸回路：切换转换开关 2ZK 至分闸位，接通分闸回路，KM2 分闸线圈得电，

KM2 动合触点闭合，M 电动机反转，完成分闸。

（5）手动合闸：手动合闸负荷开关，负荷开关动合触点闭合，接通电动机正转回路，正转达到 SL2 合闸限位，电动机完成储能，断电复归。

（6）手动分闸：手动分闸负荷开关，负荷开关动断触点闭合，接通电动机反转回路，反转达到 SL3 分闸限位，电动机完成储能，断电复归。

（7）电机复位回路：手动合闸，M 电动机不转动，还在初始位置。如果想自动分闸，需要 M 电动机从合闸限位开始反转，但此时 M 电动机不在合闸限位（SL3 断开无法接通自动分闸回路），所以需要先让 M 电动机来到合闸限位，才能实现自动分闸。因此，利用 QL 动合触点，接通电机复位回路，利用 KM1 让电动机正转到 SL2 合闸限位，为下一步自动分闸做好准备。

（8）分闸脱扣回路：合闸后，断路器在合位（QL 负荷开关动合触点闭合），按下紧急停机按钮 SB，接通分闸脱扣回路，跳闸线圈 YT 得电，带动机械部分完成断路器分闸。

（9）合闸指示回路：合闸完成，负荷开关的辅助动断触点 QL 闭合，HR 合闸灯亮。

（10）分闸指示回路：分闸完成，Q2 在分位，QL 闭合，分闸指示灯 HG 亮。

说明：SL 为接地联锁行程开关。接地开关在合位，SL 断开，负荷开关不允许合闸；SL1 为按压式微动开关，用来检查环网柜是否关闭。如果未关闭，触点断开，合分闸操作都不能进行。

## 【自我分析与总结】

| 学生学会的内容 | 笔记 |
| --- | --- |
|  |  |
| 学生总结 |  |
|  |  |

## 【巩固提升】

| 网络空间 | 笔记 |
| --- | --- |
| 二维码17<br>高压环网柜<br>图纸识读 |  |

## 项目三

# 智能供配电装置接线设计

### 【项目描述】

通过本项目的学习,可进一步了解高压开关柜和低压配电柜典型电气回路的设计方法,包括了解高压配电装置接线设计、低压馈线抽屉单元接线设计和电能计量回路接线设计的基本方法。本项目仅对高、低压电气回路进行基础讲解,学习后可进行简单的智能供配电装置接线设计,若需提高电器接线设计水平,还需要在实践中多看设计图纸,多临摹,多总结归纳。

### 【项目目标】

(1) 掌握图纸设计基本要求。
(2) 掌握典型回路接线设计方法。
(3) 掌握电气回路基本要求及实现方法。
(4) 能按设计说明书完成典型回路接线。
(5) 具有主动探究和创新精神,理解并遵守设计规范,养成严谨细致的设计习惯。

## 任务一 高压成套配电装置接线设计

### 任务描述

设计高压配电装置手车柜 VS1 断路器控制回路接线图。

要求:

(1) 控制电源为 AC220V。
(2) 要求有一次方案图、一次以及二次主要元器件型号材料表。
(3) 能通过控制开关进行手动、自动、储能操作切换;能通过控制开关进行电动合闸、分闸操作;合闸、分闸具有"远方/就地"选择切换;预留遥跳、遥合接口;具有断路器的合闸指示、分闸指示、储能指示;具有防止断路器多次合闸的"跳跃"闭锁装置;具有接地开关电气闭锁功能;控制电源采用自动空气开关完成合、分断功能以及短路、过负荷、过电压保护功能。

## 任务目标

知识目标:
(1) 掌握图纸设计基本要求。
(2) 掌握 VS1 断路器典型二次回路的基本设计方法。

能力目标:
(1) 能根据元器件说明书掌握高压配电装置元件的功能、原理以及设计要点。
(2) 能按设计说明书完成高压配电装置接线图设计。

态度目标:
(1) 培养独立的设计思路,主动学习的态度,独立思考并找出提高设计效率的方法,提高分析问题及解决问题的能力。
(2) 具备节约、合理布局的意识,养成自我审核的习惯。

## 任务准备

(1) 准备电气绘图软件,如 EPLAN、CAD、CAXA、SuperWorks 等。

项目蓝图

VS1断路器说明书

(2) 熟悉本教材项目二智能供配电系统图识读部分的电气设计相关知识。

(3) 准备设计院项目设计蓝图:项目设计概述及电气施工图,扫描二维码获取项目蓝图案例。

(4) 熟悉本教材项目二高压手车开关柜结构。

(5) VS1 断路器说明可扫描二维码获取。

## 任务实施及评价

任务实施及评价见表 3-1。

表 3-1 任务实施及评价

| 序号 | 任务步骤 | 工作内容 | 分值 | 评分标准 | 扣分 |
|---|---|---|---|---|---|
| 1 | 前期准备 | (1) 领取设计蓝图;<br>(2) 设计要求;<br>(3) 手车开关柜结构;<br>(4) 绘图软件,注意自动保存设置,保存路径设置;<br>(5) 获取断路器 VS1 使用说明书 | 10 | (1) 未正确掌握设计蓝图设计内容,扣 1 分;<br>(2) 未知设计要求,扣 1 分;<br>(3) 未知手车开关柜结构,扣 1 分;<br>(4) 未核查绘图软件,扣 1 分;<br>(5) 未获取断路器 VS1 使用说明书,扣 1 分 | |

续表

| 序号 | 任务步骤 | 工作内容 | 分值 | 评分标准 | 扣分 |
|---|---|---|---|---|---|
| 2 | 前期准备 | 需掌握技术参数：<br>（1）断路器类型；<br>（2）控制电源电压；<br>（3）VS1断路器储能回路技术参数；<br>（4）VS1断路器合闸回路技术参数；<br>（5）VS1断路器分闸回路技术参数；<br>（6）VS1断路器储能动合、动断触点容量；<br>（7）VS1断路器动合、动断触点容量；<br>（8）元器件选型 | 10 | （1）未获得断路器控制电源类型，扣1分；<br>（2）未获得断路器控制电源电压，扣1分；<br>（3）未获取断路器各回路技术参数，扣1分 | |
| 3 | 图幅选择 | 选择图纸大小和比例 | 1 | 图纸大小、比例不正确，每项扣0.5分 | |
| 4 | 标题栏绘制 | 标题栏应包含如下信息：绘图人、设计人、审核人、设计单位、项目栏、功能栏。<br>例如，项目栏为××公司一期住宅小区高压配电工程，功能栏为××进线柜二次原理图 | 3 | （1）绘图人、设计人、审核人不明确，每项扣0.5分；<br>（2）设计单位不明确扣1分；<br>（3）图纸属性不明确，每项扣1分；<br>（4）标题栏位置不正确扣0.5分 | |
| 5 | 设备材料表绘制 | 设备材料表绘制在布置图或接线原理图中，具体要求如下：<br>（1）表格形式：优先利用设计软件的表格；<br>（2）表格基本项：序号、代号、名称、型号规格、数量、备注。<br>注：代号不确定的可以在原理接线图设计完成后补充 | 2 | （1）绘制位置不正确，扣0.5分；<br>（2）利用设计软件表格，加0.5分；<br>（3）设备材料表绘制不完善者每项扣0.5分 | |

续表

| 序号 | 任务步骤 | 工作内容 | 分值 | 评分标准 | 扣分 |
|---|---|---|---|---|---|
| 6 | 展开式原理接线图绘制 | 一次图绘制：<br>(1) 采用单线图；<br>(2) 电气图形符号；<br>(3) 标注元器件代号；<br>(4) 注明图示状态 | 2 | (1) 图线宽度不正确，每项扣0.5分；<br>(2) 图形符号不正确，每项扣0.5分；<br>(3) 未标注元器件代号或标注错误，每项扣0.5分；<br>(4) 未注明图示状态，扣0.5分 | |
| | | 二次原理展开接线图：<br>(1) 绘制的电气回路应具备以下功能：<br>1) 就地手动分合闸功能；<br>2) 远方分合闸功能；<br>3) 手动、自动储能控制功能；<br>4) 接地开关闭锁合闸回路功能；<br>5) 储能以及分合闸指示功能；<br>6) 注明控制电源电压类型及大小；<br>7) 注明控制开关触点功能。<br>(2) 根据设计内容注明设计的内容注释，例如储能回路，对应的区域是储能电路。<br>(3) 控制电源：AC220V。<br>(4) 标注元件代号及接线（柱）端子。<br>(5) 导线逻辑连接，连接点处理。<br>(6) 标注回路标号，采用三位数。<br>(7) 绘画断路器辅助触点（1对动合触点、1对动断触点），引至接线端子，用作备用辅助触点 | 25 | (1) 未整理设计内容，每项扣0.5分；<br>(2) 图形符号错误，每项扣0.5分；<br>(3) 未注明设计内容，每项扣0.5分；<br>(4) 未注明控制电源电压类型及大小，扣0.5分；<br>(5) 未标记代号，每项扣0.5分；<br>(6) 图线宽度不正确，每项扣0.5分；<br>(7) 导线连接点表示方法错误，每项扣0.5分；<br>(8) 未标记回路标号，每项扣0.5分 | |

续表

| 序号 | 任务步骤 | 工作内容 | 分值 | 评分标准 | 扣分 |
|---|---|---|---|---|---|
| | | 屏面布置图：<br>（1）绘制新图纸，选择图幅，绘制标题栏；<br>（2）注明开孔位置安装元器件的代号或者型号规格；<br>（3）绘制接线端子及要求；<br>1）标记座：注明安装单位名称以及编号；<br>2）接线端子：端子编号；<br>3）标明固定件 | 2 | （1）未换图纸，扣0.5分；<br>（2）未选择图幅，扣0.5分；<br>（3）未设计标题栏，扣0.5分；<br>（4）未注明开孔位置元器件代号或者型号规格，每项扣0.5分；<br>（5）未注明标记座单位名称以及编号，每项扣0.5分 | |
| 7 | 安装接线图绘制 | 工艺接线图：<br>（1）绘制新图纸，选择图幅，绘制标题栏；<br>（2）绘制面板元器件，采用背视图；<br>（3）绘制各安装位置处电气元件图形符号，含相应的设备接线柱标号；<br>（4）注明设备代号、设备规格型号；<br>（5）采用相对编号进行接线图绘制；<br>（6）要求图纸文字格式大小统一；<br>（7）标注用线线径；<br>（8）整理接线端子编号以及回路编号；<br>（9）图纸审核：按上述要求审核图纸 | 25 | （1）未换新图纸，扣0.5分；<br>（2）未选择图幅，扣0.5分；<br>（3）未设计标题栏，扣0.5分；<br>（4）没有设备顺序号，每项扣0.5分；<br>（5）未注明设备代号，每项扣0.5分；<br>（6）未注明用线线径，扣0.5分；<br>（7）接线端子重复，每项扣0.5分；<br>（8）未注明接线端子回路编号，每项扣0.5分；<br>（9）未采用相对编号，每项扣0.5分；<br>（10）接线柱漏编相对编号，每项扣0.5分 | |
| 8 | 图纸保存 | 保存图纸：<br>（1）图纸绘制结束，先保存；<br>（2）保存图纸名称：VS1断路器接线设计图，确定保存；<br>（3）关闭设计软件，重新运行设计软件；核查VS1断路器接线设计图是否存在 | 10 | （1）未保存图纸，扣0.5分；<br>（2）没有图纸名称，扣0.5分；<br>（3）未找到VS1断路器接线设计图，扣5分 | |

续表

| 序号 | 任务步骤 | 工作内容 | 分值 | 评分标准 | 扣分 |
|---|---|---|---|---|---|
| 9 | 职业素养 | （1）精益求精、严谨细致、爱岗敬业、诚实守信、主动参与、环保安全；<br>（2）分工明确、控制有效、不违规操作、防止工器具遗失 | 10 | 任意一项不满足，扣2分 | |
| 实施人员 | | | 得分 | | |

评分员确认签字：

_____年_____月_____日

## 相关知识

### 一、电气制图规范

设计人员应遵循电气制图规范标准设计图纸，使电气制图的表达清晰、完整、统一。电气制图规范可参阅本教材项目二任务一。

### 二、图纸要求

1. 图纸结构

图纸应包括标题栏、设备材料表、一次图绘制区、二次图绘制区、技术说明等，可根据具体情况设置各部分占用区域。

2. 图纸大小要求

一般常选择 A3、A4 幅面，也可根据绘图内容的多少选择 A0、A1、A2、A3、A4 幅面；内容较多时，可以把内容分割至多张图纸；同一项目的图纸统一使用同样幅面大小的图纸。

3. 标题栏

标题栏用来表达图纸的信息，包括图纸的名称、类型、属性、序号、图纸设计相关内容等。标题栏样例如图 3-1 所示。

4. 设备材料表

设备材料表一般列在布置图或原理图中，是对功能元器件配置的说明，包括序号、代号，名称、型号规格、数量以及备注等。材料表在图纸中不是必需的，如果元件数量较多，可以提供设备材料表。例如，本任务的设备材料表见表 3-2。

（1）序号：首先，按照划分的区域（如元器件安装位置是柜内还是柜外）进行大致划分；然后，先统计一次元器件，再统计二次元器件；最后，将具有相同属性的元器件

| | | | | | | | | | |
|---|---|---|---|---|---|---|---|---|---|
| | | | | | | ××学院××专业××班级 | | | |
| | | | | | | 装配图代号 | | | 项号 |
| | | | | | VS1−12真空断路器 | | | | |
| | | | | | | | | | |
| 标记 | 处数 | 更改文件号 | 签字 | 日期 | | 图样标记 | 数量 | 重量 | 比例 |
| 设计 | 张## | 标准化 | | | | S | | | 1:1 |
| 校对 | | 审定 | | | | 共　张 | | 第　张 | |
| 审核 | | 批准 | | | 原理图 | 图样编号 | | | |
| 工艺 | | 日期 | | | | | | | |

图 3-1　标题栏设计样例图

紧邻排序，依次填写。

**表 3-2　　设 备 材 料 表**

| 序号 | 代号 | 名称 | 型号规格 | 数量 | 备注 |
|---|---|---|---|---|---|
| 1 | QF901 | 真空断路器 | VS1-12/630/25kA，操作电源：AC220V | 1 | 带防跳带闭锁 |
| 2 | QSE | 接地开关 | JN15-12/T-31.5-80 | 1 | |
| 3 | HR | 合闸信号灯 | AD16-22/R ACDC220V | 1 | 合闸指示 |
| 4 | HG | 分闸信号灯 | AD16-22/G ACDC220V | 1 | 分闸指示 |
| 5 | HY | 储能信号灯 | AD16-22/Y ACDC220V | 1 | 储能指示 |
| 6 | SA | 储能旋钮 | LAY50-22D-11X/K | 1 | |
| 7 | ZK | 远方/就地转换开关 | LW12-16 | 1 | |
| 8 | Q | 微型断路器 | DZ47-63/2P C10 | 1 | |
| 9 | X | 接线端子 | UK4N | 30 | |
| 10 | | 固定件 | UK5N | 1 | |
| 11 | | 标识座 | UKB1 | 1 | |
| 12 | | | | | |

（2）名称：填写元器件对应的通用中文名称。

（3）型号规格：是选型以及装配的重要依据。此栏不仅要填写选型后的元器件型号，还需提供元器件的其他参数，如元器件的外观、颜色、性能、工况等。

（4）数量：是采购、安装、领料的依据。型号相同的元器件，数量直接累加填写即可；对于型号规格相同但是代号不同的元器件，数量也可直接累加填写，但需在备注中写明。

（5）备注：可以对元器件的代号、规格型号、数量等进行补充说明。

5. 型号规格含义说明表、备注信息

对于一次方案图及二次回路元器件中的型号需要单独说明的，可以在图纸中进行说明。表 3-3 列出了一次方案图元器件型号及说明，表 3-4 列出了二次回路元器件型号及说明。在说明表中设计人员可以对选型手册或说明书中获得的型号规格含义以及触点通断情况进行说明，使识图人员能轻松掌握图纸中该型号元件的特点，不用再去翻阅相应选型手册和说明书。

另外，备注信息还包括图纸中无法明确、易出错、强调的设计内容。例如，用线规格、接线工艺、多张图纸的衔接说明等应在备注中给予说明。

表 3-3　　　　　　　　　　　一次方案图元器件型号及说明表

| 序号 | 名称 | 型号规格 | 型号规格含义 |
|---|---|---|---|
| 1 | 断路器 | VS1-12/630/25kA 手车式，带防跳带闭锁，AC220V | VS1：户内真空断路器，设计序号为 1；<br>12：额定电压为 12kV；<br>630：额定电流 630A；<br>25kA：额定短路开断电流为 25kA；<br>手车式：断路器在手车上可移出开关柜；<br>带防跳带闭锁：断路器内部原理图线号 L1、L2、L3、L4、L9 已连线；<br>AC220V：分、合闸线圈额定操作电压为交流 220V |
| 2 | 接地开关 | JN15-12/T31.5-150 | J：接地开关；N：户内；15：设计序号；T：弹簧操动机构；31.5：额定短时耐受电流，31.5kA；150：极间中心距，150mm |

表 3-4　　　　　　　　　　　二次回路元器件型号及说明表

| 序号 | 名称 | 型号规格 | 型号规格含义 |
|---|---|---|---|
| 1 | 远控/就地控制开关 | LW12-16/×× 用触点图表示 | 16：额定电流；触点图：×导通<br><br>| 触点 | -90° → -45° | 0° | 45° ← 90° |<br>\|---\|---\|---\|---\|---\|---\|<br>\| \| 分闸 \| 就地 \| 远控 \| 就地 \| 合闸 \|<br>\| 1-2 \| × \| \| \| \| \|<br>\| 3-4 \| \| \| × \| \| \|<br>\| 5-6 \| \| \| \| × \| \|<br>\| 7-8 \| \| \| \| \| × \| |
| 2 | 旋钮开关 | LAY50-12AF-22D | LAY50：旋钮开关，设计序号为 50；<br>12：颈部直径为 12mm；<br>22：2 动合触点，2 动断触点；<br>D：带灯 |
| 3 | 分闸指示灯 | AD16-22/G AC220V | AD16：信号灯，设计序号为 16；<br>22：颈部直径 22mm；<br>G：绿色；R：红色；Y：黄色 |
| 4 | 合闸指示灯 | AD16-22/R AC220V | |
| 5 | 黄色指示灯 | AD16-22/Y AC220V | |

续表

| 序号 | 名称 | 型号规格 | 型号规格含义 |
|---|---|---|---|
| 6 | 微型断路器 | DZ47-63/2P C16 | DZ：塑壳断路器；<br>47：设计序号；<br>63：壳架等级额定电流为63A；<br>2P：两极；<br>C：脱扣曲线，照明保护用；<br>16：额定电流为16A |
| 7 | 接地开关<br>限位开关 | LXW20-11 | LX：主令行程开关；<br>W：微动开关；<br>20：设计序号；<br>11：1动合触点，1动断触点 |

**6. 一次图绘制区**

一次图绘制区的一次系统图或一次方案图，提取自设计蓝图对应部分的一次系统图或一次方案图。图中要求标注出一次元器件文字代号或型号、进线回路编号、出线回路编号、导线型号规格、负荷名称等。它是成套电器设备厂必须参考的图纸，以便在生产过程中考虑进出线方式和柜体生产的方案。图 3-2 所示为一次方案图。

**7. 二次图绘制区**

二次图绘制区主要绘制展开式原理接线图、安装接线图。展开式原理接线图是安装接线图的依据，是电气调试理论分析的基础；安装接线图是工程准确高效实施安装和接线的依据。

(1) 展开式原理接线图：是依据设计蓝图中的设计说明、电气系统图、布置图、通信图等内容以及元器件说明书来绘制出的接线图。

(2) 安装接线图：安装接线图涵盖了柜（屏）面布置图、柜体装配图、工艺接线图。

1) 柜（屏）面布置图和柜体装配图是从屏的正面看，按各种电气设备的实际安装位置按比例画出的正视图。它们是进行电器安装的重要依据，是成套电器设备厂必须参考的图纸，厂家在生产过程中根据它们考虑柜体生产的方案。

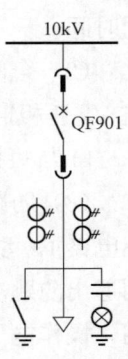

图 3-2 一次方案图

2) 柜（屏）面布置图和柜体装配图在考虑高压开关柜继电仪表室开孔位置时，一是考虑继电器（仪表）的位置，需满足易观察、易操作、易安装、统一性、合理性、美观性；二是考虑安装接线操作时元件的深度，以及与相邻元件间是否接触、是否留有裕度，以及满足电气绝缘要求等；三是整体设计时，参考相应柜体的技术设计规范或标准，例如，KYN28-12 高压开关柜设计规范或国家标准 GB/T 3906—2020《3.6～35kV

交流金属封闭开关设备和控制设备》。

3）工艺接线图是设计人员根据电气接线规范及标准将展开式原理接线图转化为便于工艺接线人员实际生产的一种图，通过线号与接线端子将各种元件实现电气连接。

二次图纸绘制区主要绘制展开式原理接线图。

### 三、基本接线设计

现以高压开关柜手车式断路器 VS1-12 为例，介绍基本接线设计。开关柜主回路接线的相序排列为：一般按面对出线端，从左到右、从远到近、从上到下的顺序，相序为 A、B、C。

1. VS1-12 断路器二次原理接线图

图 3-3 所示为 VS1-12 断路器二次原理接线图。

2. 电气回路工作原理

（1）储能回路：25#—35#端子之间的电气回路。25#端子接储能电源正极、35#端子接储能电源负极。储能电机 M 启动，当弹簧完成储能后，带动一个与其机械联动的储能限位开关 S1 动作，使动断触点断开，电机的储能回路切断，电机储能结束，当合闸动作后，储能限位开关 S1 自复位，若 25#、35#端子上控制电压仍存在，新的一次储能开始。注意，储能时间是指从断路器储能电机启动开始至储能机构动合触点闭合所用时间。

（2）合闸回路：4#—14#端子后之间的电气回路；合闸线圈 HQ 回路：从整流电路 V2 正极起→防跳触点 KO→储能限位开关 S1→断路器动断触点 11-12→Y1 闭锁触点 13-14 与短接片 i-j 并联后→合闸线圈 HQ→整流电路 V2 负极止。

（3）防跳继电器 KO 回路：整流电路 V2 正极开始→断路器动合触点 13-14 与防跳继电器 K0 动合触点（防跳继电器线圈自锁）并联→k-l 或 k-m 短接投入防跳功能，否则退出防跳功能（电阻 R0 作用：操作电压为 220V 时，断开 l-m，电阻 R0 起到分压作用，操作电压为 110V 时，短接 l-m，电阻 R0 退出分压功能）→防跳继电器线圈 KO→整流电路 V2 负极结束。

无闭锁带防跳合闸动作过程：当弹簧完成储能后，储能限位开关使 S1 动合触点闭合，4#—14#端子加上外部控制电压后（通常指发送一次合闸命令时间），合闸线圈 HQ 上电，合闸电磁铁动作。断路器动断触点 11-12 动作，合闸线圈 HQ 失电，合闸电磁铁返回，合闸机构保持。断路器动合触点 13-14 动作，防跳线圈 K0 动作，K0 动断触点断开合闸线圈 HQ 回路，从而防止多次合闸。

（4）闭锁回路：20#—49#、10#端子之间的电气回路，内部通过 d-c 连线控制闭锁单元投退，Y1 电磁铁作为执行单元。闭锁回路的作用：控制断路器的合闸电磁铁 HQ 回路。20#—49#为手车试验位置时的闭锁电气回路，20#—10#为手车工作

# 项目三 智能供配电装置接线设计

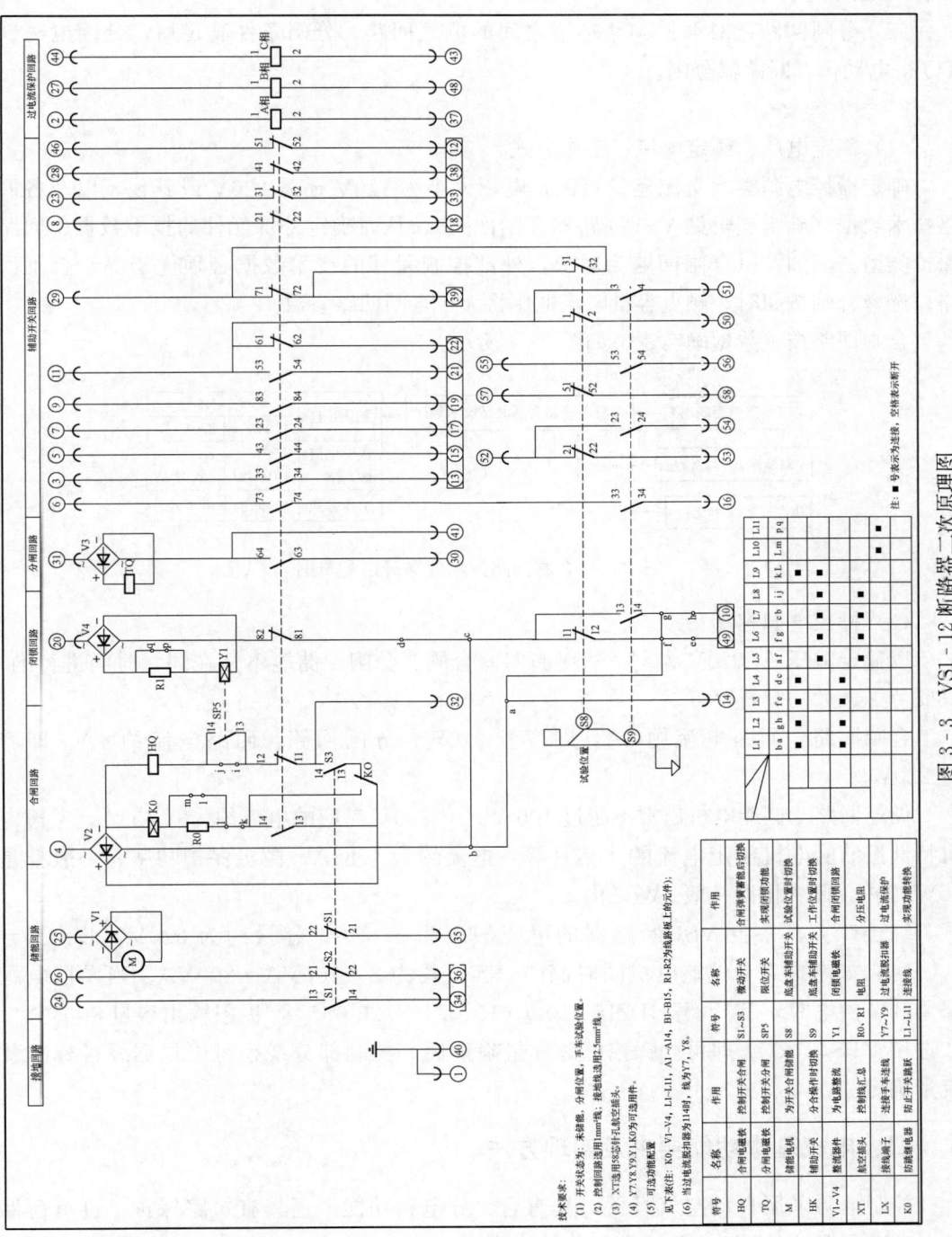

图3-3 VS1-12断路器二次原理图

位置时的闭锁电气回路；根据设计蓝图"五防"要求，串联"五防"要求，作为断路器合闸的闭锁条件。

（5）分闸回路：31♯—30♯端子之间的电气回路。分闸条件满足后，分闸电磁铁TQ得电动作，断路器分闸。

3．技术参数

（1）额定电压、额定电流、工作方式。

确定操控电源类型交流还是直流，电压大小为110V还是220V或其他，以及各回路技术数据（确定逻辑见VS1断路器合闸回路），从而确定外部元件的技术数据、回路保护类型。例如，以合闸回路为对象，外部控制元件的技术数据必须优于等于合闸回路；选择合闸按钮时，触点容量电流电压将大于合闸回路参数。

合闸回路技术数据确定逻辑如图3-4所示。

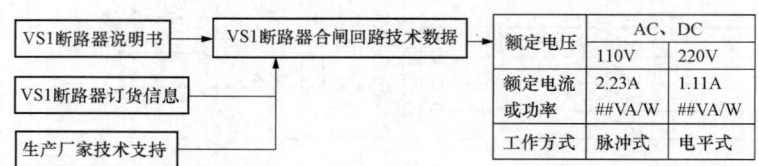

图3-4　合闸回路技术数据确定逻辑图

（2）操控电源容量。

以额定电压AC220V为例，VS1断路器合闸、分闸、储能不是在同一时间进行的，只要考虑最大的容量即可。

合闸回路：回路电流约1A，即容量220W；分闸回路：回路电流约1A，即容量220W。

储能回路：储能电机通常不超过100W，AC220V对应的电流约为0.455A，考虑电机特性按储能电机额定电流的4倍计算，电流约为1.82A；微机保护功率，一般都是50W以内，闭锁回路一般5W以内。

综合计算，一台VS1断路器的电流假设为1.82A，容量约为220V×1.82A＝400VA；如考虑2台储能电机同时储能，容量约为2×400VA＝800VA。当操控电源采用TV供电时，TV可选JDZ10-10Q（10/0.1/0.22 0.5级/极限输出容量800VA）；如选用UPS，1kVA即可。操控电源容量确定后，控制部分线径可以根据线径标准载流量确定。

## 四、电气基本功能要求及实现方法

控制电源采用自动空气开关，具有合、分电路功能，还具有短路保护、过负荷保护、过电压保护，同时作为合闸与分闸回路的电源。

1. 储能回路

通过储能开关控制储能回路，实现手动/自动储能功能。

具体实现方法：通过储能回路工作原理，将控制电源开关、储能旋钮开关、25♯—35♯端子之间的电气回路串联即可。

原理接线设计方法：以储能回路额定电压为 AC220V 为例，其接线设计步骤如图 3-5 所示。储能电路手动/自动储能原理接线设计步骤如下：

第 1 步，排列元件图形符号，图中的控制电源、控制开关、储能开关、储能单元；

第 2 步，标注电气符号或代号以及各元件接线端子号；

第 3 步，从电源 L 端开始连线，到电源 N 端结束；

第 4 步，标注线号。

注意：从检修安全角度，开关控制相线或电源正极，位于被控对象之前。

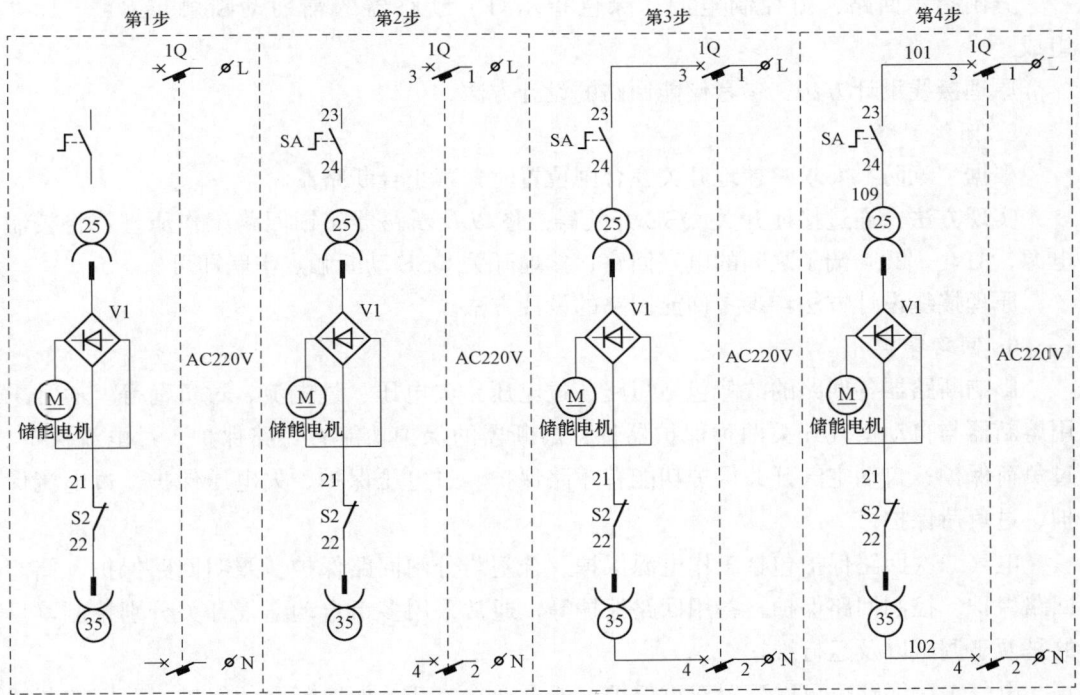

图 3-5 手动/自动储能原理接线设计步骤图

2. 合闸回路

合闸回路的功能是通过远方/就地转换开关，实现就地手动合闸与远方遥控合闸。

具体实现方法：通过远方/就地转换开关触点图以及断路器合闸回路工作原理，把控制电源、远方/就地转换开关合闸触点、4♯—14♯端子之间的电气回路串联即可。

原理接线设计方法：参考储能回路的设计方法。

3. 分闸回路

分闸回路的功能是通过远方/就地转换开关,实现就地手动分闸与远方遥控分闸。

具体实现方法:通过远方/就地转换开关触点图以及断路器分闸回路工作原理,将控制电源、远方/就地转换开关分闸触点、31♯—30♯端子之间的电气回路串联即可。

原理接线设计方法:参考储能回路的设计方法。

4. 指示回路

储能指示回路:由控制电源、黄色指示灯、储能动合触点 S1(25♯—35♯)组成;

合闸指示回路:由控制电源、红色指示灯、断路器的辅助动合触点 9♯—19♯组成;

分闸指示回路:由控制电源、绿色指示灯、断路器的辅助动断触点 8♯—18♯组成;

原理接线设计方法:参考储能回路的设计方法。

5. 闭锁回路

根据"五防"要求,接地开关在合闸位置时,禁止合断路器。

实现方法:通过接地开关 QSE 开关触点图以及断路器闭锁回路工作原理,将控制电源、31♯—30♯端子之间的电气回路、接地开关 QSE 动断触点串联即可。

原理接线设计方法:参考储能回路的设计方法。

6. 回路保护

影响断路器各回路的故障包括短路、过电压、欠电压、过电流、过负荷等。通常采用熔断器与自动空气开关两种保护器件;熔断器的保护功能有短路保护、过电流保护、过负荷保护;自动空气开关保护功能有短路保护、过电压保护、欠电压保护、过电流保护、过负荷保护。

电气二次回路保护包括工作电源保护、合闸与分闸回路保护、照明回路保护、储能回路保护、控制回路保护、备用回路保护等,通常采用多组自动空气开关分别控制,目的是便于调试以及运行维护。

电气二次回路也可以配置双重保护,即自动空气开关加熔断器的保护。采用熔断器保护时注意:二次电源为交流时,熔断器应安装在相线上,中性线禁止安装熔断器;二次电源为直流时,正负极都必须按照熔断器。

根据上述各回路原理接线,整理出 VS1 断路器二次原理接线图,如图 3-6 所示。

根据 VS1 断路器二次原理接线图,绘制出安装顺序号与工艺接线图,分别如图 3-7 和图 3-8 所示。

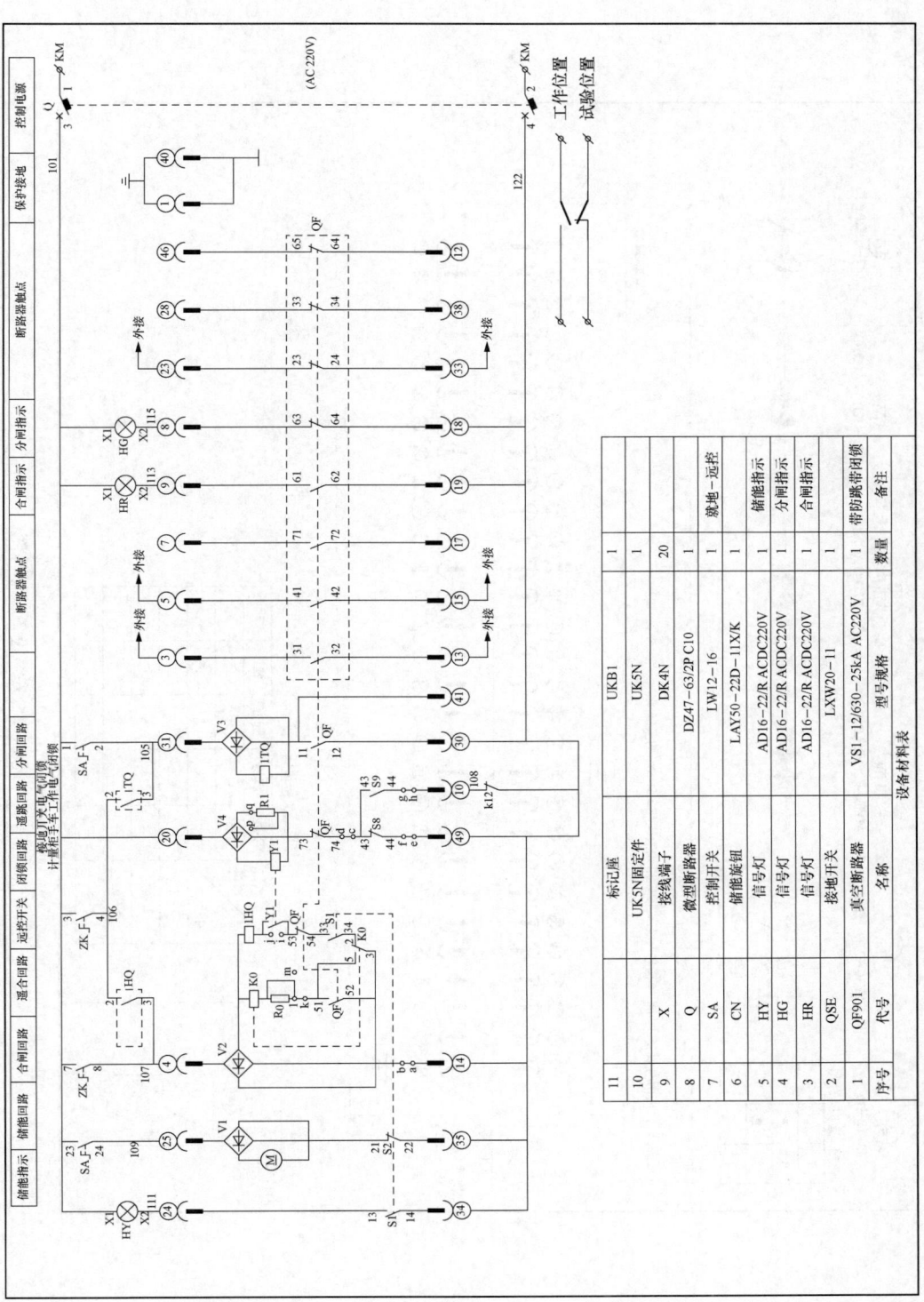

图3-6 VS1断路器二次原理接线图

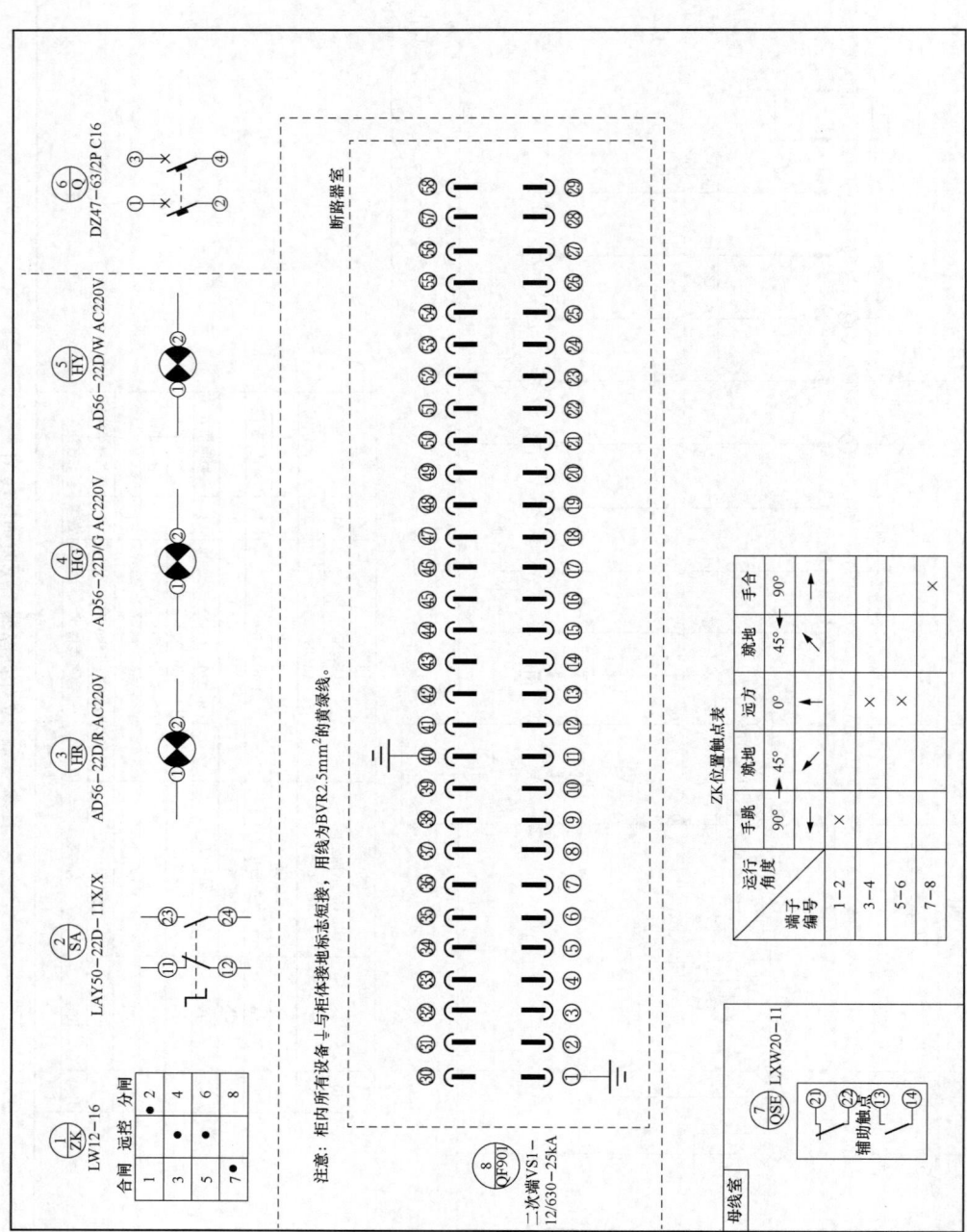

图 3-7 安装设备顺序号图

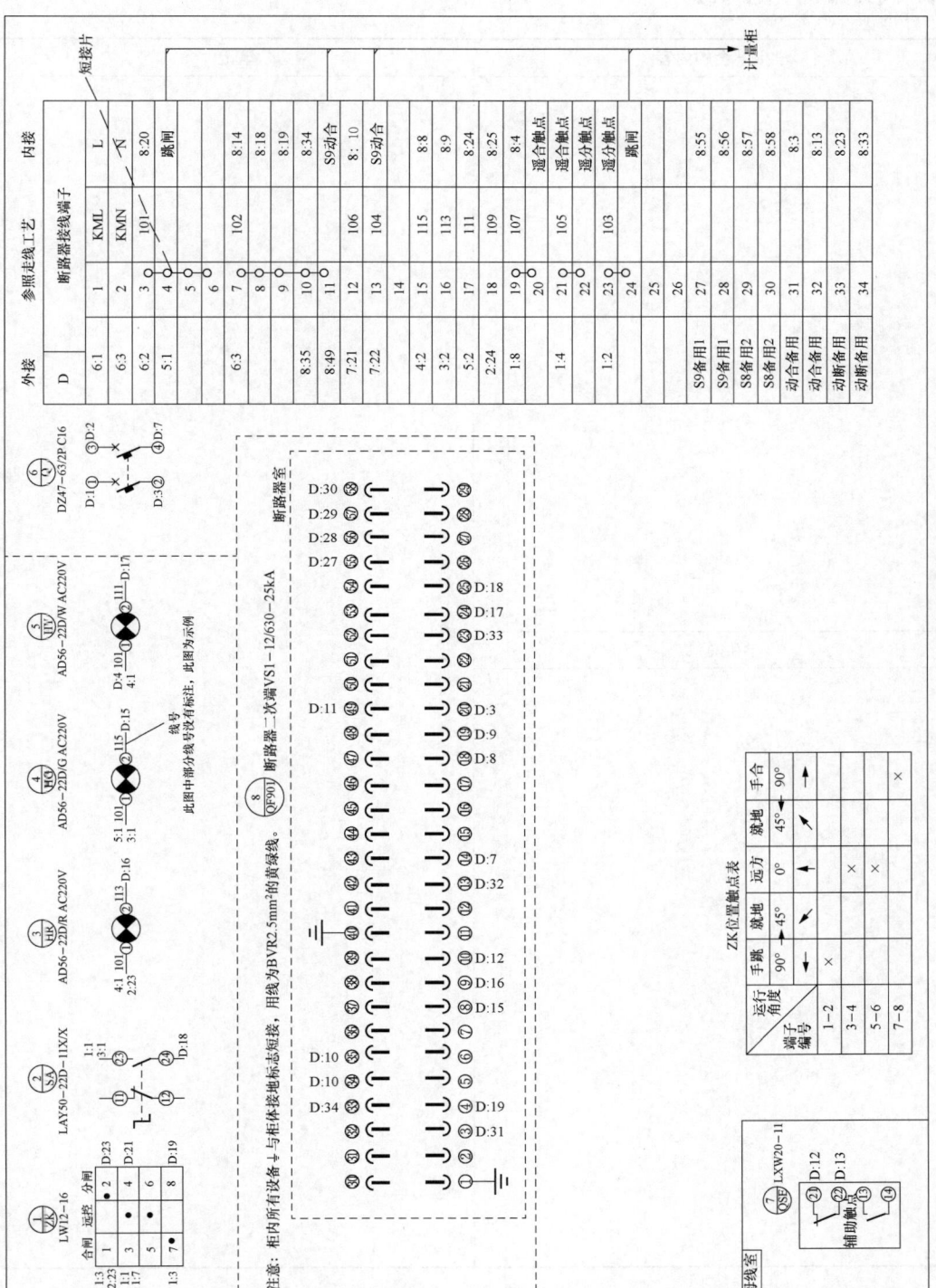

图 3-8 工艺接线图

## 【自我分析与总结】

| 学生学会的内容 | 笔记 |
|---|---|
|  |  |
| 学生总结 | |
|  |  |

## 任务二 低压馈线抽屉单元接线设计

### 任务描述

图 3-9 所示为设计蓝图中用户 0.4kV 低压电气系统图,根据图 AA1.03 中低压馈线柜+5 号抽屉的电气一次部分,完成该抽屉的二次展开式原理图以及工艺接线图。具体设计要求如下:

(1) 要求有一次方案图、一次元件以及二次主要元器件型号材料表和二次原理回路图。

(2) 设计监测仪表电压回路、电流回路、通信回路。

(3) 设计安装接线工艺图。

### 任务目标

知识目标:

(1) 掌握低压馈线抽屉单元的工作原理及接线设计方法。

(2) 了解低压馈线抽屉单元元器件的工作原理以及功能。

能力目标:

(1) 能根据设计蓝图掌握低压馈线抽屉单元的抽屉规格、电气系统图、电气元件及参数。

(2) 能根据低压馈线抽屉单元电气系统图及元件说明书以及设计蓝图归纳设计要点。

(3) 能完成低压馈线抽屉单元安装接线图设计。

态度目标:

(1) 培养主动学习、独立分析问题及解决问题的能力。

(2) 培养安全、标准、规范意识,养成接线设计严谨细致的习惯。

(3) 按照国家、行业、企业相关标准规范设计,节约资源、安全环保。

### 任务准备

(1) 电气绘图软件,如 EPLAN、CAD、CAXA、SuperWorks 等。

(2) 熟悉本教材项目二中智能供配电系统图识读部分的电气设计相关知识。

(3) 准备项目蓝图,扫描本项目二维码 1 获取项目蓝图。

(4) 熟悉本任务相关知识低压抽屉开关柜结构。

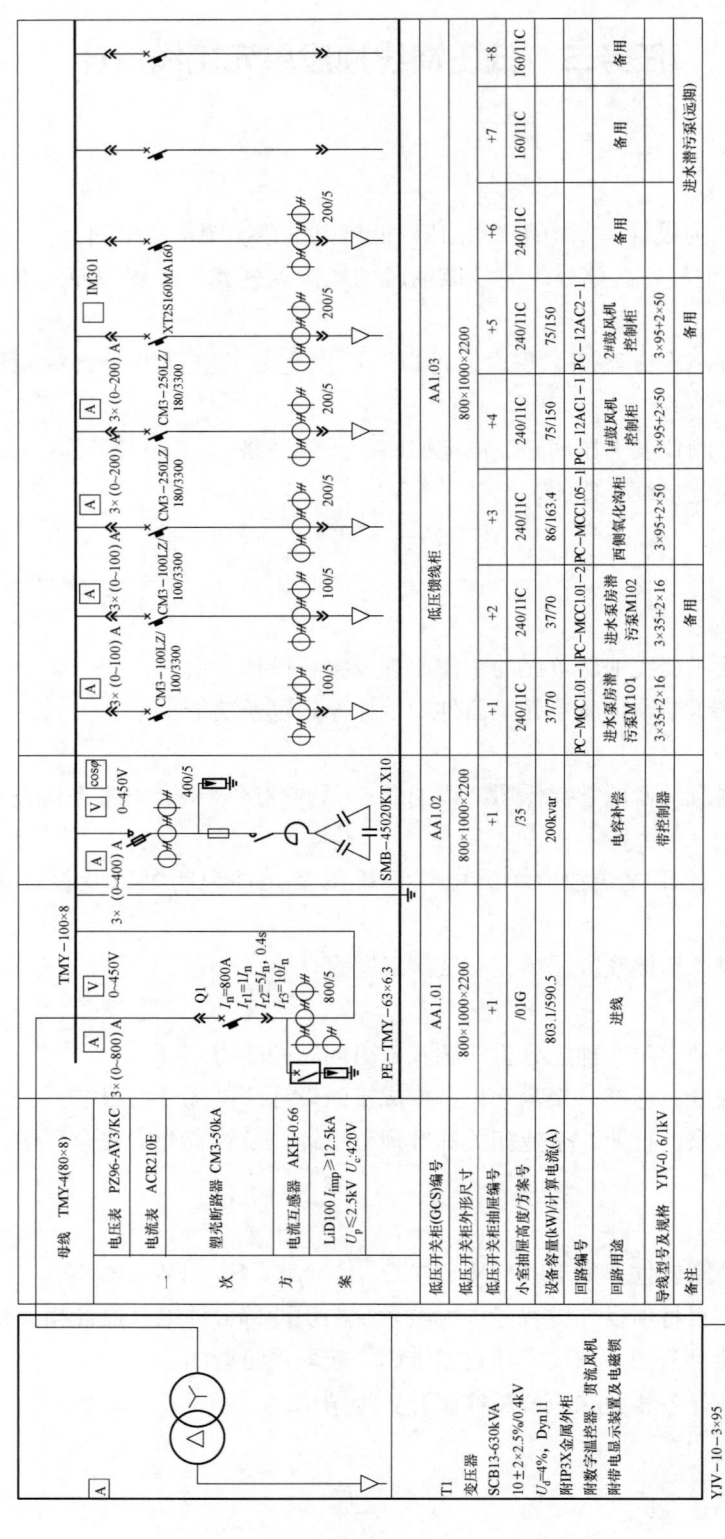

图 3-9 用户 0.4kV 低压电气系统图

# 任务实施及评价

任务实施及评价见表3-5。

表3-5 任务实施及评价

| 序号 | 任务步骤 | 工作内容 | 分值 | 评分标准 | 扣分 |
|---|---|---|---|---|---|
| 1 | 前期准备 | (1) 领取设计蓝图,明确设计要求;<br>(2) 低压馈线抽屉单元结构;<br>(3) 绘图软件,注意自动保存设置,保存路径设置;<br>(4) 获取抽屉推进连锁机构说明书;<br>(5) 获取电力智能仪表说明书;<br>(6) 获取断路器说明书 | 10 | (1) 未领取设计蓝图,扣1分;<br>(2) 未确定设计柜型,扣1分;<br>(3) 未确定设计内容,扣1分;<br>(4) 未确定抽屉推进连锁机构结构,扣1分;<br>(5) 未核查绘图软件,扣1分;<br>(6) 未获取说明书,每项扣1分 | |
| 2 | | 根据设计蓝图掌握的技术参数:<br>(1) 断路器额定电流:电缆规格的依据;<br>(2) 断路器壳架电流:确定抽屉尺寸的依据;<br>(3) 断路器额定电压;<br>(4) 断路器操动机构;<br>(5) 仪表参数;<br>1) 判断仪表类型,如电流表、电压表、电力智能仪表等;<br>2) 明确要求测量的电气参数;<br>3) 明确仪表工作电压;<br>4) 明确仪表端子功能定义;<br>(6) 抽屉推进连锁机构一、二次插头及容量 | 10 | (1) 未判定断路器额定电压、额定电流、操动机构,每项扣1分;<br>(2) 未确定断路器壳架电流,扣1分;<br>(3) 未判定仪表类型,扣1分;<br>(4) 未判定仪表测量的电气参数、工作电压、端子功能,每项扣1分;<br>(5) 未确定抽屉推进连锁机构一、二次回路及容量,扣1分 | |
| 3 | 图幅选择 | 选择图纸大小和比例 | 1 | 图纸大小与比例不正确,每项扣0.5分 | |

续表

| 序号 | 任务步骤 | 工作内容 | 分值 | 评分标准 | 扣分 |
|---|---|---|---|---|---|
| 4 | 标题栏绘制 | 标题栏应包含如下信息：绘图人、设计人、审核人、设计单位、项目栏、功能栏。例如，项目栏为某公司一期住宅小区高压配电工程，功能栏为某进线柜二次原理图 | 3 | (1) 绘图人、设计人、审核人不明确或错误，每项扣0.5分；<br>(2) 缺少设计单位，扣1分；<br>(3) 图纸信息不明确，每项扣1分；<br>(4) 标题栏位置不正确；扣0.5分 | |
| 5 | 设备材料表绘制 | 设备材料表绘制在布置图或接线原理图中，具体要求如下：<br>(1) 表格形式：优先利用设计软件的表格；<br>(2) 表格基本项：序号、代号、名称、型号规格、数量、备注；<br>注：代号不确定的可以在原理接线图设计完成后补充 | 2 | (1) 绘制位置不正确，扣0.5分；<br>(2) 利用设计软件表格，加0.5分；<br>(3) 设备材料表绘制不完善，每项扣0.5分 | |
| 6 | 展开式原理接线图绘制 | 一次图绘制要求如下：<br>(1) 采用单线图；<br>(2) 正确使用电气图形符号；<br>(3) 标注元器件代号；<br>(4) 注明图示状态 | 2 | (1) 图线宽度不正确，每项扣0.5分；<br>(2) 图形符号不正确，每项扣0.5分；<br>(3) 未注元器件代号或错误，每项扣0.5分；<br>(4) 未注明图示状态，扣0.5分 | |
| | | 二次原理展开接线图要求如下：<br>(1) 电压测量；<br>(2) 电流测量；<br>(3) 出线端带电指示；<br>(4) 通信回路 | 25 | (1) 未整理设计内容，每项扣0.5分；<br>(2) 图形符号错误，每项扣0.5分；<br>(3) 未注明设计注释，每项扣0.5分；<br>(4) 未标准控制电源电压类型大小，扣0.5分；<br>(5) 未标记代号，每项扣0.5分；<br>(6) 图线宽度不正确，每项扣0.5分；<br>(7) 导线连接点表示方法错误，每项扣0.5分；<br>(8) 未标记回路标号，每项扣0.5分 | |

续表

| 序号 | 任务步骤 | 工作内容 | 分值 | 评分标准 | 扣分 |
|---|---|---|---|---|---|
| 7 | 安装接线图绘制 | 屏面布置图要求如下：<br>(1) 更换新图纸，选择图幅，设计标题栏；<br>(2) 注明开孔位置安装元器件的代号或者型号规格；<br>(3) 接线端子：安装导轨，标记座安装：注明安装单位名称以及编号；接线端子安装：端子编号；固定件安装 | 2 | (1) 未更换图纸，扣0.5分；<br>(2) 未选择图幅，扣0.5分；<br>(3) 未设计标题栏，扣0.5分；<br>(4) 未注明开孔位置元件代号或者型号规格，每项扣0.5分；<br>(5) 未注明标记座单位名称以及编号，每项扣0.5分 | |
| | | 工艺接线图要求如下：<br>(1) 更换新图纸，选择图幅，设计标题栏；<br>(2) 绘制面板元器件，采用背视图；<br>(3) 绘制各安装位置处元器件图形符号，包含相应的设备接线柱标号；<br>(4) 注明设备代号、设备规格型号；<br>(5) 采用相对编号进行接线图绘制；<br>(6) 图纸文字格式大小统一；<br>(7) 标注用线线径；<br>(8) 整理接线端子编号以及回路编号；<br>(9) 图纸审核：按上述要求审核图纸 | 25 | (1) 未更换图纸，扣0.5分；<br>(2) 未选择图幅，扣0.5分；<br>(3) 未设计标题栏，扣0.5分；<br>(4) 没有设备顺序号，每项扣0.5分；<br>(5) 未注明设备代号，每项扣0.5分；<br>(6) 未注明用线线径，扣0.5分；<br>(7) 接线端子重复，每项扣0.5分；<br>(8) 未注明接线端子回路编号，每项扣0.5分；<br>(9) 未采用相对编号，每项扣0.5分；<br>(10) 接线柱漏编相对编号，每项扣0.5分 | |
| 8 | 图纸保存 | 保存图纸操作方法如下：<br>(1) 图纸绘制结束，先保存；<br>(2) 设置保存路径；<br>(3) 保存图纸名称为低压馈线单元，确定保存；<br>(4) 关闭设计软件，重新运行设计软件，核查低压馈线单元图纸是否存在 | 10 | (1) 未保存图纸，扣0.5分；<br>(2) 没有图纸名称，扣0.5分；<br>(3) 未找到低压馈线单元接线设计图，扣5分 | |

续表

| 序号 | 任务步骤 | 工作内容 | 分值 | 评分标准 | 扣分 |
|---|---|---|---|---|---|
| 9 | 职业素养 | （1）精益求精、严谨细致、爱岗敬业、诚实守信、主动参与、环保安全；<br>（2）分工明确、控制有效、不违规操作、防止工器具遗失 | 10 | 任意一项不满足，扣2分 | |
| | 实施人员 | | | 最终得分 | |

评分员确认签字：

_____年____月____日

## 相关知识

### 一、设备材料表、设备型号含义

1. 本设计任务的设备材料表（见表3-6）

表3-6　　　　　　　　　　本设计任务的设备材料表

| 序号 | 代号 | 名称 | 型号规格 | 数量 | 备注 |
|---|---|---|---|---|---|
| 1 | 5Q | 低压断路器 | XT2S160 MA160 FF 3P | 1 | |
| 2 | 5TA | 电流互感器 | AKH-0.66 30I 200/5 A型 0.5级 | 3 | |
| 3 | E | 电力智能仪表 | IM-301 380V 5A RS485 AC220V | 1 | |
| 4 | HR | 信号灯 | AD16-22/R AC/DC220V | 1 | 带电指示 |
| 5 | 1FU～6FU | 熔断器 | UK-2.5RD/2A | 6 | |
| 6 | | 固定件 | UK5N | 1 | |
| 7 | | 标识座 | UKB1 | 1 | |

2. 一次方案图元器件型号及说明表（见表3-7）

表3-7　　　　　　　　　　一次方案图元器件型号及说明表

| 序号 | 名称 | 型号规格 | 型号规格含义 |
|---|---|---|---|
| 1 | 低压断路器 | XT2S160 MA160 FF 3P | XT2：壳架代号；<br>S：极限短路分断能力50kA；<br>160：壳架电流$I_u$；<br>MA：单电磁脱扣器，可调；<br>160：额定工作电流为160A；<br>F：固定式；<br>F：前接线；<br>3P：3极 |

续表

| 序号 | 名称 | 型号规格 | 型号规格含义 |
|---|---|---|---|
| 2 | 主回路线缆 | 单芯电缆 YJV-0.6/1kV，95mm² | 与引出电缆型 YJV-0.6/1kV 3×95+2×50 相匹配；<br>YJV-0.6/1kV：交联聚乙烯绝缘电力电缆，材质为铜，系统额定电压为 0.6 kV，系统最高运行电压为 1kV；<br>3×95+2×50：含 3 根相线，标称截面积为 95mm²，中性线与保护线标称截面积为 50mm²。<br>说明：若一次方案图没有给出线缆规格及型号，选型既要考虑载流量，还需考虑线缆长度造成的压降 |
| 3 | 电流互感器 | AKH-0.66/30Ⅰ 200/5 A 型 0.5 级 | AKH：电流互感器系列代号；<br>0.66：额定电压为 0.66kV；<br>30Ⅰ：电流互感器孔径 22mm；<br>一次侧额定电流：200A；<br>二次侧额定电流：5A；<br>准确度等级、相应额定负荷：0.5 级、2.5VA；<br>穿心匝数：1 匝 |

3. 二次回路元器件型号及说明表（见表 3-8）

表 3-8　　　　　二次回路元器件型号及说明表

| 序号 | 名称 | 型号规格 | 型号规格含义 |
|---|---|---|---|
| 1 | 电力智能仪表 | IM-301 380V5A RS485 AC 220V。<br>根据一次方案图，配有 3 个电流互感器，仪表选型：电压电流接线采用三相四线 3P4W，3TA | IM-301：电力智能仪表系列代号；<br>输入测量线电压：380V；<br>输入三相相电流：5A；<br>开关量输入输出：各 2 路；<br>产品说明书：确定三相四线 3TA 接线图以及端子功能 |
| 2 | 指示灯 | AD16-22/R AC380V | AD16X 系列<br>22：开孔尺寸<br>R：红色（颜色选型参照国家标准电工成套装置指示灯颜色） |
| 3 | 熔断器 | UK-2.5RD/2A | 选型：根据线路负荷额定电流 1.05~1.15 倍选择 |

## 二、一次方案图

提取设计蓝图对应部分的一次系统图。在一次系统图中标注元件符号、型号，进线回路编号、出线回路编号、导线型号规格、负荷名称等，如图 3-10 所示。

## 三、二次接线设计

现以图 3-9 中抽屉（编号＋5）接线设计为例，介绍二次接线设计。

（一）IM 301 主要技术参数

（1）IM301 电力智能监控仪表：采用三相四线制 3TA 电气接线，接线图如图 3-11 所示。

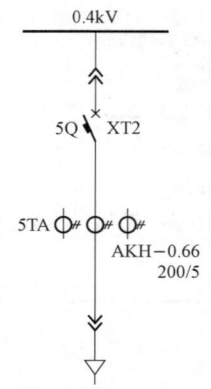

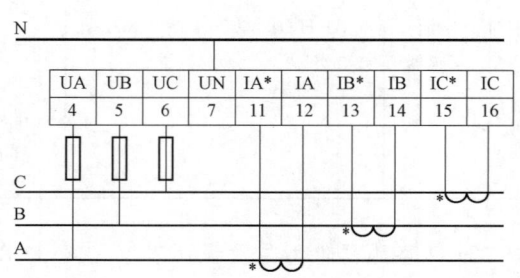

图 3-10　一次方案图　　图 3-11　IM 301 电力智能监控仪表电气接线图

（2）供电电源接线如图 3-12 所示。

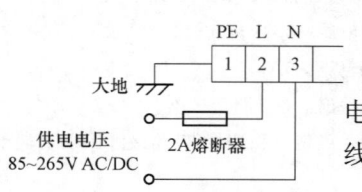

图 3-12　电源接线图

（3）仪表通信接线如图 3-13 所示。

（4）接线注意事项：电流线截面积不小于 $2.5\text{mm}^2$，电压线截面积不小于 $1.5\text{mm}^2$，通信线必须采用屏蔽双绞线，电压及工作电源接入线应串联 2A 的熔断器。

（二）电气基本功能要求及实现方法

设计电气一次回路时，需要确定仪表测量电压取样点和带电指示电压取样点；二次回路中需要设计三相电压测量回路、三相电流测量回路、带电指示回路、仪表工作电源回路和通信回路。

1. 仪表电压取样点

要求：抽屉在试验位置与工作位置时，可监测一次回路中电压，断路器合闸后指示线路是否带电。

实现方法：在塑壳断路器的进线端 A、B、C 三相各并联一根电压采样线至三相电压测量回路，断路器出线端 A、C 两相各并联一根线至带电指示回路，采样电压为线

项目三 智能供配电装置接线设计

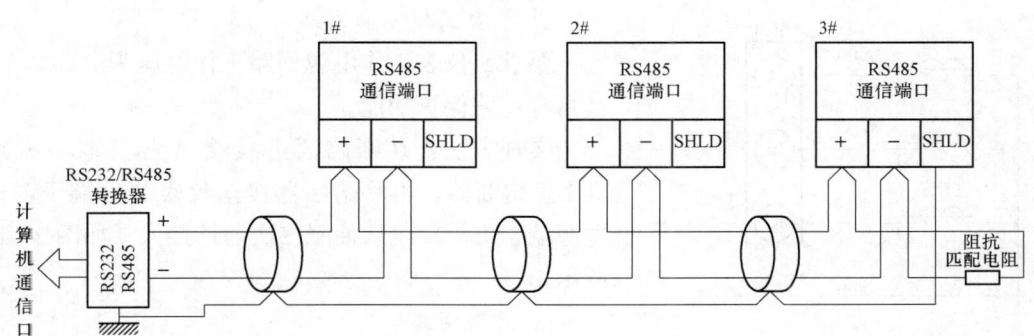

图 3-13 仪表通信接线图

电压,如图 3-14 所示。

备注:塑壳断路器在没有配置遥信点时,判断断路器的分闸与合闸位置,通常采用将电压采样点移至断路器的出线端即带电指示取样点,电力监控后台通过比较断路器出线端是否有电压来判断断路器当前是分闸位置还是合闸位置,以此作为补充方案。

2. 三相电压测量回路

由图 3-12 所示的供电电源中可看出仪表要求相电压为 AC220V,电压回路串联 2A 的熔断器,不需要试验端子。

实现方法:将 A、B、C 三相电压采样线 1L1、1L2、1L3 接至熔断器后再接至仪表的电压 4、5、6 输入端子,7 端子接 N 线,表示方法如图 3-15 所示。

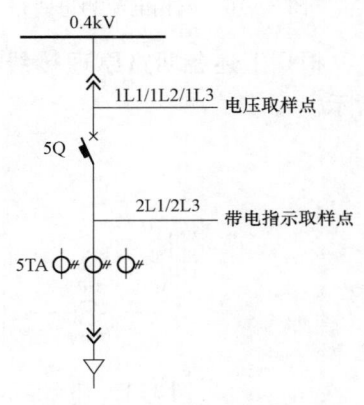

图 3-14 测量电压以及带电指示电压取样点

3. 三相电流测量回路

要求:三相电流测量回路采用 3 个电流互感器,无须经过试验端子。

实现方法:用 A、B、C 三相的电流互感器同名端 S1 分别接入 11、13、15 仪表电流输入端子,A、B、C 三相的电流互感器同名端 S2 短接接地,仪表电流输入端子 12、14、16 短接接地来实现,绘图时

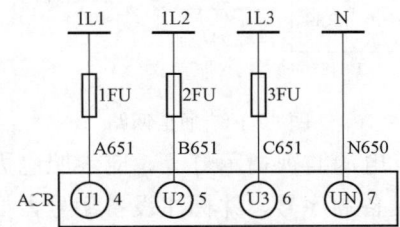

图 3-15 三相电压测量回路

注意同名端的表示方法,如图 3-16 所示。

4. 带电指示回路

要求:带电指示回路工作电压为 AC380V,且有熔断器保护。

实现方法:在断路器出线端 A、C 两相各并联一根采样线 2L1、2L3 至熔断器,然后接至红色指示灯,如图 3-17 所示。

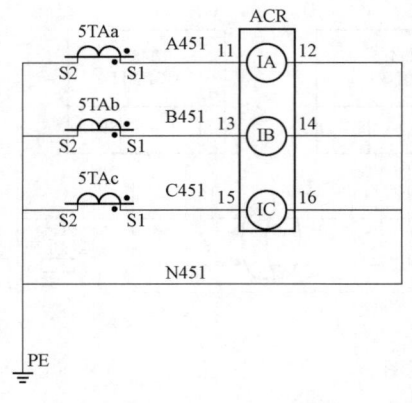

图 3-16 三相电流测量回路

5. 仪表工作电源回路

要求：仪表工作电源回路工作电压为 AC220V，且具有短路保护功能。

实现方法：从断路器进线端 A 相并联一根线 1L1 至熔断器，再将熔断器接至仪表 2 号端子，即电源端子 L，N 线从抽屉二次插件接入，如图 3-18 所示。

6. 通信回路

要求：通信回路采用 2 芯屏蔽线。

实现方法：用 2 芯屏蔽线从仪表通信端子 9 和 10 引至抽屉二次接插件，如图 3-19 所示。

根据上述各回路原理接线，整理出低压抽屉单元二次原理接线图，如图 3-20 所示。

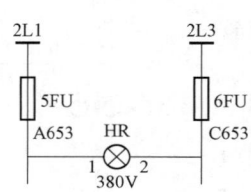

图 3-17 带电指示回路

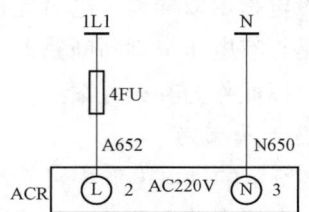

图 3-18 仪表工作电源回路

根据低压抽屉单元二次原理接线图，绘制工艺接线图，如图 3-21～图 3-24 所示。设计时有以下四个要点：

（1）一次回路 5Q、5TAa、5TAb、5TAc 图形符号以及设备顺序号要注意唯一性，并标注好设备型号，如图 3-21 所示。

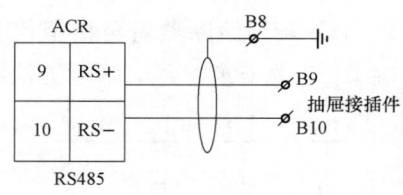

图 3-19 通信回路

（2）绘制抽屉面板元器件，如电力智能监控仪表、电源监视指示灯等，应参照电力智能监控仪表接线端子图，绘制接线端子标号，编制设备顺序号，并标注设备型号，如图 3-22 所示。

（3）设计抽屉接插件，绘制熔断器端子图形符号，编制设备顺序号，如图 3-23 所示。

（4）根据二次原理接线图，采用相对标号法，按设备顺序号给相应的设备接线柱编写相对编号。标题栏填写详细的制图日期、设计人、校准、审核、图纸编号等，如图 3-24 所示。

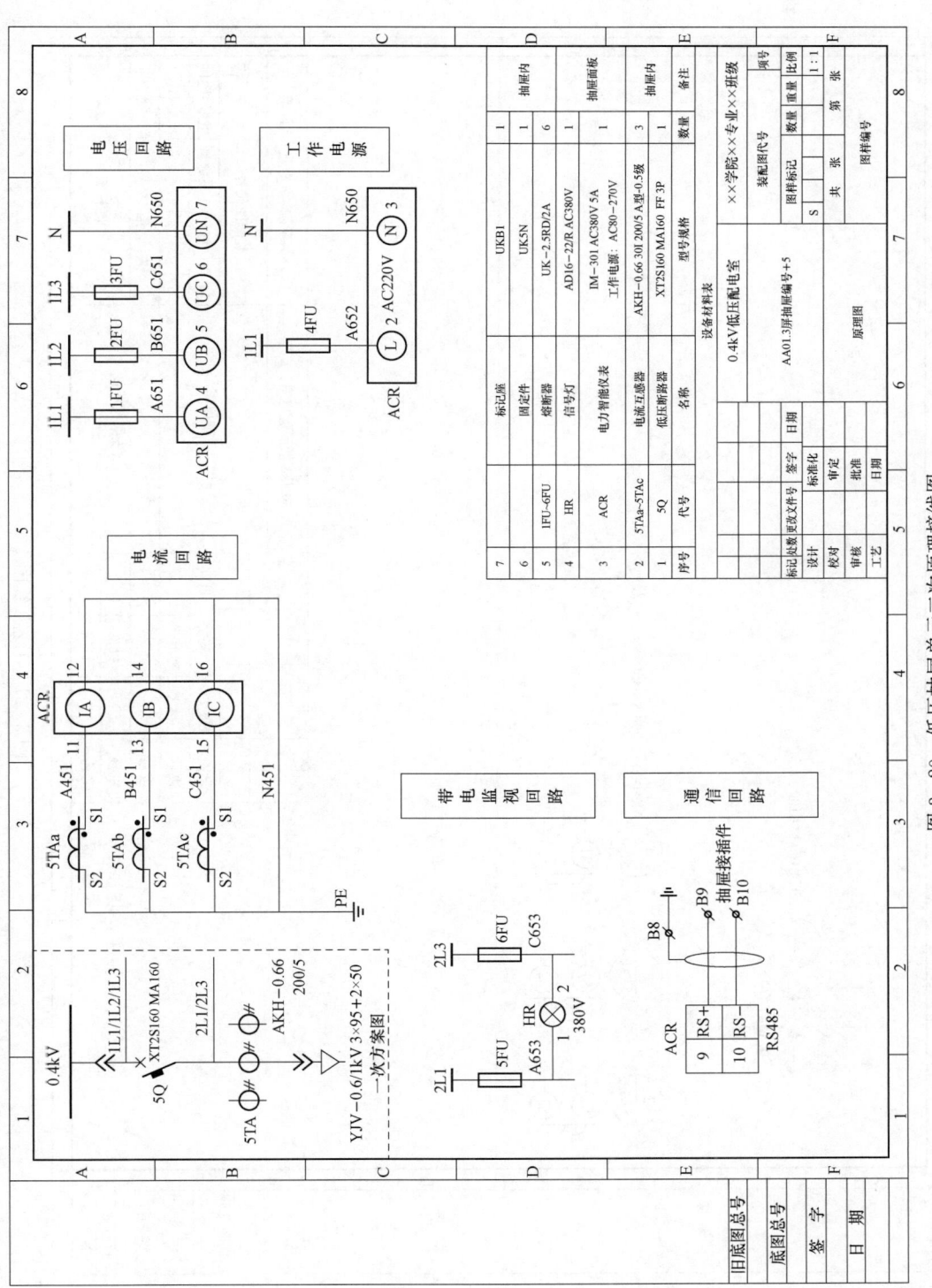

图 3-20 低压抽屉单元二次原理接线图

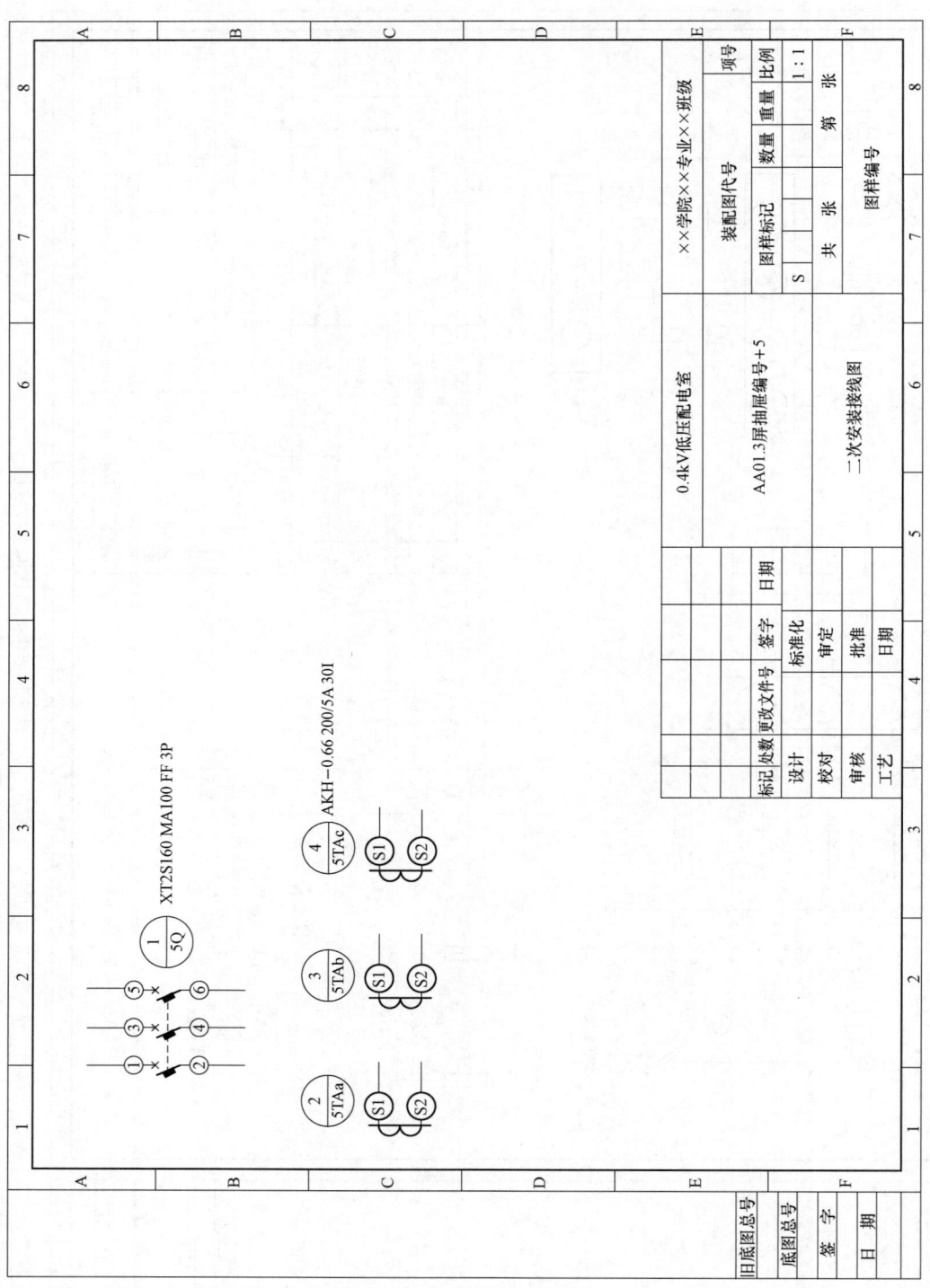

图 3-21 工艺接线图 1

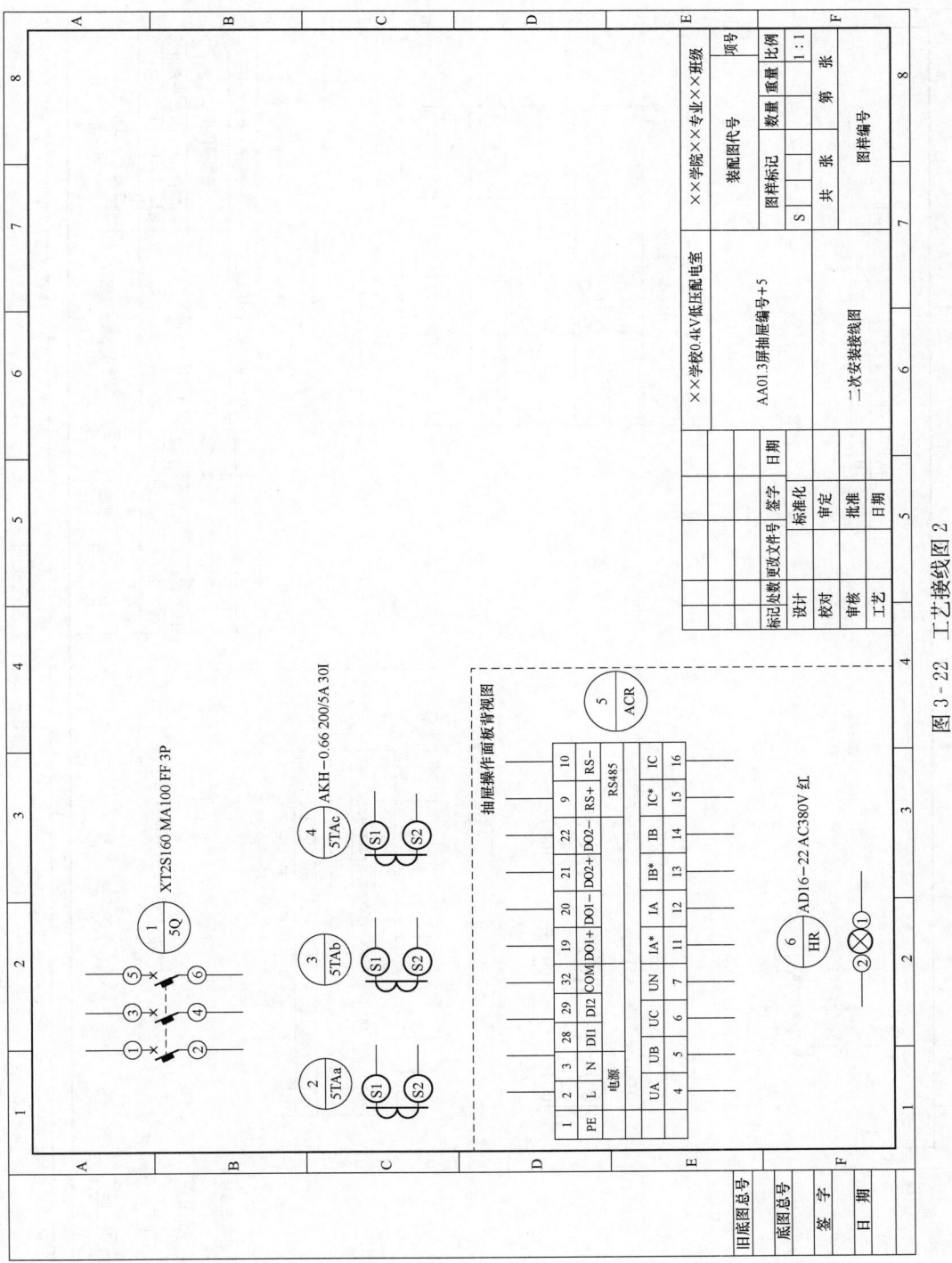

图 3-22 工艺接线图 2

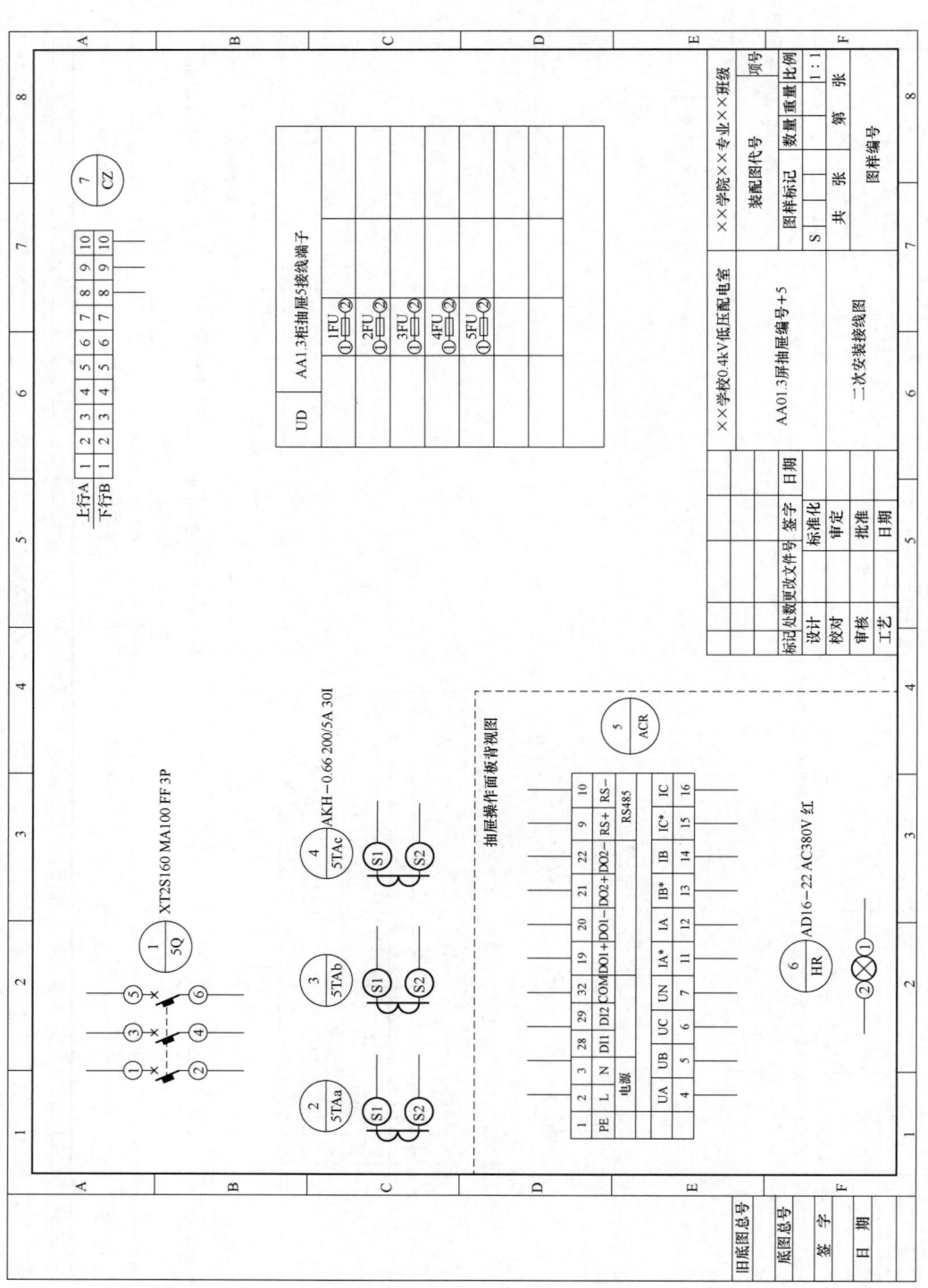

图 3-23 工艺接线图 3

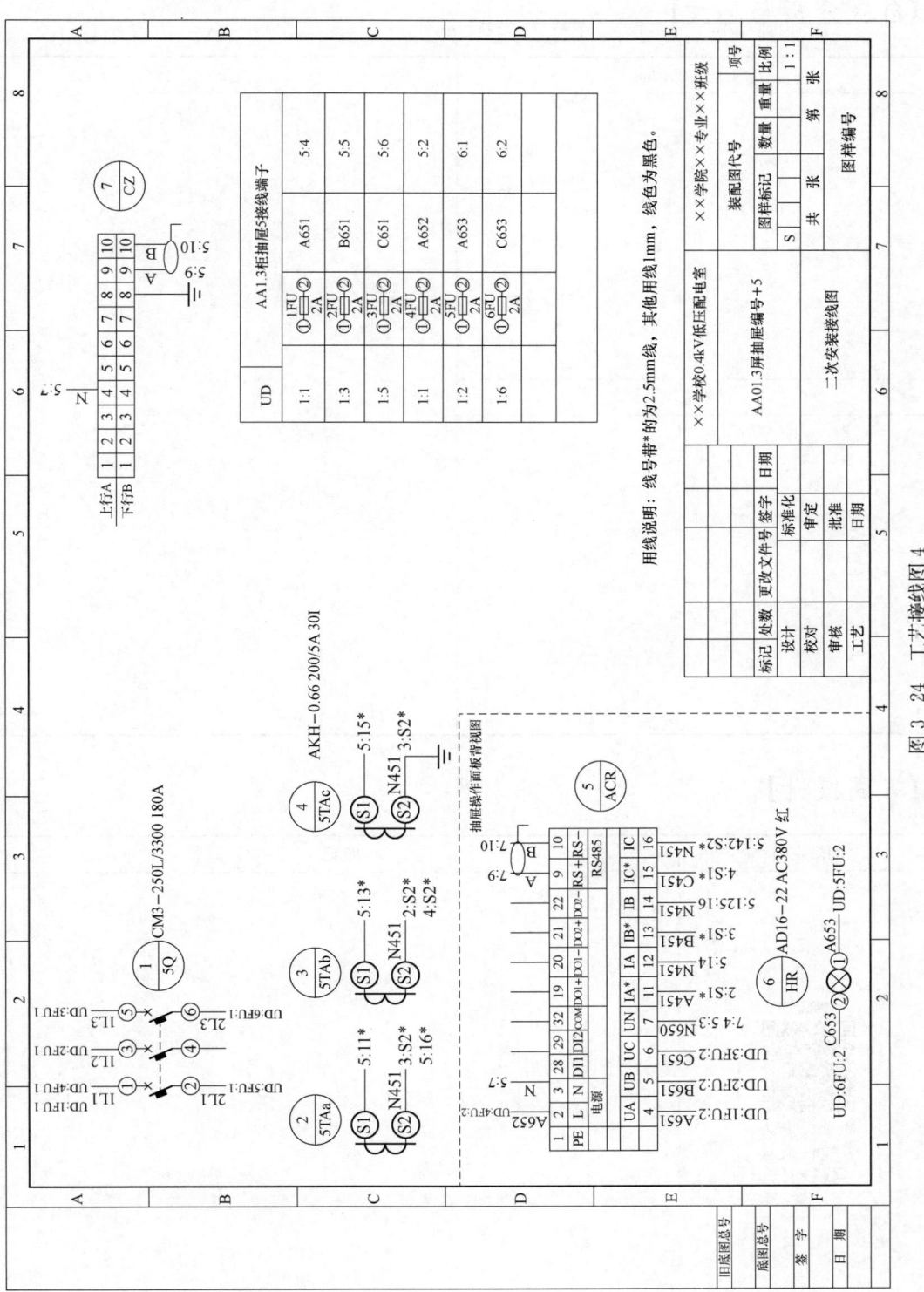

图 3-24 工艺接线图 4

## 【自我分析与总结】

| 学生学会的内容 | 笔记 |
| --- | --- |
|  |  |
| 学生总结 |  |
|  |  |

## 【巩固提升】

| 网络空间 | 笔记 |
| --- | --- |
| 二维码3<br>抽屉柜电力智能仪表接线设计 |  |

## 任务三　电能计量回路接线设计

### 任务描述

根据二次设备选型及电能计量功能要求，完成电能计量回路接线设计。计量回路包括电压采样和电流采样，接线设计要确保计量准确，功能达到要求。

### 任务目标

知识目标：
(1) 掌握电能计量装置的组成部分。
(2) 掌握电能计量回路的分类、作用。
(3) 掌握各类电能表的接线原理图。

能力目标：
(1) 能设计单相电能表接线。
(2) 能设计直接接入式三相四线电能表接线。
(3) 能设计经电流互感器接入的三相四线电能表接线。
(4) 能设计三相三线电能表接线。

态度目标：
(1) 培养主动学习、独立分析问题及解决问题的能力。
(2) 培养安全、标准、规范意识，养成接线设计严谨细致的习惯。
(3) 按照国家、行业、企业相关标准规范设计，节约资源、安全环保。

### 任务准备

(1) 领取任务工单。
(2) 仔细阅读本任务相关知识点，重点学习"相关知识"第二部分"电能计量回路接线"中关于注意事项、设计要求的描述。
(3) 准备接线设计过程中所需的工具及设计图纸。

### 任务实施及评价

任务实施及评价见表 3-9。

表 3-9　　　　　任 务 实 施 及 评 价

| 序号 | 任务步骤 | 工作内容 | 分值 | 评分标准 | 扣分 |
| --- | --- | --- | --- | --- | --- |
| 1 | 前期准备 | (1) 领取任务工单； | 5 | (1) 未主动领取任务工作单，扣 1 分； | |

续表

| 序号 | 任务步骤 | 工作内容 | 分值 | 评分标准 | 扣分 |
|---|---|---|---|---|---|
| 1 | 前期准备 | （2）正确穿戴工作服、绝缘鞋；<br>（3）充分准备接线设计过程中所需的工具及设计纸 | 5 | （2）未正确穿戴工作服、绝缘鞋，每项扣1分；<br>（3）未充分准备接线设计过程中所需的工具及设计纸，每项扣1分 | |
| 2 | 电能计量回路接线图设计 | 电流采样回路设计：<br>（1）分析任务要求，采样单相电流还是三相电流，拟定电源、电能表、用户负荷三者间的电路连接关系，确定电流流入端和电流流出端的端子编号；<br>（2）需要经电流互感器接入电能表时，接线设计要正确画出电流互感器图形符号及同名端标志，并正确标出同名端与电流流入电能表的端子号；<br>（3）对于高压电流互感器二次回路有且仅有一点接地，需明确画出接地符号只有一个 | 30 | （1）未确定电能表电流流入端和电流流出端的端子编号，每处扣2分；<br>（2）未正确画出电流互感器图形符号及同名端标志，扣2分；<br>（3）未正确标出同名端与电流流入电能表的端子号，扣2分；<br>（4）未明确画出接地符号，扣5分 | |
| 3 | | 电压采样回路设计：<br>（1）分析任务要求，采样单相电压还是三相电压，拟定电源、电能表、用户负荷三者间的电路连接关系，确定电压极性端和非极性端；<br>（2）需要经电压互感器接入电能表时，接线设计要正确画出电压互感器图形符号及同名端标志，并正确标出同名端与电压接入电能表的端子号；<br>（3）对于高压电压互感器二次回路有且仅有一点接地，需明确画出接地符号只有一个 | 25 | （1）未确定电能表电压同名端和非同名端的端子编号，每处扣2分；<br>（2）未正确画出电压互感器图形符号及同名端标志，扣2分；<br>（3）未正确标出同名端与电压接入电能表的端子号，扣2分；<br>（4）未明确画出接地符号，扣5分 | |
| 4 | | 其他：<br>（1）按制图要求规范制图；<br>（2）写明设计人、审核人；<br>（3）写明设计日期 | 20 | （1）未按制图要求规范制图，每处扣1分；<br>（2）未写明设计人、审核人、设计日期，每项扣1分 | |

续表

| 序号 | 任务步骤 | 工作内容 | 分值 | 评分标准 | 扣分 |
|---|---|---|---|---|---|
| 5 | 现场清理 | （1）清理残留杂物；<br>（2）整理工具并归类存放；<br>（3）打扫工位桌面和地面卫生 | 10 | （1）未清理干净，扣4分；<br>（2）工具未整理、归类存放，扣4分；<br>（3）工位未打扫，扣2分 | |
| 6 | 职业素养 | （1）精益求精、严谨细致、爱岗敬业、诚实守信、主动参与、环保安全；<br>（2）分工明确、控制有效、不违规操作、防止工器具遗失 | 10 | 任意一项不满足，扣2分 | |
| 实施人员 | | | 最终得分 | | |

评分员确认签字：

_____年_____月_____日

## 相关知识

### 一、电能计量装置介绍

（一）电能计量装置的组成及作用

电能是一种特殊商品，其特点是发、供、用同时进行。发电厂、供电企业和用电户共同组成的电力系统，三者相互之间需对电能量进行计量及贸易结算，计量采用的装置，称为电能计量装置。电能计量装置的主要部件包括电能表、计量专用电流互感器和电压互感器、互感器与电能表之间的二次回路。电能计量装置的附属部件包括联合接线盒、失电压断流计时仪、铅封、电能计量箱（柜）、电能量集抄设备（集中器、采集器或采集终端）。

目前，城乡广大居民客户推行一户一表、分时电价；集中客户推行集中抄表；特定客户推行预付费电能表，变电站实行远方抄表。因此，整个电力市场中电能计量装置的数量、类型在近几年间骤增，新技术含量大幅度提高，电能计量在电力市场中地位显著提高。

（二）智能电能表

1. 作用功能

智能电能表是一种应用计算机、通信技术等技术，形成以智能芯片（如CPU）为核心，具有电功率计量计时、计费、与上位机通信、用电管理等功能的电能表。

智能电能表由于采用了电子表技术，可以通过相关的通信协议与计算机进行联网，通过编程软件实现对硬件的控制管理。智能电能表体积小、功能多，具有电能计量、通信远传控制、复费率、恶性负荷识别、反窃电、预付费用电、事件记录等功能，而且可以通过修改控制软件中的不同参数，来满足不同控制功能。

对供电公司而言，采用智能电能表可省去人工抄表的成本，并且有利于反窃电，减少因窃电导致的损失。除此之外，供电公司利用智能电能表取得客户的用电量资料后，再通过线上方式供用户查询参考，客户可据以优化用电的时间（因尖峰时段费率高），做好能效管理，节省电费成本。对社会而言，智能电能表有助用户节约用电、提高能效，达到节能减碳，助力"双碳"目标实现。

2. 结构原理接线

（1）智能电能表结构。智能电能表通常由电流采样电路、电压采样电路、计量芯片、MCU、显示部分、接口部分、电源部分、外壳等部分组成。

（2）智能电能表工作原理。智能电能表主要是由电子元器件构成，其工作原理是先通过对用户供电电压和电流的实时采样，再采用专用的计量芯片对采样电压和电流信号进行处理，并转换成与电能成正比的脉冲输出，最后通过单片机进行处理、控制，将脉冲显示为用电量并输出。

智能电能表工作原理如图 3-25 所示。

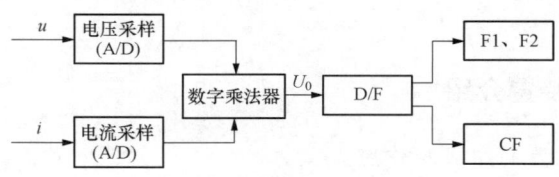

图 3-25 智能电能表工作原理图

（三）计量专用互感器

1. 计量专用电压互感器

高压计量柜中电压互感器可将电网一次侧的高电压变换成二次侧低电压接入计量装置中，它是一次系统和二次系统的联络单元，其符号及应用接线如图 3-26 所示。电压互感器的一次绕组接入电网，二次绕组分别与计量仪表等连接。电压互感器、电流互感器与功率表、电能表配合可以测量一次系统的功率、功率因数和电量。电压互感器性能的好坏直接影响到电力系统计量的准确性。

2. 计量专用电流互感器

高压计量柜中电流互感器可将电网一次侧的大电流变换成二次侧小电流接入计量装置中，它是一次系统和二次系统的联络单元，其符号及应用接线如图 3-27 所示。电流互感器的一次绕组接入电网，二次绕组分别与计量仪表等连接。电流互感器与电压互感器、功率表和电能表配合可以测量一次系统的功率、功率因数和电能。电流互感器性能的好坏，直接影响到电力系统计量的准确性。

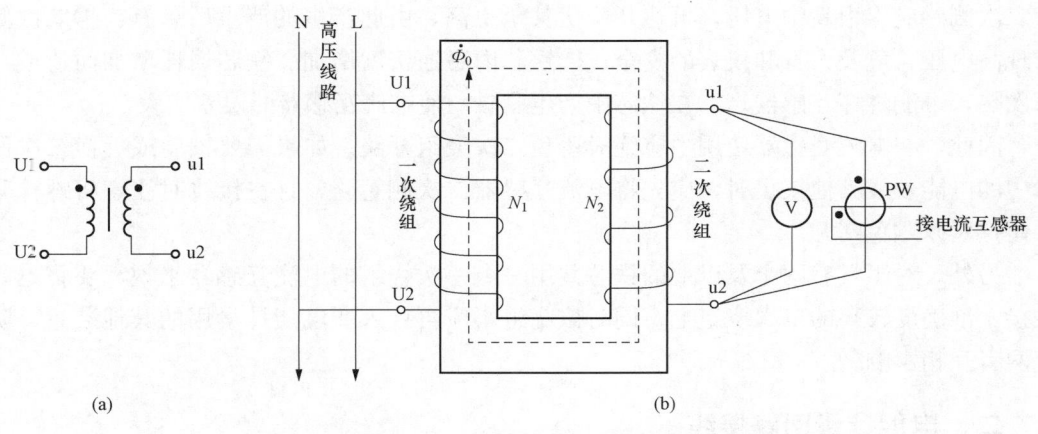

图 3-26 计量专用电压互感器
(a) 图形符号；(b) 应用接线

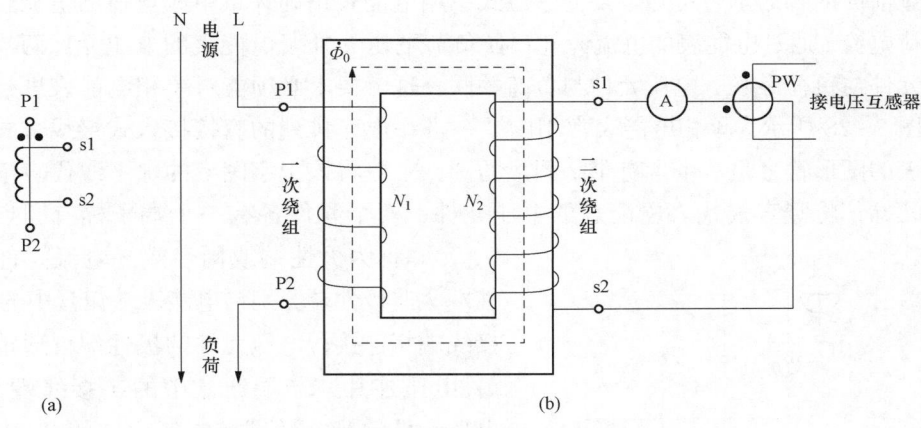

图 3-27 计量专用电流互感器
(a) 图形符号；(b) 应用接线

使用电流互感器的注意事项：

（1）极性连接要正确。电流互感器的极性一般是按减极性标注的。接线时如果极性连接不正确，不仅会造成计量错误，而且当同一线路有多个电流互感器并联时，还可能造成短路故障。

（2）二次回路应设保护性接地点。为防止电流互感器一、二次绕组之间绝缘击穿时高电压窜入低压侧危及人身安全和损坏仪表，其二次回路应该设置保护性接地点，且接地点只有一个，一般是经靠近电流互感器端子箱内的接地端子接地。

（3）运行中二次绕组不允许开路。正常工作时，电流互感器铁芯中工作磁通密度不大，二次绕组电动势也不大。当二次绕组开路时，二次侧电流 $I_2=0$，此时 $I_2$ 的去磁作用消失，一次侧电流 $I_1$ 全部用于励磁，使铁芯中的磁感应强度和磁通密度急剧增加而达到饱和状态。在开路的情况下，当 $I_1$ 为额定电流时，铁芯中的磁通密度将很高，这样会在二次侧感应出很高的电压,可达几千伏甚至更高,由此产生的严重后果有:①二次侧出现高电压,危及人身和仪表的安全;②铁芯内磁通密度增加、铁芯损耗增加而造成严重发热,可能烧坏互感器;③在铁芯中产生剩磁,使电流互感器的误差增大。

因此,在电流互感器使用中应绝对避免二次绕组开路。如果需要校验或拆换二次回路中的电能表或其他仪表时,应先将电流互感器二次侧短路,且在接线时注意将螺栓和端钮拧紧以避免断开。

另外,对于具有两个及以上的铁芯共用一个一次绕组的电流互感器来说,要将电能表接于准确度较高的二次绕组上,同时该绕组不应再接入非电能计量用的其他装置,防止两者互相影响。

## 二、电能计量回路接线

(一)单相电能表的接线

通过前面内容的学习可知,要使感应式单相电能表正确计量单相负荷的电能,就必须使负荷电流 $i$ 通过电能表的电流元件;使负荷电压 $u$ 加于电能表的电压元件两端,即使电流元件与负荷串联、电压元件与负荷并联。这就要求必须能对单相电能表进行正确接线。图3-28所示为单相电能表常用的"一进一出"排列的直接接入式接线方式。图中电能表的图形符号是一个含有十字图形的圆,一般将该十字图形的水平线代表电能表的电流元件,将竖直线代表电能表的电压元件,两个元件各有一个端子标有圆点(或"*"),称为极性端或同名端。电流元件的极性端、非极性端分别与电能表端钮盒中的1、2接线端相连接;电压元件的极性端可通过连片(称电压连片)与端钮盒中的1接线端相连,电压元件的非极性端与端钮盒中的3、4接线端相连接,显然3、4端在表内是相连的,属于同一个端子。当将电源侧的相线接入端钮盒第1孔接线端子上,其出线接在端钮盒第2孔接线端子上;将电源侧的中性线接入端钮盒的

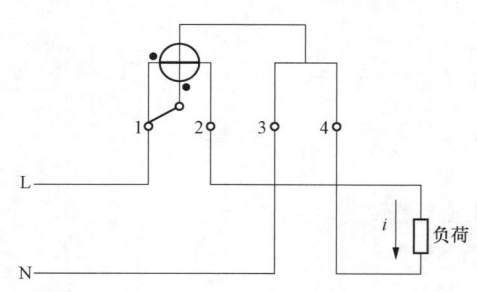

图3-28 单相电能表"一进一出"排列的直线接入式接线方式

第3孔接线端子上,其出线接在端钮盒的第4孔接线端子上,并将电压连片与1端可靠连接,即可保证单相电能表能够正确计量其单相负荷的电能。

(二)三相四线直接接入式电能表接线

三相四线电路的总电能等于A、B、C三相电路电能之和,所以不论三相电压或三相电流是否对称,均可采用"三元件"型电能表,按每个元件计量一相的原则将电能表的三组驱动元件接入三相四线电路,如图3-29所示。三个元件产生的驱动力矩共同作

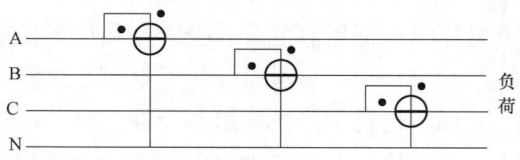

图3-29 三相四线直接接入式电能表接线

用在一个转轴上，并由一个计度器指示三相电路消耗的总电能。这时电能表的计度器上可直接读出被测三相四线电路的总电能。

（三）低压三相四线电能表经电流互感器的接线

对低压供电的用户，其负荷电流为 60A 以上时，电能表宜采用经电流互感器接入，如图 3-30 所示。

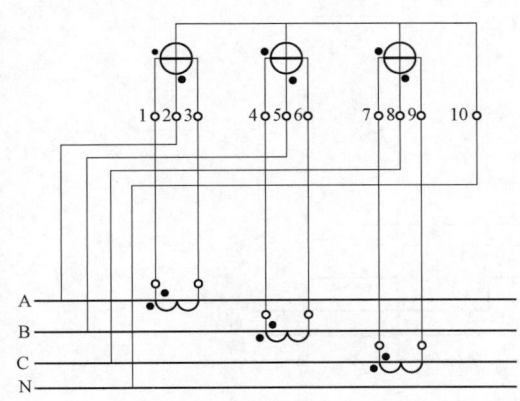

图 3-30 低压三相四线电能表经电流互感器接线

电流互感器二次侧额定电流一般采用 5A 和 1A 两种，当额定电压为 330kV 及以上时，选用二次侧额定电流为 1A 的电流互感器，对应的电能表选择 0.3（1.2）A；其他电压等级时，选用二次侧额定电流为 5A 的电流互感器，对应的电能表选择 1.5（6）A。

接线说明：

低压三相四线电能表经电流互感器接入被测电路时，有 10 个接线端，其中 1、4、7 三个端子分别连接 A、B、C 相电流互感器二次侧极性端，3、6、9 三个端子分别连接 A、B、C 相电流互感器二次侧非极性端。2、5、8、10 四个端子通过导线分别与 A、B、C 相线及中性线相连接。因为是低压，所以电流互感器二次侧不必接地。

（四）高压三相四线电能表经电压、电流互感器的接线

图 3-31 所示的高压三相四线电能表经 YNyn 接线的电压互感器和三个电流互感器的接线，计量中性点直接接地。高压电能表额定电压一般为 100V 或 $100/\sqrt{3}$V。因为是高压，所以电流互感器二次侧必须接地。

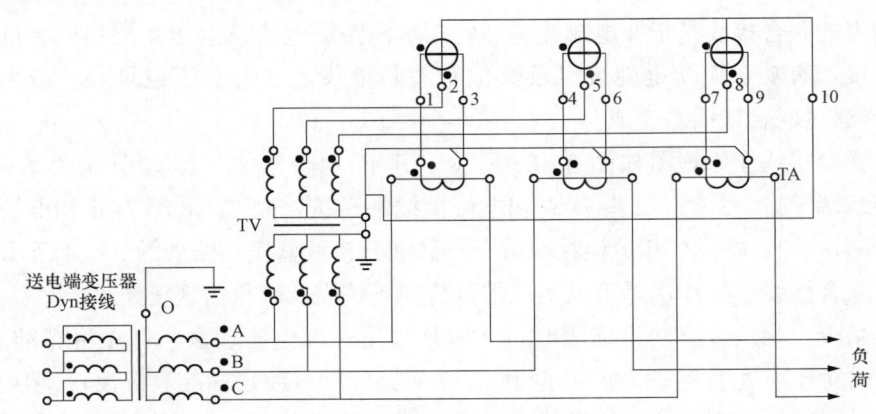

图 3-31 高压三相四线电能表经互感器的接线

## (五) 高压三相三线电能表经电压、电流互感器的接线

图 3-32 所示为高压三相三线电能表经 Vv 接线的电压互感器和两个电流互感器的接线。这是三相三线电能表常用接线方式，用于计量中性点非直接接地的高压三相三线系统中的电能。因为是高压，所以电流互感器二次侧必须接地。

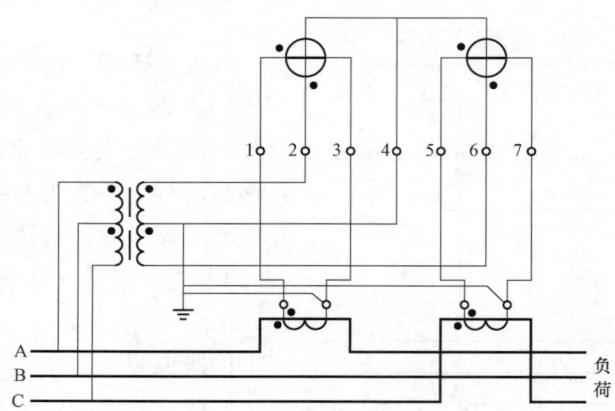

图 3-32　高压三相三线电能表经电压、电流互感器的接线

接线说明：

(1) 高压三相三线电能表经电压、电流互感器接线多用于中性点非直接接地系统，如 10、35kV 系统。其中电压互感器采用两台单相电压互感器按 Vv 接线方式接线；A、C 两相电流互感器采用分开接线方式。

(2) 电能表有 7 个接线端，其中①、⑤端分别连接 A、C 两相电流互感器二次侧极性端，3、7 端分别连接 A、C 相电流互感器二次侧非极性端。2、4、5 三个端子分别与电压互感器二次侧 A、B、C 相连接。

## (六) 电能表的联合接线

电能表的联合接线是指在电流互感器的二次回路或电流、电压互感器两者的二次回路中同时接入有功、无功电能表以及其他有关测量仪表（失电压记录表、最大需量表等），通常通过联合接线盒完成。

(1) 联合接线盒原理图如图 3-33 所示，其中，1、5、9、13 端分别为 A、B、C、N 电压接线端子排，2、3、4 端为 A 相电流接线端子排，6、7、8 端为 B 相电流接线端子排，10、11、12 端为 C 相电流接线端子排。联合接线盒实物图如图 3-34 所示。

(2) 联合接线盒的作用是可以实现带负荷现场校表及带负荷现场换表。

当现场校三相三线有功电能表时，一般是采用标准电能表法。可先将标准表的 A、B 相电流元件分别接于 2、3 短路片间和 6、7 短路片间（注意标准表极性），然后将两个短路片断开，使标准表的 A、C 相电流元件分别与被校表 A、B 相电流元件串联。再将标准表的 A、B、C 三个电压端子连接到 1、5、9 电压接线端，使标准表的电压元件便与被校表的相应电压元件并联。

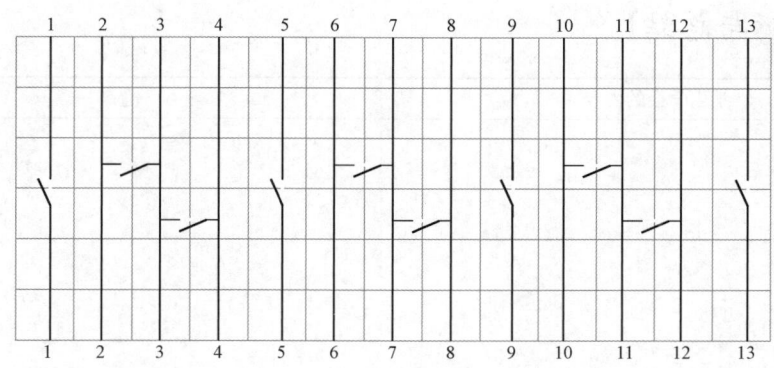

图 3-33 联合接线盒示意图

图 3-34 联合接线盒实物图

现场换三相三线有功电能表时（见图 3-33），可将 3、4 间短路片和 7、8 间短路片分别短接，将 1、5、9 电压接线连片断开，被换表即退出运行。换上新表，接好表线后，再将 3、4 间短路片和 7、8 间短路片分别断开，将 1、5、9 电压接线连片连好，即完成了带负荷换表。

# 智能供配电系统安装调试与运维

## 【自我分析与总结】

| 学生学会的内容 | 笔记 |
|---|---|
|  |  |
| 学生总结 |  |

## 【巩固提升】

| 网络空间 | 笔记 |
|---|---|
| 二维码4<br>电能计量回路接线设计 |  |

# 项目四

# 智能供配电设备装配

## 【项目描述】

本项目包括三个任务,分别为装配工具及装配耗材的选用、低压馈线抽屉单元装配和电能计量回路装配。通过本项目的学习,能按照设计图纸进行常见的智能供配电设备装配。

## 【项目目标】

(1)掌握常用装配工具、装配耗材的种类和选用。
(2)掌握馈线抽屉单元配线安装要求。
(3)掌握电能计量回路安装要求。
(4)能按照要求正确装配典型电路。
(5)培养操作安全意识和精益求精、严谨细致的工作习惯。

## 任务一 装配工具及装配耗材的选用

### 任务描述

为本书中项目四任务二和任务三选择合适的装配工具和装配耗材。

### 任务目标

知识目标:
(1)熟悉常用装配工具和装配耗材的种类和作用。
(2)掌握常用装配工具和装配耗材的选择和使用方法。
能力目标:
(1)能够正确地选用常用装配工具和装配耗材。
(2)能够正确地使用常用装配工具和装配耗材。
态度目标:
(1)理解并遵守职业标准,提升学生职业荣誉感和自我认可,激发学生学习兴趣。

(2) 培养严谨的做事原则和高度负责的工作态度,树立牢固的安全意识。
(3) 培养学生主动探究未知的精神,提高独立分析问题和解决问题的能力。

## 任务准备

(1) 仔细阅读浏览本任务相关知识点,接受实训任务。
(2) 熟悉常用装配工具和装配耗材。
(3) 熟悉分配到的任务要求和内容。

## 任务实施及评价

任务实施及评价见表4-1。

表4-1　　　　　　　　　　任务实施及评价

| 序号 | 任务步骤 | 工作内容 | 分值 | 评分标准 | 扣分 |
|---|---|---|---|---|---|
| 1 | 前期准备 | (1) 领取任务;<br>(2) 正确穿戴工作服、绝缘鞋、劳保手套;<br>(3) 认真熟悉任务 | 10 | (1) 未主动领取任务,扣1分;<br>(2) 未正确穿戴工作服、绝缘鞋、劳保手套,每项扣1分;<br>(3) 未正确分析任务,每项扣1分 | |
| 2 | 小组分工 | 根据任务要求,由组长组织小组成员,分配并接受任务 | 10 | (1) 没有小组分工清单,扣5分;<br>(2) 小组分工清单任务不清晰明确,根据情况扣1~5分 | |
| 3 | 整理清单并提交 | (1) 按照任务要求准备任务实施所需的工具和装配耗材;<br>(2) 检查所需工具是否齐全,型号规格是否匹配,功能是否完备 | 15 | (1) 未按时提交工具和装配耗材清单,扣10分;<br>(2) 清单不规范,扣1~5分 | |
| 4 | 清单评定 | (1) 装配工具和装配耗材选用正确;<br>(2) 装配工具和装配耗材型号规格正确 | 55 | 工具和装配耗材选用错误、多选或少选,每项扣5分 | |
| 5 | 职业素养 | (1) 严谨细致,爱岗敬业,主动参与;<br>(2) 遵守纪律,团结协作,诚实守信 | 10 | 任意一项不满足,扣2分 | |
| 实施人员 | | | 最终得分 | | |

评分员确认签字:

＿＿＿＿年＿＿＿＿月＿＿＿日

## 项目四　智能供配电设备装配

### 相关知识

#### 一、装配常用工具

**1. 螺钉旋具**

螺钉旋具（俗称螺丝刀、起子、改锥），如图 4-1 所示。按其头部的形状分为一字形和十字形两种，柄部用木料或塑料制成。

一字形螺钉旋具的规格是以柄部除外刀体的长度表示，常用的有 100、150、200、300、400mm 五种。十字形螺钉旋具是用刀体长度和十字槽规格号表示。十字槽规格为：Ⅰ号适用于螺钉直径为 1～2.5mm；Ⅱ号适用于螺钉直径为 3～5mm；Ⅲ号适用于螺钉直径为 6～8mm；Ⅳ号适用于螺钉直径为 10～12mm。

一般的螺钉旋具不能用于带电作业。使用时螺钉旋具的刀口与螺钉槽相适应，不要凑合，不能超范围、超负荷使用。例如，不能用小型螺钉旋具拧大型号的螺钉，或用螺钉旋具代替凿子使用。

图 4-1　螺钉旋具

**2. 多功能压接剥线钳**

剥线钳由刀口、压接口和钳柄组成，剥线钳的钳柄上套有额定工作电压 500V 的绝缘套管。

如图 4-2 所示，多功能压接剥线钳比普通剥线钳功能更多，它具有剥线、削线、剪切、分线、绕线和压线的功能。可用于剥除线芯截面积为 6mm² 以下的塑料或橡胶绝缘导线的绝缘层。多功能压接剥线钳的刀口有多个直径的切口，可适应不同规格的线芯剥削。使用时应将导线放在大于线芯直径的切口上剥削，以免剥伤线芯。多功能压接剥线钳还可以用于压接线鼻子，多功能压接剥线钳的压接口一般有两个直径的压接口，以适应不同规格的线鼻子压接。在使用时将线鼻子放入合适的压槽内进行压接。

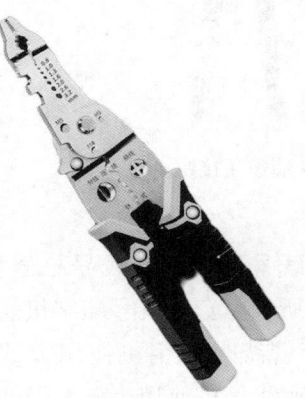

图 4-2　多功能压接剥线钳

**3. 叉形圆形接线端子压接钳**

叉形圆形接线端子压接钳由压接口与塑料钳柄组成，如图 4-3 所示。根据压接钳选择不同，其压接对象为不同直径范围的叉形和圆形接线端子。叉形圆形接线端子压接钳按人体力学设计，采用了省力棘轮结构，小巧玲珑。具体使用方法如下：

（1）剥出线芯，长度与冷压端子的导线截面长度相等即可。

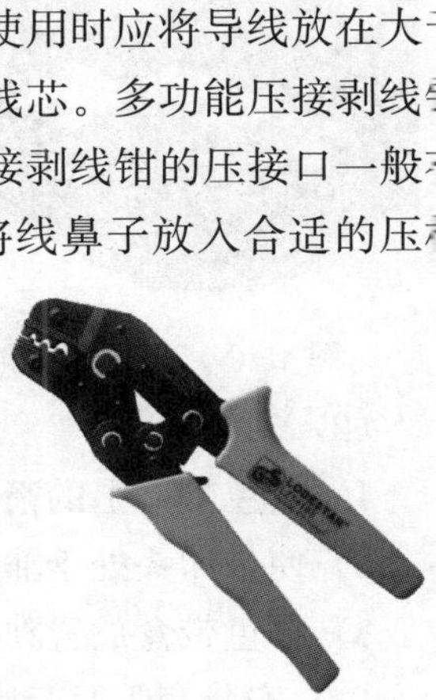

图 4-3　叉形圆形接线端子压接钳

(2) 线芯套上冷压端子，选择合适的端子凹槽，钳子的尖头部对着冷压端子导线界面背面，钳孔 U 形槽对着冷压端子导线界面开口的一面。

(3) 一手扶着接线端子防止脱落，一手用力按压。注意按压时松紧适中，如果太紧会造成线芯断裂，从而造成开路状态。

4. 管形接线端子压接钳

管形接线端子压接钳如图 4-4 所示。它采用四边均匀压接技术，可进行齿轮调节压接值，棘轮式结构复位压接轻松省力。

5. 裸端子压接钳

裸端子压接钳如图 4-5 所示，齿口为单齿，压裸端子时，利用凹凸齿口压合一处。预绝缘端子压接钳采用双齿口，压接时同时压合电线上的芯线部分和包覆层部分两处，压接位置如图 4-17～图 4-19 所示。

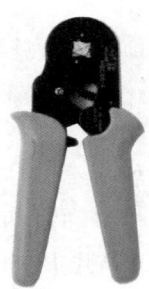 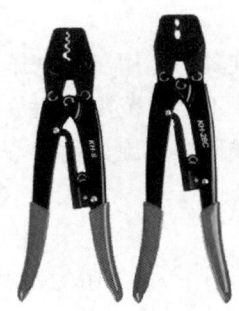

图 4-4　管形接线端子压接钳　　　图 4-5　裸端子压接钳

图 4-6　套管线号印字机

6. 套管线号印字机

套管线号印字机又称线号印字机、线号打号机、线号打码机等，如图 4-6 所示。套管线号印字机属于工业专用打印机，一般套管线号印字机使用方式类似。下面以立码 LK-302 型线号机使用为例，说明使用方法。

(1) 开机，用电源线连接套管线号印字机和插座，在套管线号印字机侧面有标有"I/O"的按钮，开机即可。

(2) 安装色带。

1) 按色带盒上的箭头方向卷紧色带，使色带平展。

2) 使打印头处于非打印状态。

3) 将色带盒放置在线号印字机标明的地方。

(3) 安装套管及套管调整器。安装套管时，套管正面朝上，将其自右向左装入套管调整器。安装套管调整器步骤如下：

1) 打开上盖。
2) 轻轻地将套管调整器右侧的卡舌插入线号印字机上打印材料固定座内的卡槽中。
3) 压下套管调整器直到左侧的卡舌"咔"的一声就位。
4) 关闭上盖。

（4）打印。

1) 安装套管及套管调整器之后，选择套管，按"Enter"按钮，进入套管规格选择界面，屏幕将显示两行内容，第一行为"请选择套管直径"，第二行为"1.0 4.0 6.0"：

2) 按照已安装的套管规格用"→""←"做出正确选择。按"Enter"按钮，进入文档输入界面，即可进行内容编辑。

3) 输入字母、中文字或符号，例如，依次输入S、U、P、V、A、N，则屏幕显示：1：SUPVAN。

4) 按"Enter"按钮，下一段自动生成，屏幕将显示下一段的样式。

5) 再输入"套管"则为"2：套管"。

6) 按"打印"按钮，将已输入的内容自动打印出来，并自动半切和全切；打印过程中 LCD 将显示"打印中…"，打印完毕后，自动返回文档输入界面。

7. 万用表

万用表又称多用表，分为数字式和机械式（又称指针式）两种，图4-7所示为数字式万用表。装配过程中主要用于查线，查线时选择蜂鸣挡检查接线的通断情况。每次使用完毕，应将转换开关拨到 OFF 挡，以免造成仪表损坏。长期不用时，应将万用表中的电池取出。

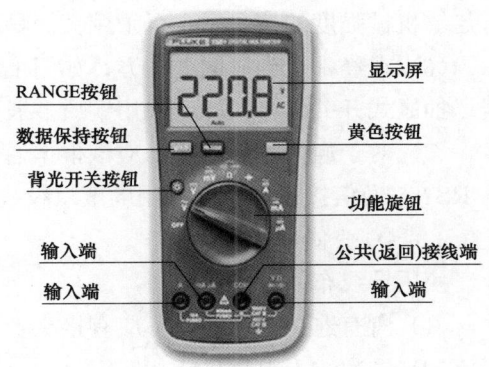

图4-7 数字式万用表

## 二、导线的选择与使用

1. 导线的选择

常用导线有裸导线、电磁线、绝缘导线、通信电缆等。绝缘导线具有绝缘包层，种类繁多。按绝缘材料分有橡皮的、聚氯乙烯（也称PVC）的；按颜色分有黑线和色线；按线芯材料分常用的有铜芯和铝芯；按线芯结构分为单芯和多芯；按线芯股数分单股和多股；按线芯硬度分为硬线和软线。在导线型号里："B"表示平行多芯线，"S"表示绞型多芯线，"R"表示软线，"L"表示铝芯，"T"表示铜芯（通常不标），"V"表示聚氯乙烯绝缘，"X"表示橡皮绝缘等。

盘、柜内进行配线时，各连接导线的机械强度及电气性能应满足安全经济运行的要求。导线的机械强度及电气性能与其材料及截面积有关。下面介绍具体要求：

（1）盘、柜内的母线常有硬母线和绝缘母线两种，通常硬母线选用矩形铜母线或矩形铝母线，也可选用绝缘母线，其母线截面积根据通过电流的大小选择。

（2）一次绝缘导线若有相序，则按要求选择色线，若无相序则一般选择黑线。导线截面积按照产品制造规范或载流量大小进行选择，一次回路导线最小截面积不小于 $2.5 mm^2$。

（3）二次绝缘导线的颜色若无特殊要求均采用黑色（如果图纸或元器件等另有要求时，按图纸或元器件等有关要求选用导线颜色），通常采用多股铜芯绝缘导线。电流回路的铜芯绝缘导线截面积不应小于 $2.5 mm^2$，电压回路的铜芯绝缘导线截面积不应小于 $1.5 mm^2$。安全接地采用黄绿双色导线，截面积不小于 $2.5 mm^2$。

（4）电能计量柜中的计量元件，其电流回路导线截面积不小于 $4mm^2$；其电压回路导线截面积不小于 $2.5 mm^2$，导线颜色必须采用相序颜色。

（5）对于电子元件回路、弱电回路，当采用锡焊连接时，在满足载流量和电压降及有足够机械强度的情况下，可采用截面积不小于 $0.5 mm^2$ 的铜芯绝缘导线。

（6）在经常受到弯曲的地方，如门上电器与柜内的连线，应使用多股塑料绝缘软导线。抽屉式开关设备同样应采用铜质多股塑料绝缘软导线（BVR）。

（7）对于通信控制回路，应该根据通信接口类型选择不同的连接电缆。例如，标准的 RS485 通信接口，必须采用屏蔽双绞线，推荐型号为 RVSP2×0.5。

2. 导线的使用

使用导线布线时应注意：

（1）所有连接导线中间不应有接头。

（2）二次线不得从母线相间穿过。

（3）同一平面的导线应高低一致，不能交叉。必须交叉时，则应遵循少数导线跨越多根导线、细导线跨越粗导线的原则，水平架空跨越，走线合理。

（4）布线时严禁损伤线芯和导线绝缘。一相绝缘不触及另一相导体，一相绝缘不与另一相接线柱接触。

（5）接线完成后，须将各根引线进行归纳捆绑成引线束，原则要求引线束在箱、柜体内，不得接触到螺钉等可能破坏引线的部件；且线束应横平竖直，弯曲弧度要自然平滑（弯曲半径应不小于 3 倍的导线外径，避免急弯、直角弯），配置牢固，层次分明，整齐美观。

### 三、端头的分类与制作工艺

1. 端头的分类

端头有两种类型：裸端头和预绝缘端头。两种端头都属于冷压端头，用于导线两端与螺钉相连的部分。裸端头在空间受限的接线环境中表现出色，能够保持电气间隙的隔离状态，而且不会受到设备运输和操作的干扰。预绝缘端头绝缘效果良好，对绝缘性有要求的设备上经常用到。

(1) 裸端头。裸端头根据端头的形状、尺寸不同,型号则有所不同。以圆形裸端头为例,头部是一个圆形,尾部是个圆柱形,外观呈现一个O形,称之为OT裸端头,如图4-8(a)所示;而外观呈现一个U形的,称为UT裸端头,如图4-8(b)所示。OT裸端头和UT裸端头在导线接线位紧密相邻时,它能提高绝缘安全度并防止导线分叉,可使导线更容易插入端头。

OT裸端头型号OT1.5-3含义:OT为圆形裸端头系列,1.5是指端头适用插入导线截面积为1.2~1.5mm$^2$,3是指圆形头部内圆直径约为3mm。UT裸端头型号UT1.5-3含义:UT为叉形裸端头系列,1.5是指端头适用插入导线的截面积为1.5mm$^2$,3是指U形开口尺寸约为3mm。在本书安装任务中,按钮、指示灯、低压电流互感器多采用U形开口尺寸为4mm的UT裸端头。

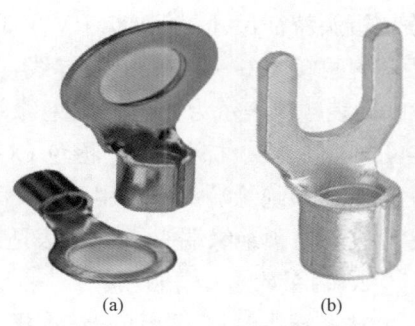

图4-8 裸端头
(a) OT裸端头;(b) UT裸端头

(2) 预绝缘端头。预绝缘端头的外表有绝缘层护套,与端子的一半或者1/3,一般材质为PE和PVC。常见的预绝缘端头有圆形预绝缘端头、叉形预绝缘端头、片形预绝缘端头、针形预绝缘端头、管形预绝缘端头、插簧线耳母预绝缘端头、双线管形预绝缘端头等,如图4-9~图4-15所示。

图4-9 圆形预绝缘端头

图4-10 叉形预绝缘端头

图4-11 片形预绝缘端头

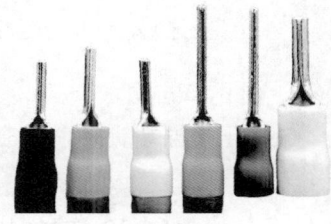

图4-12 针形预绝缘端头

图4-13 管形预绝缘端头

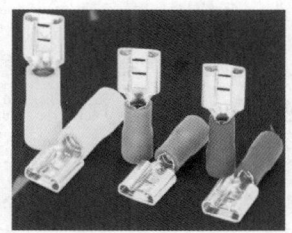

图4-14 插簧线耳母预绝缘端头

图4-15 双线管形预绝缘端头

根据端头及预绝缘的形状、尺寸、颜色不同,型号有所不同。型号中前面字母代表预绝缘端头的系列，字母后的数字一般代表适用的导线截面积大小，横杠号后面数字代表该端头特征尺寸。例如，RV2-3.5BU，RV 代表圆形预绝缘端子系列，2 代表导线截面积，可接 1.5～2.5mm² 的导线，3.5 代表其端头可接约 3.5mm 螺栓扣直径的螺栓，BU 代表颜色表示为蓝色。预绝缘端头的颜色有白色 WH、红色 RD、蓝色 BU、绿色 GN、灰色 BY、棕色 BN、橙色 OG、黑色 BK、象牙色 LV 等。

管形预绝缘端头通常用 ET 表示型号，另外的常见型号表示为 E1008 等。E1008 中，E 代表管型预绝缘端头，10 代表适用导线截面积 1.0mm²，08 代表铜管长度为 8mm。

2. 端头的选择与使用

选择端头时根据接线螺钉选择适用的端头形状使用。例如，圆形端头适用于接线螺钉固定，且螺钉突出端子孔的接线，以及非突出式端子孔的接线螺钉但可能对导线产生一定拉应力的导线；叉形端头适用于接线螺钉固定，且螺钉凹陷于端子孔的接线；插簧式母端头适用于接线端子为插片或两针式插入端子；片形端头适用于接线端子插入孔小，且接线端子为扳压式接线的端子；针形端头适用于接线端子插入孔为圆形，或非圆形插入口但接线端子压板为碗形的接线端子。常见接线螺钉适配端头如图 4-16 所示。

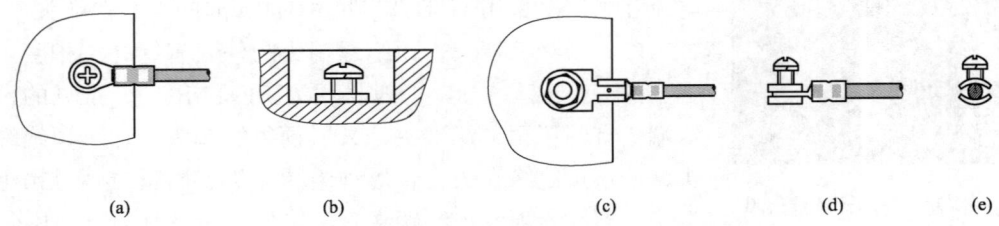

图 4-16 常见接线螺钉适配端头

(a) 圆形端头；(b) 叉形端头；(c) 插簧式母端头；(d) 片形端头；(e) 针形端头

3. 制作工艺要求

(1) 压接裸端头时，压痕应在端头圆柱形的焊接缝上，如图 4-17、图 4-18 所示。

图 4-17 OT 裸端头压接位置　　图 4-18 UT 裸端头压接位置

(2) 压接圆形预绝缘端头压痕应在筒中央的前后两边均匀压接，一端使端头与导线压接，另一端使绝缘管与导线绝缘层相吻合。预绝缘端头压接后，绝缘部分不能出现破损或开裂。管形预绝缘端头压痕应在端头的管部均匀压接。压接位置如图 4-19 所示。

(3) 导线芯插入冷压端头后，不能有未插入的线芯或线芯露出端子管外部以及绞线的现象，更不能剪断线芯，如图 4-20 所示。

(4) 冷压端头的规格必须与所接入的导线直径相吻合。

(5) 剥去导线绝缘层后，应尽快与冷压端头压接，避免线芯产生氧化膜或粘有油污。

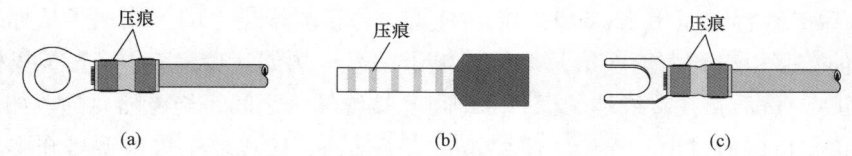

图 4-19 预绝缘端头压接位置

(a) 圆形预绝缘端头压痕；(b) 管形预绝缘端头压接部位；(c) 叉形预绝缘端头压痕

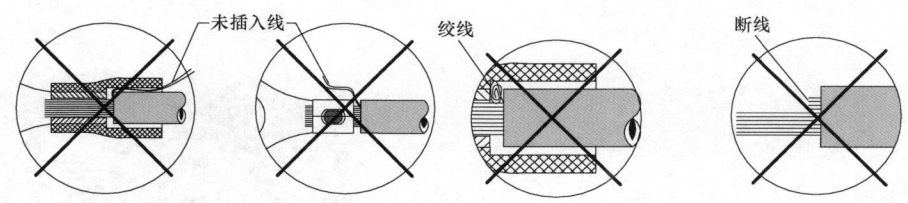

图 4-20 导线芯插入冷压端头错误示意图

(6) 压接后导线与端头的抗拉强度应不低于导体本身抗拉强度的 60%。不同端头与导线压接拉力负荷值要符合要求。

(7) 针形端头、片形端头和管形端头长度，应根据所接入的端子情况，接触长度应与端子相一致或至少长出压线螺钉，如图 4-21（a）所示；两个压线螺钉时（如电能表），其端头长度应保证两个螺钉均接触固定，如图 4-21（b）所示。图 4-21（c）所示为错误示范，不允许选择端头接触长度短于压线螺钉的情况。

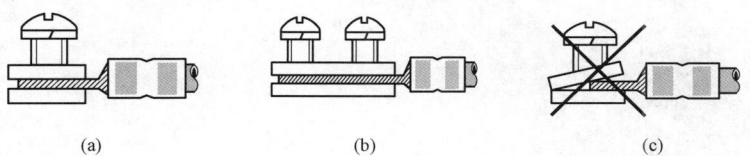

图 4-21 根据端子选择端头长度

(a) 一个压线螺钉压线；(b) 两个压线螺钉压线；(c) 压线错误示范

(8) 通常不允许两根导线接入一个冷压端头，因接线端子限制必须采用时，宜先采用两根导线压接的专用端头，否则宜选用大一级或大二级的冷压端头。

(9) 一个接线端子接入两个冷压端头时，应根据不同的端子接线形式，选择适合的冷压端头。

## 四、端子排的安装与使用

1. 端子排的分类

接线端子（以下简称端子）组件是二次接线中不可缺少的配件。许多端子组件组合在一起构成端子排。屏内设备与屏外设备之间、不同安装单位之间等的连接都是通过端子排来实现的。端子排一般是由标记座、接线端子、固定件三部分组成，可以采用多行或多列布置，不同行或不同列标记座的端子一般重新递增编号。例如，第一行标记座用

1X 标识,第二行标记座用 2X 标识,依次递增。每行端子排上的接线端子从标记座侧开始用阿拉伯数字由小到大依次给每个接线端子编号。例如,1X:5,首先查找标记座上的标识为 1X,然后查找接线端子标号 5 即可。接线端子之间是绝缘隔离的,如需端子等电位(短接)可以通过中心连接条使相邻的端子连通。接线端子规格型号众多,选型时标记座、接线端子、固定件配套选择。不同屏柜端子排编号可以相同。图 4-22 所示为端子排及配件图。

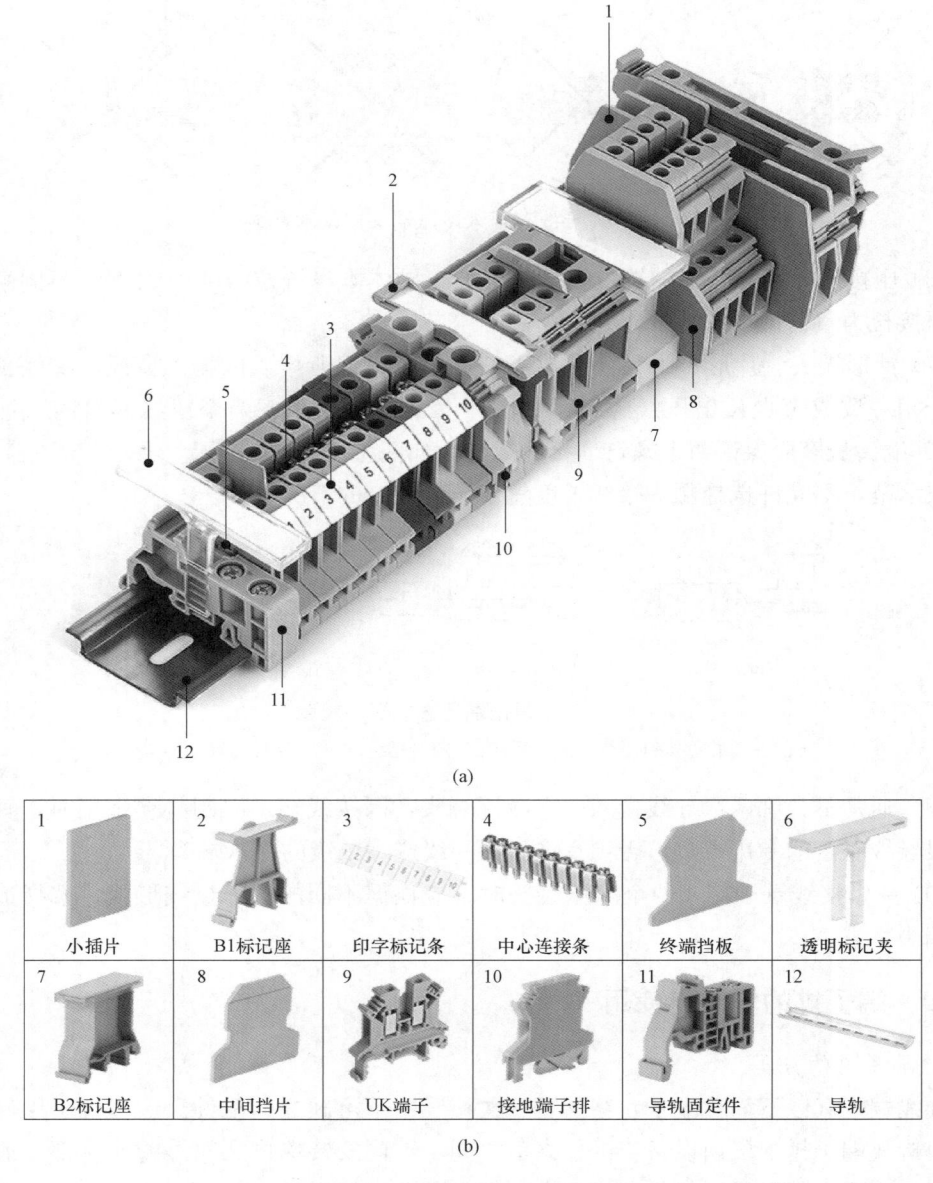

图 4-22 端子排及配件图
(a)端子排;(b)配件图

常用的端子组件类别与用途见表 4-2。

表 4-2　　　　　　　　　　　常用的端子组件类别与用途

| 名称 | 用途 |
| --- | --- |
| 一般端子 | 用于连接仪表或电气设备不同部分导线 |
| 连接端子 | 用于相邻端子横向连接 |
| 特殊端子 | 用于需要很方便地断开的回路中 |
| 试验端子 | 用于互感器二次回路中接入试验仪表以对电路中仪表进行测试 |
| 终端端子 | 用于固定端子或分隔不同安装单位的端子排 |
| 试验连接端子 | 可使两个以上试验端子相互连接，也可使试验端子与其他端子连接 |
| 开关端子 | 用于仪表和电气设备中作为隔离开关 |
| 熔断器端子 | 用于仪表或电气设备短路保护 |
| 标记端子 | 安装于端子终端或中间作为标注组别代号之用 |
| 接地端子 | 用于仪表或电气设备的接地 |
| 屏蔽端子 | 用于接入屏蔽导线 |
| 端子隔板 | 在不需标记的情况下作为绝缘隔板，用于增加绝缘强度和增加爬电距离 |

由于端子组件种类不同，其接线端子的导电片形状结构也会不同，如图 4-23 所示，展示了一般端子、连接端子、特殊端子及试验端子的导电片结构。

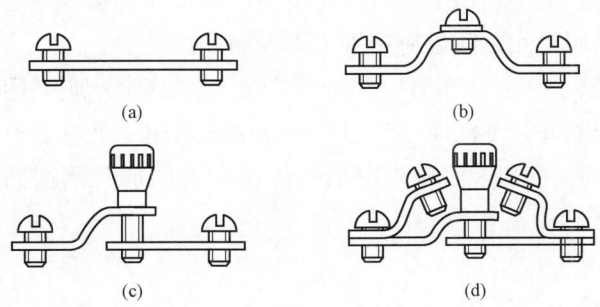

图 4-23　不同类型端子组件导电片结构
(a) 一般端子导电片；(b) 连接端子导电片；(c) 特殊端子导电片；(b) 试验端子导电片

2. 端子排的安装

(1) 端子排横向安装时，槽板宽边在下方；垂直安装时，槽板宽边在右方，如图 4-24 所示。

(2) 在固定安装式开关设备内，安装高度与开关设备底板的距离应不小于 200mm；在发电厂、变电站的开关设备内安装高度应不小于 350mm，并留有足够空间。

(3) 端子排应装在仪表门铰链的一侧。

(4) 供用户接线的一端应放置在便于接线、维修的一侧。一般情况下，垂直安装

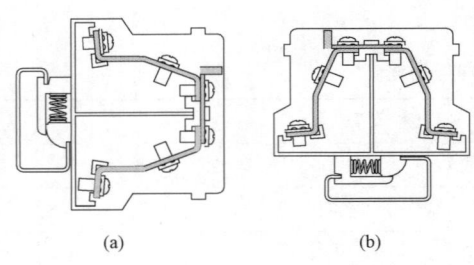

图 4-24 端子排的安装方向
(a) 垂直安装；(b) 横向安装

时，用户接线一端朝外；水平安装时，用户接线一端朝下。

(5) 安装于屏（柜）前、后一侧的端子排最小配线空间应不小于 75mm。同一侧两排端子间隔距离应不小于 100mm。

(6) 安装后的端子排应平直、整齐，两端应用固定件固定，端子不能有明显的松动和变形。

(7) 每个安装单位或单元应具有独立的端子排。同一屏（柜）上有几个安装单位时，各安装单位端子排的排列应与屏（柜）面布置相配合。

(8) 每个安装单位的端子排一般按交流电流回路、交流电压回路、信号回路、控制回路分组，并由上至下（或由左至右）排列。

(9) 在端子排的最后设 2~5 个空端子作为备用；条件许可时，各组或单元端子排之间也宜设 1~2 个备用端子。

(10) 电流回路应经过试验端子，其他需断开的回路宜经特殊端子或试验端子。试验端子应接触良好。

(11) 在端子排的始端和末端应装有连接端子和终端端子或端板。端子排的最后一只端子如果是开放的，则必须用端板封闭；不同外形尺寸的接线端子之间应用端子隔板隔开；同一端子排不同单元之间也应用端子隔板隔开。

(12) 强、弱电端子宜分开布置；当分开布置有困难时，应采用空端子隔开或采用加强绝缘的隔离端子隔开；不同电压等级的回路端子宜用一个空端子或隔离端子隔开。

(13) 正、负电源之间以及经常带电的正电源与合闸或跳闸回路之间，宜用一个空端子或隔离端子隔开。

3. 端子排的使用

(1) 连接接线端子时应注意：

1) 端子的连接应符合其接线能力，不同导线的接线拉力和压线螺钉拧紧力矩应符合要求。

2) 接线端子的紧固用螺栓和螺母除终端端子用于固定端子外，其他类型的接线端子不应作为固定其他零部件之用。

3) 在拧紧螺钉的过程中，应手扶持导线，避免接线座脚承受扭矩及安装轨道变形。

4) 每个接线端子每侧接线宜为 1 根导线，不得超过 2 根。插接式端子，不同截面积的两根导线不得接在同一端子；螺栓连接端子，接 2 根导线时，中间应加平垫片。

5) 2 根导线接于同一个端子时，端子的接线能力应满足其电路额定值，即端子的额定电流应大于两根导线总的工作电流。

6)通常多股铜芯导线应采用端头压接后与端子连接。

7)导线插入端子时应尽可能使线芯触到端子底部,连接牢固可靠。

8)连接端子的导线线芯不能露出端子外。

9)线芯插入端子时,导线插入方向应与端子孔接入方向一致;导线的弯曲应距离端子接线螺钉压片或端子接线管端部10mm以上。

(2)端子排的标识。

1)回路电压超过400V时,端子板应有足够的绝缘并涂以红色标志。

2)弱电端子与强电端子应采用不同颜色予以标识或区分。

3)端子排必须有序号标记,也可以采用标记性端子,每隔5个为一挡。端子排的序号应永久清晰。

4)保护接地端子的标志应能清楚且永久地识别。应尽量采用具有颜色标志(黄-绿双色)的专用保护接地端子。

### 五、标记套管的使用

(1)文字视读方向。如图4-25所示,标记套管处于水平方向或置于接线端子的左右两侧时,文字视读方向从左至右;标记套管处于垂直方向或置于接线端子的上下方向时,文字视读方向从下至上读字。标记套管处于不同角度方向时,文字视读方向视所在相位角而定:当套管方向在第1、3角时,文字视读方向从下至上读字;当套管方向在第2、4角时,文字方向从上至下读字。

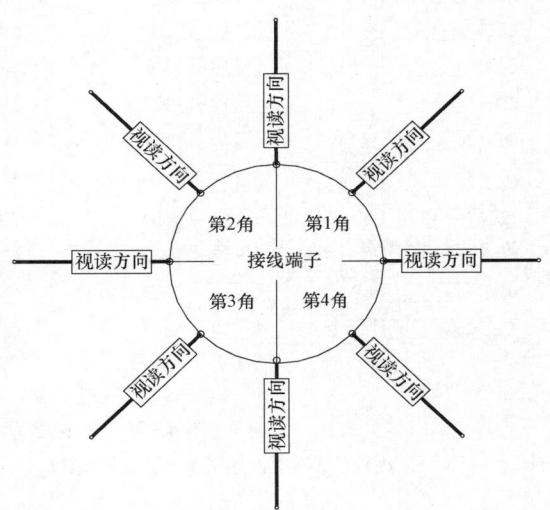

图4-25 标记套管文字视读方向

(2)标记套管的位置与排列(见图4-26)。

1)导线在电器端子单个独立接线时,标记套管应紧靠接线端子一侧。

2)导线在端子排或电器元件上成排列接线时,端子排或电器元件大小一致,标记套管应紧靠接线端子侧;端子排或电器元件大小不一致,排列参差不齐时,标记套管应相互对齐成行排列。

3)裸端头的管部应套入标记套管内,避免带电裸露部分外露。

4)标记套管的文字符号应朝外或便于观察的一侧。

(3)标记套管长度。每台开关设备的标记套管长度应基本一致,并应尽可能短些;排列布置的接线端子的标记套管长度应一致。

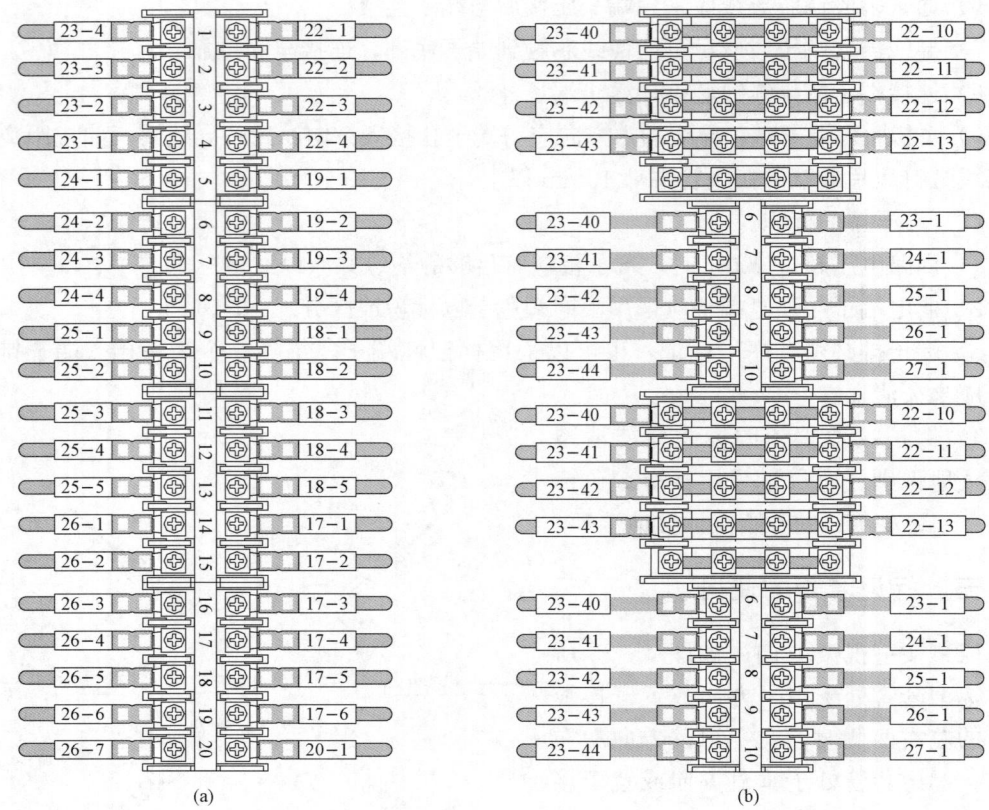

图 4-26 标记套管的位置与排列
（a）导线在电器端子单个独立接线；（b）导线在端子排或电器元件上排列接线

## 【自我分析与总结】

| 学生学会的内容 | 笔记 |
|---|---|
|  |  |
| 学生总结 |  |
|  |  |

## 【巩固提升】

| 网络空间 | 笔记 |
|---|---|
| 二维码1<br>接线工艺 |  |

## 任务二　低压馈线抽屉单元装配

### 任务描述

根据自行设计的低压馈线抽屉设计图纸，完成抽屉内塑壳断路器、电流互感器、多功能电量仪表等元件的装配、一次回路和二次回路接线。

要求接线正确，工艺需达到生产级要求。

### 任务目标

知识目标：
（1）熟悉低压馈线抽屉单元结构、分类以及操作方法。
（2）了解低压馈线抽屉一、二次接线流程和工艺要求。
（3）掌握低压馈线抽屉主要元器件装配要求。

能力目标：
（1）能按低压馈线抽屉元器件装配工艺要求，完成元器件的装配。
（2）装配后能实现低压馈线抽屉合闸状态指示，以及电量参数监测等功能。

态度目标：
（1）培养主动学习、独立思考的习惯。
（2）具备安全操作意识，养成整理工作区域、清理地面、妥善保管自己的工具和耗材、不随意挪用他人工具及耗材的习惯。
（3）培养爱护设备、节约资源、认真仔细的习惯。
（4）具备安全操作意识，严格遵守实训室各项规章制度，听从安排，实训过程中不串位、脱岗，不触动与实训内容无关的设备、仪器、工具。

### 任务准备

（1）设计任务图纸包括原理图、接线图、端子图等。
（2）仔细阅读本任务相关知识点，重点学习相关知识中"馈线抽屉单元一次接线装配"和"馈线抽屉单元二次接线装配"，以及关于操作步骤、注意事项、工艺要求的描述。
（3）准备装配接线过程中所需的工具及耗材。
（4）准备任务所需的元器件。

### 任务实施及评价

任务实施及评价见表 4-3。

表 4-3　　　　　　　　　　　　　任 务 实 施 及 评 价

| 序号 | 任务步骤 | 工作内容 | 分值 | 评分标准 | 扣分 |
|---|---|---|---|---|---|
| 1 | 前期准备 | (1) 领取任务图纸；<br>(2) 正确穿戴工作服、绝缘鞋、劳保手套；<br>(3) 认真熟悉图纸，理解控制原理，确认各元器件、端子排的装配位置无误；<br>(4) 检查需要装配的抽屉单位 | 5 | (1) 未主动领取任务图纸，扣1分；<br>(2) 未正确穿戴工作服、绝缘鞋、劳保手套，每项扣1分；<br>(3) 未正确指出元器件名称及相对应的电气符号，每项扣1分 | |
| 2 | 元器件、耗材及工具核对 | (1) 准备任务实施所需的元器件、耗材及工具；<br>(2) 检查核对元器件型号、规格、数量、参数等与图纸相符合，外观无破损，针对断路器等开关元器件需要进行功能试验；<br>(3) 检查所需工具是否齐全、型号规格是否匹配，功能是否完备；<br>(4) 检查所需耗材型号、数量、规格正确，如导线线径、型号、长度、冷压端头型号、数量等 | 5 | (1) 未核对元器件参数、外观检查、功能试验，每项扣0.5分；<br>(2) 工具选用错误，每项扣0.5分；<br>(3) 耗材选择错误或遗漏，每项扣0.5分 | |
| 3 | 元器件装配 | 塑壳断路器装配：<br>(1) 从包装盒中取出塑壳断路器、通信模块、辅助触点等附件，摆放在操作台上；<br>(2) 安装塑壳断路器通信模块、辅助触点等附件；<br>(3) 将操动机构与塑壳断路器进行组装，并通过螺栓紧固在安装隔板上，注意塑壳断路器的进线方向；<br>(4) 调节方杆与抽屉操作手柄装置之间的距离，确保抽屉手柄对塑壳断路器的操作顺畅，无卡塞现象；<br>(5) 拧紧方杆紧固螺栓 | 10 | (1) 塑壳断路器模块安装错误，每处扣2分；<br>(2) 塑壳断路器进出线方向安装错误，扣2分；<br>(3) 塑壳断路器未安装牢固，扣2分；<br>(4) 抽屉操作手柄无法控制塑壳断路器分合闸或操作不顺畅，扣2分 | |
| 4 | | 多功能电量仪表安装：<br>(1) 从包装盒中取出多功能电量仪表，将安装附件和仪表分开放在操作台上；<br>(2) 找到安装多功能电量仪表的安装位置；<br>(3) 按照仪表正面朝向操作者的原则，将仪表插入安装孔，使用附带的安装附件将其固定在抽屉测控板上；<br>(4) 检查多功能电量仪表是否紧固，用手摇晃无松动现象 | 5 | (1) 多功能电量仪表安装方向错误，扣2分；<br>(2) 多功能电量仪表未安装牢固，扣2分 | |

续表

| 序号 | 任务步骤 | 工作内容 | 分值 | 评分标准 | 扣分 |
|---|---|---|---|---|---|
| 5 | 元器件装配 | 电流互感器安装：<br>(1) 从包装盒中取出电流互感器，将安装附件盒互感器摆放在操作台上；<br>(2) 根据安装附件和安装位置，选择合适的固定螺栓；<br>(3) 使用电流互感器固定附件，按照品字形排列，将其固定在抽屉底板上，安装时注意电流互感器进出线端，一般进线端（P1）端靠近塑壳断路器，保留一次电缆的走线空间；<br>(4) 检查电流互感器是否紧固，进出线端无误 | 8 | (1) 选择错误的固定附件安装，扣2分；<br>(2) 安装位置不合理或未预留导线走线空间，扣2分；<br>(3) 电流互感器进出线端安装错误，每处扣3分；<br>(4) 电流互感器未安装牢固，扣2分 | |
| 6 | | 其他：<br>(1) 将指示灯安装在测控板上；<br>(2) 检查指示灯是否紧固，用手旋转无松动现象；<br>(3) 装配完成后清理抽屉，整理工具 | 2 | (1) 指示灯未安装牢固，扣1分；<br>(2) 抽屉未清理、工具未整理，每项扣1分 | |
| 7 | 一次接线 | 一次导线制作：<br>(1) 根据抽屉内元器件的布局，使用"样线"测量实际走线的长度，须预留裕量；<br>(2) 根据测量长度，下线；<br>(3) 剥线头，选用合适的工具，剥线时不应损伤线芯，剥线长度与冷压端子相匹配；<br>(4) 线头压接，采用手动冷压钳或液压式压线钳，压接前在导线两端套上相应颜色的绝缘热缩套管，根据相序选择对应的颜色；<br>(5) 使用热风枪或酒精灯对绝缘热缩套管进行加热，受热要均匀 | 12 | (1) 下线过长，存在浪费现象，每处扣2分；<br>(2) 导线端头剥线过长或损伤线芯，每处扣2分；<br>(3) 线头压接制作工艺不达标，每处扣2分；<br>(4) 绝缘热缩套管相序错误，每处扣2分；<br>(5) 绝缘热缩管制作工艺不达标，每处扣2分 | |
| 8 | | 一次导线安装：<br>(1) 安装塑壳断路器进线端一次导线，三相导线使用捆扎带或缠绕管进线捆绑；<br>(2) 安装塑壳断路器出线端一次导线，穿过互感器时需要注意穿心匝数；<br>(3) 检查每个紧固点，应拧紧无松动 | 8 | (1) 导线未捆扎成束，扣2分；<br>(2) 互感器穿心匝数错误，每处扣3分；<br>(3) 导线端头未拧紧，每处扣1分 | |

续表

| 序号 | 任务步骤 | 工作内容 | 分值 | 评分标准 | 扣分 |
|---|---|---|---|---|---|
| 9 | 二次接线 | 准备工作：<br>(1) 准备工作需要完成端子排的安装、元器件标记、标记套管制作；<br>(2) 根据端子图以及二次接线原理图选择合适的接线端子，并按图纸设计顺序卡在导轨上；端子排的两端需要用固定件紧固，不同控制回路的端子需要用标记座隔开，电流回路需要用专门的电流端子；<br>(3) 有并联要求的端子，使用接线端子连接条连接，同一条安装导轨上的接线端子安装方向保持一致；<br>(4) 根据图纸粘贴抽屉中各设备、元器件、接线端子的标签；<br>(5) 根据配线的线径，选择相匹配的标记套管管径，按照接线图和原理图，打印并制作标记套管 | 3 | (1) 接线端子选择错误或少卡漏卡，每处扣1分；<br>(2) 端子连接条安装错误，扣1分；<br>(3) 标签粘贴错误、倾斜，每处扣1分；<br>(4) 标记套管打印错误，每处扣1分 | |
| 10 | | 下线：<br>(1) 根据接线图和抽屉内各设备、元器件、接线端子的安装位置，思考行线方案；<br>(2) 使用"样线"实际测量所需的每根导线长度，根据测量长度下线；<br>(3) 每下好一根线，在导线的两端套上对应的标记套管，并做好防脱落措施；<br>(4) 对下好的导线进行划分，如测控板所有的导线放在一起，方便接下来的布线工作 | 5 | (1) 下线过长，存在浪费现象，每处扣1分；<br>(2) 标记套管脱落，每处扣1分；<br>(3) 未合理划分下好的导线，扣1分 | |
| 11 | | 布线：<br>(1) 根据下线时思考的行线方案进行布线；<br>(2) 按照布线工艺要求，将导线整理成线束，采用塑料缠绕管或尼龙扎带捆扎；<br>(3) 分线时注意支线与主线成直角，从线束的背面或侧面引出，线束的弯曲宜逐条用手弯成小圆角，并用塑料缠绕管或尼龙扎带捆扎；<br>(4) 及时补入元器件之间的并线；<br>(5) 使用尼龙扎带将整理好的线束固定在抽屉侧板或底板上 | 12 | (1) 线束捆扎未达到工艺要求标准，扣5分；<br>(2) 遗漏并线，每处扣2分；<br>(3) 分线未达到工艺要求标准，扣3分；<br>(4) 线束未固定，扣3分 | |

续表

| 序号 | 任务步骤 | 工作内容 | 分值 | 评分标准 | 扣分 |
|---|---|---|---|---|---|
| 12 | 二次接线 | 上线：<br>（1）根据导线线径、接线端子类型、元器件接线柱形式，选择相匹配的冷压端头；<br>（2）根据导线接头弯曲弧度，剪去多余的导线；<br>（3）将导线的一端剥去绝缘层，确认标记套管方向正确后，插入冷压端头穿心管中；<br>（4）选择与冷压端头规格相匹配的压线钳进行压接；<br>（5）选择与接线端子相匹配的螺丝刀，插入压好冷压端头的导线并拧紧 | 7 | （1）冷压端头不匹配，每处扣1分；<br>（2）接头弯曲弧度偏差过大，扣2分；<br>（3）导线端头压接未达到工艺要求标准，每处扣1分；<br>（4）接线端子未紧固，每处扣1分 | |
| 13 | | 检验：<br>（1）使用万用表蜂鸣挡，按照二次接线原理图检查线路；<br>（2）检查时不能有遗漏，按照从左到右、从上到下的顺序进行；<br>（3）检查各接头压接牢靠，接线端子螺钉拧紧，使用适当的力气去拉动导线无拽出现象；<br>（4）检查标记套管的识读方向，需要符合工艺要求 | 5 | （1）接线错误，每处扣1分；<br>（2）接头松动，每处扣1分；<br>（3）标记套管方向错误，每处扣1分 | |
| 14 | 现场清理 | （1）清理抽屉内残留的线头和其他杂物；<br>（2）整理工具并归类存放；<br>（3）打扫工位桌面和地面卫生 | 3 | （1）抽屉未清理干净，扣1分；<br>（2）工具未整理、归类存放，扣4分；<br>（3）工位未打扫，扣1分 | |
| 15 | 职业素养 | （1）严谨细致，爱岗敬业，主动参与；<br>（2）遵守纪律，团结协作，诚实守信 | | | |
| 实施人员 | | | 最终得分 | | |

评分员确认签字：

_____年_____月___日

## 📖 相关知识

低压抽屉式配电柜是采用钢板制成封闭外壳,进出线回路的电气元件都安装在可抽出的抽屉中,构成能完成某一类供电任务的功能单元,实物如图 4-27 所示。抽屉式配电柜功能单元与母线或电缆之间,用接地的敷铝锌板或高强度阻燃塑料功能板相互隔开,形成母线、功能单元和电缆三个区域。每个功能单元之间也有隔离措施。低压抽屉式配电柜有较高的可靠性、安全性和互换性,是比较先进的配电柜。目前生产的低压配电柜,多数是抽屉式配电柜,适用于要求供电可靠性较高的工矿企业、高层建筑,作为集中控制的配电中心。

低压成套配电设备种类繁多,不同的型号存在很大的结构差异,其中以抽屉式低压配电柜的结构最为复杂。一般常见的低压抽屉式配电柜型号包括 GCK、GCS、GDL、BFC、MNS、MNSF、MNSG、SV18、DOMINO 等。

下面对本任务使用到的 MNS 型抽屉式配电柜(简称 MNS 配电柜)进行详细介绍。

### 一、MNS 配电柜馈线抽屉介绍

(一)抽屉结构

抽屉是 MNS 配电柜的主要部件,对于 MNS 配电柜的侧出线柜型和后出线柜型,抽屉结构和外形都是一样的。

在 MNS 配电柜中,8E 以上抽屉的结构基本类似,如图 4-28 所示。

图 4-27 低压抽屉式配电柜实物图

抽屉重要组成部件包括下述 8 种:

(1)抽屉底板:抽屉底板用于安装元器件,底板上冲制了安装孔及散热孔。

(2)抽屉门板:主要用于安装抽屉拉手、门锁、操作手柄等附件。抽屉门板与操动机构有联动装置,当主开关处于合闸位置时门板是无法打开的。

(3)抽屉左右侧板:抽屉的结构件,左右侧板同样冲制了安装孔,用于断路器安装隔板固定和二次侧控制元件及端子附件安装,底部两侧各装有两个滑轮便于抽屉导入导出。

(4)断路器固定隔板:用于安装断路器、接触器等一次侧元件。

(5)抽屉后板:抽屉后板上安装有一次侧进出线回路的接插件和接触夹,在一次侧出线回路接插件的上方还安装有二次回路接插件,二次侧接插件用于输入和输出有关抽屉内部电路在测量、控制、信号等方面的电信息。

(6)操动机构:分为手动操动机构和电动操动机构,通常只安装一种操动机构。手动操动机构通过与门板操作手柄配合,实现抽屉外部手动分合闸断路器;电动操作机构

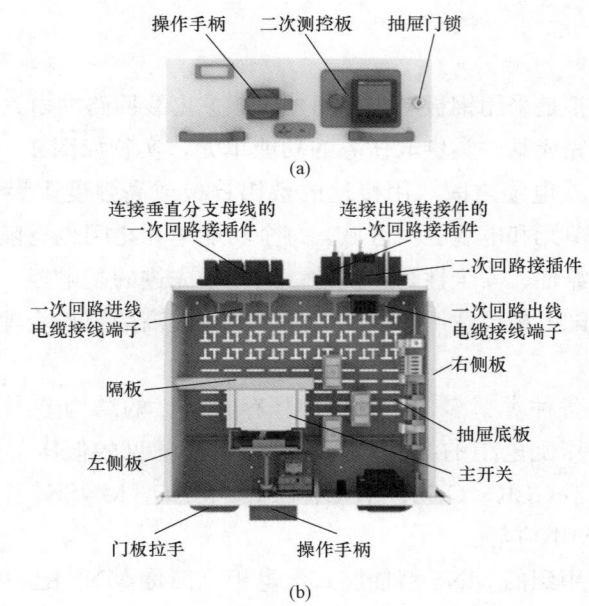

图 4-28　8E 以上抽屉结构
（a）抽屉面板结构；（b）抽屉内部结构

通过电机与储能弹簧之间的配合，实现电气控制分合闸断路器。

（7）行程开关：由操动机构驱动的行程开关，在不同的操作模式和工作位置下其辅助触点能根据要求产生闭合和打开的动作。

（8）二次侧测控板：用于安装仪表、信号灯、控制按钮和选择开关等。

（二）馈线抽屉内的分区

MNS 配电柜抽屉分为两个区域：一次侧元器件安装区域和二次侧元器件安装区域。一次侧元器件安装区域主要安装断路器、接触器及其附件，而二次侧元器件安装区域主要安装电流互感器和中间继电器等元器件。

将一、二次侧元器件分开安装的最大好处是，两者相互隔离后能够使安装更清晰，且减少故障电弧对一、二次侧元器件的影响，系统运行得更稳定。

MNS 配电柜的抽屉有不同种类，相关参数见表 4-4。

表 4-4　MNS 配电柜抽屉参数

| 序号 | 抽屉名称 | 抽屉尺寸（mm×mm×mm） | 抽屉电流（A） | 实物样图 |
| --- | --- | --- | --- | --- |
| 1 | 8E/4 | 150×400×200（宽×深×高） | 35 | |

续表

| 序号 | 抽屉名称 | 抽屉尺寸（mm×mm×mm） | 抽屉电流（A） | 实物样图 |
|---|---|---|---|---|
| 2 | 8E/2 | 300×400×200（宽×深×高） | 63 |  |
| 3 | 8E | 600×400×200（宽×深×高） | 125～250 |  |
| 4 | 16E | 600×400×400（宽×深×高） | 400 |  |
| 5 | 24E | 600×400×600（宽×深×高） | 630 |  |

（三）馈线抽屉操作

馈线抽屉操作的要点如下：

（1）操作者能在主回路带电的状况下将抽屉抽出或插入。

（2）抽屉应具备工作、试验、抽出三个明显的位置，如图 4-29 所示；且都应有机械定位装置，只允许操作变位，不允许自行变位。

（3）抽屉中主断路器和一次侧接插件，以及辅助回路的电源和二次侧接插件，能随抽屉位置的变更而自动接通或断开，且它们之间满足如下关系：

1）工作位置：抽屉操作手柄位于工作位置时，一、二次侧接插件的动静触头（点）均紧密接触闭合。主回路电器处于正常工作位，二次回路的工作电源也保持接通，整个功能单元都进入正常运作状态。当操作手柄位于工作位置的"分闸位"时，抽屉行程开关闭合，控制电源得电；当操作手柄位于工作位置的"合闸位"时，抽屉行程开关和断路器的辅助触点均闭合，控制电源得电。

2）试验位置：抽屉操作手柄位于试验位置时，一次侧接插件动静触头断开，二次侧妾插件动静触点闭合，主开关处于分断位置。例如，断路器、熔断器开关或隔离开关等都处于分断状态，二次回路的工作电源则处于接通状态。利用试验位置，可以方便地测试该功能单元工作正常与否。

3）抽出位置：为了排除故障或检修，往往需要抽出抽屉，因此应设置抽出位置。此时，主回路和二次回路都处于分断状态，抽屉的机械闭锁打开，操作人员可以将抽屉自由退出。

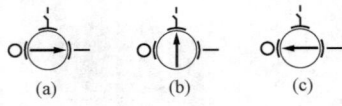

图 4-29 抽屉位置示意图
(a) 工作位置；(b) 试验位置；
(c) 抽出位置

4）抽屉操作位置标志，如图 4-29 所示。

（4）若同种规格的抽屉中功能单元一致，则此类抽屉具有互换性。满足互换性的抽屉的机械尺寸偏差必须一致，抽屉抽插顺利，不允许出现过松、过紧或卡死等现象。除了尺寸要求一致外，还需要特别注意抽屉主开关的容量，允许大容量抽屉替换小容量抽屉，但禁止小容量抽屉替换大容量抽屉。

（5）位置切换应闭锁。不管抽屉处于工作位置、试验位置还是抽出位置，在解除位置切换闭锁前都无法改变位置状态。如图 4-30 所示，在切换抽屉位置状态时需要按下红色按钮

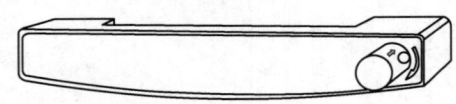

图 4-30 抽屉位置切换闭锁

并维持按下状态，切换抽屉的位置状态。抽屉从抽出位置推至试验位置，无须按钮解锁。

## 二、馈线抽屉单元元器件安装

所有元器件应按制造厂家规定的安装条件进行安装，主要考虑因素包括适用条件、需要的灭弧距离，以及对于手动开关的安装，必须保证开关的电弧对操作者不会产生危险等。

在安装前首先认真阅读图纸及技术要求文件，检查安装产品的型号、规格、数量等与图纸是否相符。检查元器件外观是否有损坏，对断路器等主要开关元器件进行功能检查，通过手动合分开关、试验脱扣、合闸后三相是否正常导通等手段进行检查。

元器件应按照从板前视，由左至右，由上至下，由外至内的顺序组装，同一型号的产品应保证组装一致性。

指示灯、按钮、仪表等元器件一般安装在抽屉门板上，在安装过程中需要注意按钮或指示灯接线端子的方向，保证二次侧接线过程中上线方便与美观。现有的数字仪表大多采用自锁卡扣固定，保证自锁卡扣推到位并卡紧。

配电馈线抽屉内主要元器件包括塑壳断路器和电流互感器。

塑壳断路器通常水平安装在抽屉隔板上，采用螺栓固定，安装前需要将与抽屉操作手柄联动的操动机构，安装在塑壳断路器的正面，注意塑壳断路器应处于分闸状态。最后安装方杆，根据抽屉操作手柄与操动机构之间的距离调节方杆，确保抽屉手柄对塑壳断路器的分合闸控制功能，同时保证抽屉门板开启与关闭的流畅，安装完成后拧紧固定方杆的紧固螺栓，防止方杆滑动。

电流互感器通常安装在抽屉底板上，当抽屉一次系统选择电缆连接时多采用固定片

安装，选择铜排连接时采用固定板安装。考虑到抽屉内空间限制，三相电流互感器的排列方式一般呈品字形。电流互感器一次侧电流从进线端（P1）进入，从出线端（P2）流出，即P1连接电源侧，P2连接负荷侧。

抽屉内的元器件在操作时，不应受到空间的阻碍和触及带电体的情况，能够较方便地更换元器件及维修连线。

### 三、馈线抽屉单元一次侧配线安装

（一）一次侧配线原则

根据一次侧线路方案要求，本着制作简单，维修方便，节约材料、工时，不影响操作安全、可靠等原则，确定母线走向，一般不应有交叉；母线、绝缘导线的布线尽量减少涡流损耗的影响，与控制回路的导线分开布线，布线应尽量减少搭接处。

线束整体横平竖直，线束内无导线无交叉、扭曲等现象，绑扎固定牢固。扎带和缠绕管间距均匀一致，线束在经过安装板、梁尖角等位置需要有一定的距离和防护措施。接线弯曲弧度尽量一致，保证整体美观。线束的走线不得妨碍元件拆卸和操作所需的最小空间要求，线束距发热器件及裸露母线留有一定距离。接线点紧固、可靠，接线完成后需要进行检查核验。

（二）一次侧配线加工操作

1. 查看电装技术说明

详细阅读电气装配技术说明文件并结合图纸，确定主回路一次侧导线颜色、截面积，以及接线端头和扎带及缠绕管等辅助材料材质等。

2. 审图

查看电气装配技术说明后，全面系统地阅读结构图、电气原理图、一次系统图等，查看实际元器件排布安装位置同图纸是否一致，如发现不一致及时沟通解决，然后再按照柜体元器件安装位置，确定导线敷设路径。

3. 配线前准备工作

在完成上述两项工作后，做配线前准备工作。例如，满足颜色、界面和材质要求的导线、接线端头、压线钳、自制蜂鸣器或带蜂鸣挡的万用表等工具，绑扎敷设使用扎带缠绕管等辅助材料。减少在配线过程中来回寻找工具和辅助材料等影响工作效率。

母线和绝缘导线的截面选择，需要根据回路的温升、载流量、可能受到应力、电压降、敷设方法、使用环境温度、不同材料的热胀冷缩、电化腐蚀及绝缘导线的绝缘老化，以及所连接的元器件种类等因素选择母线或导线。

导线颜色选用应符合本项目任务一"导线的选择与使用"规则。

4. 下线

按照图纸和元器件布置位置确定导线敷设路径，进行下线。导线线芯剪切断面应整齐，与导线径向直线呈90°，其倾斜角不超过6°。

方法：可用一根 1.5m² 软线作为"样线"，长度可取 3m，将"样线"沿线束实际敷设路径进行测量，并加上预留裕量为实际裁线长度，对"样线"进行对折做出标记。按照做好标记的"样线"长度，对比量取实际使用的导线进行裁剪。按照元件排布位置先裁最长导线，然后按照位置由远至近依次裁剪，裁线完成后"样线"保留，以后做其他产品裁线使用。裁线预留富裕量：裁线长度在 1m 内预留 100m 的富裕量，裁线长度在 1m 以上时预留 150mm 的富裕量，裁线长度在 2m 以上时预留 200mm 的富裕量。

5. 配线

（1）端头制作。根据线径的不同选取剥线钳或剪刀剥脱线头绝缘层，采用剪刀剥线头时，不允许反复多次划圈式剥脱皮层，避免损伤线芯，多股绝缘导线不允许有断线现象。导线剥线长度应该根据与之配合的接线端头管部长度而定，露出线芯的长度应略大于接线端头管部长度的 2mm。

导线接线端部应清洁，不允许有氧化膜、尘土或油污等。

使用 BVR 多股绝缘导线时，根据冷压端头的选择方法选取合适的端头。冷压端头的口径应与导线线径匹配，当导线截面积小于 6mm² 时，应采用与冷压端头型号相匹配的手动冷压钳压接；当导线截面积大于 6mm² 时，应用液压钳压接。压接时钳口的选择需要根据导线线径决定。导线与接线端头压接后，不得松动并且其抗拉强度应不低于导线本身抗拉强度的 60%，压接部位不应出现断裂或变形等缺陷。

（2）导线安装。导线在端头压接好后，应该根据下线时的走向方式进行弯制。截面积较小的导线可以捆扎成束弯制，截面积较大的导线可以单根弯制。弯制过程中弧度不宜过小，以免伤到线芯影响载流量。

导线与元器件触头（点）或一次回路接插件连接时用螺栓紧固，接线有力矩要求的须符合力矩设计标准。需要注意的是压接端头背面与触点接触，增加接触面积便于紧固。每个接线端子原则上只允许连接一根导线，特殊情况时可接两根，中间通过添加垫片的方式确保连接可靠。

导线安装好后应保证接线正确，元器件接线连接弯曲弧度和方向保持一致，尽量做到横平竖直、整齐美观，不影响导线的散热，也不影响其他元器件及设备的正常工作。

### 四、馈线抽屉单元二次配线安装

馈线抽屉单元二次配线流程如图 4-31 所示。

（一）二次侧配线

1. 准备工作

（1）领取对应的图纸、技术规范资料认真阅读，将其消化并转化为操作策略，按照图纸的要求考虑布线方案。

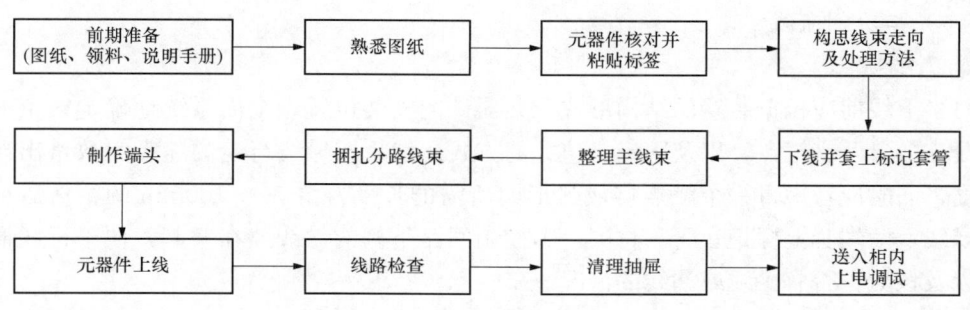

图 4-31 馈线抽屉二次接线流程图

(2) 根据图纸领取所需元器件及各种规格导线和辅助材料，辅助材料主要包括接线端子、标记套管、标签纸、端头、捆扎带、缠绕管、标准件等。检查元器件表面外观是否破损，附件模块是否配齐。

(3) 根据不同控制回路导线规格，选择对应的标记套管，并按照二次侧接线图及配线的先后次序打印标记套管。标记套管应清楚、牢固、完整不脱色，标记套管字体大小、段长应保持一致，便于提高美观度。

(4) 擦拭馈线抽屉单元内外灰尘，清理抽屉内杂质。

(5) 按二次侧接线图粘贴元件标签。标签一般为打印，不能贴手写标签，标签字迹清晰且不易脱色，字体大小采用统一规格，内容符合图纸要求。标签一般选择粘贴元器件下方居中位置的金属安装底板或安装横梁上，遵循粘贴位置醒目的原则。对于某些特殊位置的元器件下方无法粘贴标签时，可就近选择适当位置粘贴。

2. 二次回路导线选择

开关柜中的测量、控制、保护回路应采用额定绝缘电压不低于 500V 的铜芯绝缘导线。当设备、仪表和端子上装有专用于连接铝芯的接头时，可采用铝芯绝缘导线。

3. 配线的一般要求

(1) 严格按照图纸进行施工，接线准确，途径简洁，布局合理、横平竖直、美观大方、牢固清晰。

(2) 导线与元器件间采用螺栓连接、插接、焊接或压接等，均应牢固可靠。

(3) 盘、柜内的导线不应有接头，导线芯线应无损伤，禁止通过焊接或铰接的方法加长导线来使用。

(4) 电缆芯线和所配导线的端部应标明其回路编号，编号应正确，字迹清晰且不易脱色。

(5) 配线应整齐、清晰、美观，导线绝缘良好，无损伤。

(6) 每个接线端子的单侧接线 1 根为最佳，最多不得超过 2 根，特殊情况需选择专用的端头。对于插接式端子，不同截面的 2 根导线不得接在同一端子上。

(7) 二次回路接地应设专用螺栓或接地端子。

### (二) 二次侧布线

**1. 下线要求**

(1) 下线前应根据装置的结构形式、元器件的安装位置，全面系统地确定线束的走向，分支数量及交汇点，以及固定、包扎的方式。然后按导线行走的途径大致量出导线的长度，同时应考虑每一个触点接成弧形圈所需的长度，留 50～100mm 的裕量后剪下所需导线，两端套上标记套管。将同一个控制回路下好的导线放在一起，便于行线捆扎整理以及核对是否有少线或漏线的情况。

(2) 过门线下线长度能使门打开到极限位置而不受拉力影响，因此要留有足够的裕量。

(3) 装有电子元器件的控制装置的二次导线应远离一次回路，以防干扰。

(4) 二次导线的敷设应注意：①不得占用一次侧施工路径及供用户引进引出电缆的空间位置；②预留出适当的空位以保证与裸母线之间有足够的安全距离；③避开元器件的喷弧范围。

**2. 行线要求**

在成套电气设备装配生产过程中，行线工艺的好坏直接影响到产品的美观和质量，装配操作人员施工时应严格按照行线工艺要求进行操作。下面针对二次侧行线工艺要求进行详细的介绍。

(1) 行线方式有完全行线槽行线、行线槽与成束捆扎混合行线和成束线捆扎行线等形式，对于空间有限的抽屉单元采用成束线捆扎行线最佳。

(2) 行线时，应自上而下地将线束理成塔形或多边形，线束太大时也可理成圆形，然后分路，并将上下笔直的线路放在外侧（通常主干线的最长线束放外层），将中途要折弯的线路顺序放入内侧，尽量避免线间和层间交叉，特别是顶层必须理直。这样，线束从始至终被整齐的顶层盖住，外表美观。接线头从线束下或中间经背面绕过线束成弧形接入器件接线桩，线头拉出的根部必须捆扎，如图 4-32 所示。

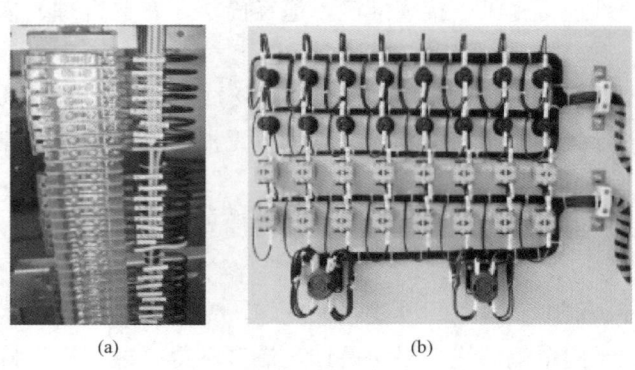

图 4-32 行线实物图
(a) 端子排行线；(b) 柜门行线

（3）二次回路导线线束敷设过程中需要弯曲转换方向时，用手指进行弯曲后再直行或横行行线，不得使用夹嘴或其他锋利工具弯曲，以保证导线绝缘层不受损伤。当线束过大，确定需要借助工具弯曲时，应该选用不带菱形钳齿的工具进行。图 4-33（a）～(c) 所示为不得使用的弯线辅助工具，图 4-33（d）所示平口钳可以用于弯线。

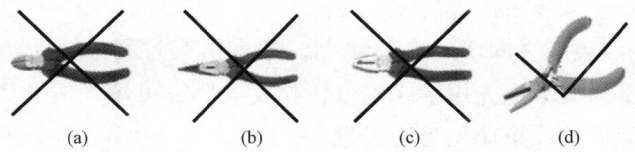

图 4-33 弯线辅助工具
(a) 断线钳；(b) 尖嘴钳；(c) 老虎钳；(d) 平口钳

（4）线束分支处原则上应遵从小线束服从大线束的原则，即一般情况不改变主线束的走线路径，小线束通过横或竖折弯方式从大线束中分出，线束折弯处两边就近必须捆扎。线束在行线过程不允许出现有斜拉现象，除过门线及部分要跨越障碍的场合外一律采用或竖或横的两种行线方式，且所有扎线处不得有凹凸不直或歪斜现象，如图 4-34 所示。

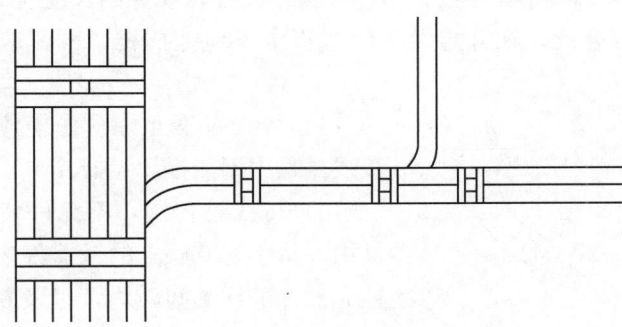

图 4-34 分支走线示意图

（5）当用缠绕管捆扎时，对固定的线束选用的缠绕管其内径约为线束的 1/2，活动的线束选用的缠绕管其内径接近线束的外径。

（6）缠绕在线束上的缠绕管其间距约为缠绕管本身的宽度。

（7）对于 1.5mm² 及其以下的导线线束，应采用全长包扎；对于 2.5mm² 及其以上的导线线束，可采用分段包扎，包扎时每隔 100～150mm 均匀地扎一段，每段约 5 圈，如图 4-35 所示。

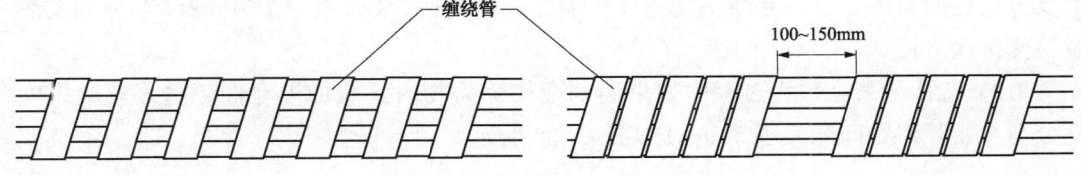

图 4-35 导线线束捆扎示意图

(8) 当采用捆扎带进行捆扎时，扎线束布线方法根据其线束形状应为矩形束（扁形）或圆形线束。选用的捆扎带应略长于线束的周长，在线束上每隔 100mm 左右均匀地扎一条，但在线束的转角处和线束的分支处必须捆扎一条。

(9) 捆扎带的抽紧程度以线束被捆线基本抽紧为准，不能损伤导线的绝缘层，抽紧捆线后多留出约 2mm，多余的用斜口钳剪去。

(10) 捆扎好的线束应立即填入扁形线夹，拉直结束拧紧线夹，边扎边固定直至全部结束，线夹夹持部的线束应先用绝缘胶带包扎妥善后方可填入线夹固定，扎线间距应尽量统一，线夹固定后的线束应无晃动现象。

(11) 不在样板上敷设线束的包扎，将导线理顺整齐排列成近似圆形的线束，用捆扎带包扎，线束中间的扎线处要均匀，其横向扎线间距不得大于 150mm，纵向间距不得大于 200mm，扎线处要求扎紧，用手滑动，不得松动。

(12) 绝缘导线不允许贴近具有不同电位的裸露的带电部位。线束与带电体之间的距离不小于 15mm。

(13) 过门的线束两端要用线夹压紧，过门线应套波纹管，根据配线空间，可做成呈 U 形或 S 形。图 4-36 所示为 U 形过门线束示意图。线束的长度应保证门及导电物件开启关闭时线束不得叠死，在开启及关闭过程中不应擦门框，同时应确保门开启不小于 120°。

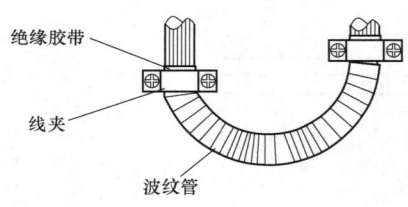

图 4-36　U 形过门线束示意图

(14) 行线时不允许损伤柜体表面涂层，安装和接线过程中不能损坏元器件。

(15) 行线过程中，不允许使任何异物落入元器件内，特别是有触点的元器件的触点间隙内，或磁性元器件的线圈间隙内，以及断路器和刀开关的灭弧室内，以免引起配件卡死或短路。

(16) 一般情况下，导线不允许弯曲成许多类似弹簧状的圆圈后接线，但接地线和元器件有活动触点的连接线除外。接地线和有活动连接线的圈数限定 5 圈，如图 4-37 所示。

(17) 行线时如遇导线太短，必须调换，不允许通过焊接或铰接的方式将导线加长。

(18) 二次导线接到元器件接线柱时，线不能贴牢元器件敷设，或用吸盘固定在元器件上，

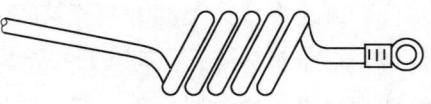

图 4-37　接地线示意图

上线方式也应有序，二次导线不能遮住元器件一次侧接线柱，应考虑到配件本身的发热及检修拆换方便。

(19) 二次导线在敷设过程中如果遇到金属障碍物时，应加以弯曲越过，弯曲中间部分与金属障碍物间隙大于 5mm，如图 4-38 所示。

（三）连接与安装

1. 端头压接

（1）通常不允许两根导线接入一个冷压端头，因接线端子限制必须采用时，宜先采用两根导线压接的专用端头，否则应选用大一级或大二级的冷压端头。

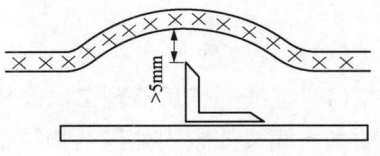

图 4-38　导线过金属障碍示意图

（2）低压抽屉柜端头一律采用冷压端头。

（3）同一电器单位应用同一种导线端头制作方法。

（4）冷压端头的选用，应根据元器件上接线端头的形式不同而不同。当触点两边没有挡板时必须选用圆形预绝缘端头，如接地线的接线柱、电线与母排的连接处、TA、TV 及大部分机械仪表上，样式如图 4-39（a）所示。两边有挡板时可选用叉形预绝缘，如指示灯、按钮及智能仪表上，样式如图 4-39（b）所示。而对于电压接线端子可采用如图 4-39（c）所示的管形预绝缘端头。

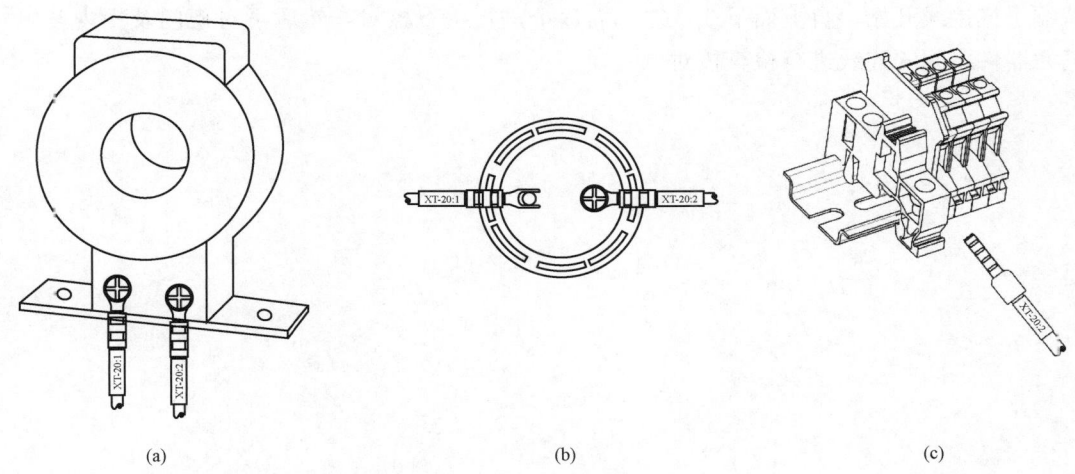

图 4-39　器件端头接线

(a) 圆形预绝缘端头；(b) 叉形预绝缘端头；(c) 管形预绝缘端头

2. 元器件上线

（1）连接元器件上的接线头必须弯成弧形，有利于检修，接线也不易损伤。同一台、同一类电器或同种方案的几台柜子元件接线后，所弯成的圆弧大小和高度应统一。

（2）当端子排大小不一致，且大小交错安装时，导线弧形跨度长度一致，标记套管应相互对齐、成行排列。

（3）导线接到电器元件接线端头时，不允许把元件上的接线端头遮住，应方便拆装。

（4）在上线过程中，根据元器件上的固定螺栓选择相匹配的工具，禁止使用小一号的一字螺丝刀紧固十字螺栓，防止在紧固过程中螺栓头受损或出现紧固不到位等现象。

（四）检验原则

（1）接线完工后清理二次线头和其他杂物，保持盘、柜内的清洁，内部不能遗留多余的二次线头或紧固件等杂物。整理使用过的工具，防止遗漏在柜内或元器件上，以免通电发生短路或拉弧危害。接线人员首先要进行自检，然后再由检查员进行专检。

（2）检查接线头螺栓有无松动现象，如果有松动，立即加以紧固。对所有元器件不接线的端子，都需配齐螺栓、螺母、垫圈等并要求紧固。

（3）检查二次配线行线是否平、直、齐、牢，检查扎线质量、弯曲半径是否符合要求以及标记套管方向是否正确。

（4）按技术要求的各项规定，检查元器件的规格和外观，需符合图纸要求。

（5）核对导线选用规格是否正确，绝缘层及导体有无损伤。

（6）结合原理图、接线图和端子图，检查导线连接是否正确。检查流程一般遵循先从端子排接线开始，自上而下或从左到右逐个进行检查核对，然后再对柜门及柜内各电气元器件之间的连线进行检查核对。

## 【自我分析与总结】

| 学生学会的内容 | 笔记 |
|---|---|
|  |  |
| 学生总结 |  |
|  |  |

## 【巩固提升】

| 网络空间 | 笔记 |
|---|---|
| 二维码2<br>抽屉柜安装 |  |

## 任务三　电能计量回路装配

### 任务描述

根据电能计量回路接线图，完成电能计量柜内电能表、计量专用电流互感器、联合接线盒等元件的安装、一次回路和二次回路接线。

要求接线正确，工艺需达到生产级要求。

### 任务目标

知识目标：

(1) 熟悉电能表安装工艺要求。

(2) 掌握电能计量装置安装程序。

(3) 熟悉安装工艺质量要求及注意事项。

(4) 熟悉电能计量装置接线安装过程中工具的选择和使用方法。

能力目标：

(1) 能分析电能计量回路接线安装过程中的危险点及预控措施。

(2) 能正确填写电能计量回路接线安装的第二种工作票。

(3) 能按接线安装工艺要求正确安装，完成电能计量回路接线安装。

(4) 能在安装后进行电压回路检查和相序检查。

(5) 能在安装后进行电流回路检查和极性检查。

(6) 能在安装后进行错误接线检查。

态度目标：

(1) 培养主动学习、独立思考的习惯。

(2) 具备安全操作意识，养成整理工作区域、清理地面、妥善保管自己的工具和耗材、不随意挪用他人工具及耗材的习惯。

(3) 培养爱护设备、节约资源、认真仔细的习惯。

(4) 具备安全操作意识，培养严格遵守实训室各项规章制度，听从安排，实训过程中不串位、脱岗，不触碰与实训内容无关的设备、仪器、工具。

### 任务准备

(1) 领取任务图纸，包括原理图、接线图、端子图等。

(2) 仔细阅读本任务相关知识点，重点学习相关知识中"电能计量装置安装"和"送电后检查"，以及关于操作步骤、注意事项、工艺要求的描述。

## 任务实施及评价

任务实施及评价见表 4-5。

表 4-5 任务实施及评价

| 序号 | 任务步骤 | 工作内容 | 分值 | 评分标准 | 扣分 |
|---|---|---|---|---|---|
| 1 | 前期准备 | (1) 领取任务施工图纸；<br>(2) 正确穿戴工作服、绝缘鞋、劳保手套、安全帽；<br>(3) 认真熟悉图纸，理解接线原理，确认各元器件安装位置无误 | 5 | (1) 未主动领取任务图纸，扣1分；<br>(2) 未正确穿戴工作服、绝缘鞋、劳保手套、安全帽，每项扣1分；<br>(3) 未正确指出元器件名称及相对应的电气符号，每项扣1分 | |
| 2 | | 元器件、耗材及工具核对：<br>(1) 按照要求的内容，准备任务实施所需的元器件、耗材及工具；<br>(2) 检查核对元器件型号、规格、数量、参数等，外观无破损；<br>(3) 检查所需工具是否齐全，型号规格是否匹配，功能是否完备；<br>(4) 检查所需耗材型号、数量、规格正确，如导线颜色、线径、长度 | 5 | (1) 未核对元器件参数、未进行外观检查，每项扣1分；<br>(2) 工具选用错误，每项扣1分；<br>(3) 耗材选择错误或遗漏，每项扣1分 | |
| 3 | 元器件安装 | 联合接线盒安装接线：<br>(1) 联合接线盒安装牢固；<br>(2) 接线正确；<br>(3) 导线接头无金属外露；<br>(4) 连片位置正确；<br>(5) 接线螺栓紧固 | 20 | (1) 联合接线盒安装不牢固，扣2分；<br>(2) 导线接头金属外露，每处扣2分；<br>(3) 连片位置不正确，扣10分；<br>(4) 接线螺栓松动，每处扣2分 | |
| 4 | | 电能表安装接线：<br>(1) 电能表安装牢固；<br>(2) 不倾斜；<br>(3) 接线正确；<br>(4) 导线接头无金属外露部分；<br>(5) 接线螺栓紧固 | 20 | (1) 电能表选择错误，扣5分；<br>(2) 安装不牢固，扣2分；<br>(3) 倾斜角度超过3°，扣5分；<br>(4) 导线接头金属外露，每处扣2分；<br>(5) 接线螺栓松动，每处扣2分；<br>(6) 电流回路接错，每处扣5分；<br>(7) 电压回路接错，每处扣5分；<br>(8) 电流直通接线错误，扣5分 | |

续表

| 序号 | 任务步骤 | 工作内容 | 分值 | 评分标准 | 扣分 |
|---|---|---|---|---|---|
| 5 | 元器件安装 | 电流互感器安装接线：<br>(1) 互感器安装牢固；<br>(2) 接线正确；<br>(3) 导线接头无金属外露部分；<br>(4) 接线螺栓紧固；<br>(5) 羊角圈方向正确 | 10 | (1) 互感器安装不牢固，扣2分；<br>(2) 导线接头金属外露，每处扣2分；<br>(3) 接线螺栓松动，每处扣2分；<br>(4) 羊角圈方向，每个错误扣2分；<br>(5) 极性接线不正确，本项10分全扣 | |
| 6 | | 进、出线开关接线：<br>(1) 正确对进线开关的电源侧和电能表侧进行接线；<br>(2) 正确对出线开关的电能表侧和负荷侧进行接线 | 10 | (1) 安装不牢固，扣2分；<br>(2) 导线接头金属外露，每处扣2分；<br>(3) 接线螺栓松动，每处扣2分；<br>(4) 电压源接错线，扣10分 | |
| | | 导线排列：<br>(1) 导线布局合理整齐；<br>(2) 做到横平竖直 | 10 | (1) 导线选择错误，每处扣5分；<br>(2) 布局不合理，扣2分；<br>(3) 各连接导线未做到横平竖直，扣2分 | |
| 7 | 现场清理 | (1) 清理残留的线头和其他杂物；<br>(2) 整理工具并归类存放；<br>(3) 打扫工位桌面和地面卫生 | 10 | (1) 线头未清理干净，扣4分；<br>(2) 工具未整理、归类存放，扣4分；<br>(3) 工位未打扫，扣2分 | |
| 8 | 职业素养 | (1) 严谨细致、爱岗敬业、主动参与；<br>(2) 遵守纪律、团结协作、诚实守信 | 10 | 任意一项不满足，扣2分 | |
| | 实施人员 | | 最终得分 | | |

评分员确认签字：

_____年_____月_____日

## 相关知识

### 一、安装工艺

**（一）计量柜（箱）安装工艺**

（1）电力用户处的电能计量点应采用标准规范的电能计量柜（箱），柜（箱）应满足运行安全、封闭可靠的条件，低压计量柜（箱）应紧靠电源进线处。

（2）居民用户的计费电能计量装置，应采用满足装表、换表、抄表方便，维护安全简单，封闭可靠的计量箱。

（3）变电站模式主要是站用电计量，涉及低压电能计量装置安装，其安装方式由设计部门按照标准设计选择。

（4）电源线进入计量箱应穿管并与出线分开敷设。

**（二）电能表安装工艺**

（1）电能表应安装在电能计量柜（屏）上，每一回路的电能表和对应电能信息采集终端应垂直排列或水平排列。电能信息采集终端应在电能表下方或右方，安装在变电站的电能表下端应加有回路名称的标签。两只三相电能表相距的最小距离应大于80mm，单相电能表相距的最小距离为30mm，电能表与屏、柜边的最小距离应大于40mm。

（2）室内电能表宜装在高度为0.8~1.8m处（表水平中心线距地面尺寸）。

（3）机电式电能表安装必须垂直牢固，表中心线向各方向的倾斜不大于1°。这主要是与电能表的结构有关，当电能表倾斜时，转盘上下轴承会受到侧向作用力，并产生负误差，该误差随倾斜度增大而增加。电子式电能表安装垂直度没有技术要求，除非生产厂家有要求，安装垂直主要是美观。

（4）在具有明显机械振动的场所不选用机电式电能表，大多采用智能电能表。

（5）无腐蚀性气体、易蒸发液体的侵蚀，无非自然磁场及烟灰影响。

（6）环境温度应不超过电能表规定的工作温度范围，电子式电能表应避免夏日阳光直射。

电能表原则上装于室外的走廊、过道内及公共的楼梯间，或装于专用配电间内。高层住宅护表，宜集中安装于公共楼梯间配电装置内。装置内电能表部分应抄读方便，封闭可靠。

**（三）互感器安装工艺**

1. 互感器

（1）同一组的电流互感器应采用制造厂家、型号、额定电流变比、准确度等级、二次容量均相同的互感器。

（2）两只或三只电流互感器进线端极性符号应一致，以便确认该组电流互感器一、二次回路电流的正方向。

(3) 低压电流互感器二次侧负荷容量不小于 10VA。对于配置电子式电能表，二次回路较短的装置，也可以采用二次侧负荷容量为 5VA 的 S 级电流互感器。必要时可以使用专用二次侧负荷在线测试仪器，对安装完毕并投入运行的电能计量装置二次回路负荷进行测试，确认回路配置是否合理。

(4) 电能计量装置选用减极性电流互感器。

(5) 互感器二次回路应安装试验接线盒，便于实负荷校表和带电换表。对于负荷重要程度不高的装置，也可以不用试验接线盒，互感器出线直接进电能表，当需要更换电能计量装置时，采取停电更换。

(6) 低压穿芯式电流互感器应采用固定单一的变比，防止发生互感器倍率差错。

(7) 电流互感器的安装位置应尽可能使铭牌向外，便于投入运行后的检查管理。

2. 一次回路部分

一次回路部分主要指直接接入式电能表的一次回路。

(1) 导线应按表计容量选择。施工配线中不得使用钳口弯曲绝缘导线，导线进出计量箱柜时，金属板开孔要做护口处理，防止导线绝缘被金属板材切压，引起导线绝缘损伤。

(2) 禁止使用铝质绝缘导线连接电能表。

(3) 当导线小于端子孔径较多时，应在接入导线压接部分加扎直径适当的裸铜线后再接入电能表。

3. 二次回路部分

(1) 二次回路接线应注意电流互感器的极性端符号和一次负荷电流潮流方向，保证按照减极性关系连接电能表。分相接线的电流互感器二次回路宜按相色逐相接入。电流回路简化接线时，公共线（N411）只与电能表每一相的流出端、互感器非极性端（S2）连接（贸易结算用电能计量装置电流回路不宜采用简化接线）。

(2) 电流互感器二次回路每只接线螺钉只允许接入两根导线。

(3) 当导线接入的端子是接触螺钉，应根据螺钉的直径将导线的末端弯成一个环（俗称"羊角圈"），其弯曲方向应与螺钉旋入方向相同，螺钉（或螺母）与导线间、导线与导线间应加镀锌垫圈。

(4) 禁止使用铝质绝缘导线做互感器与电能表之间连接导线。

(5) 二次回路接好后，应进行接线正确性检查。

（四）工艺质量要求

(1) 按图施工、接线正确。

(2) 电气连接可靠、接触良好。

(3) 配线整齐美观。

(4) 导线无损伤、绝缘良好。

（五）安装程序

(1) 依据工作票核对计量器具的规格、型号、功能是否与计量方案相同。检查计量器具内外部的完好性,以及连接线是否齐备。

(2) 核对计量器具是否经过强检、是否有效,封印是否完备、是否有效;检查现场安装位置是否满足安装、管理的技术要求;核对确认电能计量装置安装、连接的正确性。

(3) 正确安装固定计量表计、电流互感器,完成电能计量装置一、二次侧的连接,一、二次回路接好后,应进行接线正确性检查。

(4) 保证电流互感器一次潮流方向与二次侧的减极性关系满足正确计量的要求;认真核对电压回路与电流回路的同一性;保证电能表电压回路 N 线与电源 N 线连接的可靠性。

(5) 二次回路接线应注意电压、电流互感器的极性端符号。接线时可先接电流回路,分相接线的电流互感器二次回路宜按相色逐相接入,核对无误后,再连接各相的接地线。

(6) 当导线接入的端子是接触螺钉,应根据螺钉的直径将导线的末端弯成一个环,其弯曲方向应与螺钉旋入方向相同,螺钉与导线间、导线与导线间应加装镀锌平垫圈,电流互感器二次回路每只接线螺钉最多允许接入两根导线。

(7) 直接接入式电能表采用多股绝缘导线,应按表计容量选择。遇到选择的导线过粗时,应采用断股后再接入电能表端钮盒的方式,当导线小于端子孔径较多时,应在接入导线上加扎线后再接入。

(8) 施工结束后,电能表端钮盒盖、试验接线盒盖及计量柜(屏、箱)门等均应加封,清理工作现场,不得遗留任何施工器材在工作现场。

(六) 注意事项

(1) 认真阅读工作任务书。

(2) 至少有 2 人一起工作(其中,1 人承担工作负责人及监护人)。

(3) 应在工作位置设立标示牌或安全护栏。

(4) 确认电能计量装置安装位置的停电范围,并做验电、回路可靠开断的确认。

(5) 工作时应戴安全帽、棉质手套,操作工具完好。

## 二、电能计量装置安装的管理与技术流程

电能计量装置安装除了注意导线选择、安装工艺的要求外,还涉及到现场安装的管理、技术流程。

(一) 单相电能表的安装

1. 危险点分析与预防控制措施

(1) 组织现场工作人员学习作业指导书,并补充完备。

(2) 作业前要完成培训工作,人员培训要到位,当天工作内容要清楚,做到心中有数。

(3) 人员分工明确，工作场地具备作业条件。

(4) 施工作业在高处进行时，必须使用安全带和安全绳，并在合格可靠的绝缘梯子或其他登高工具上工作。

(5) 风险辨识及预防控制措施已落实到位，工作人员签字确认。

2. 作业前准备

装表接电工接到装表工单后，应做以下准备工作：

(1) 核对工单所列的电能计量装置是否与客户的供电方式和申请容量相适应，如果有疑问应及时向有关部门提出。

(2) 凭工单到表库领用电能表、互感器，并核对所领用的电能表、互感器是否与工单一致。

(3) 检查电能表的校验封印、接线图、检定合格证、资产标记（条形码）是否齐全，校验日期是否在 6 个月以内，外壳是否完好，圆盘是否卡住。

(4) 检查所需的材料及工具、仪表等是否配足带齐。

(5) 电能表在运输途中应注意防震、防摔，并放入专用防振箱内，路面不平、振动较大时，应采取有效措施减小振动。

3. 单相电能表安装现场工作

(1) 营销管理。

1) 装表接电现场工作一般不应少于 2 人，装表接电工工作时应出示证件或挂牌。

2) 在客户处安装电能表时，应事先与客户预约，避免工作组到现场后，因客户的原因不能开展工作。因特殊原因，不能正常开展装表接电工作时，除向客户说明外，还应派人汇报。

3) 装表接电工在现场应先按工作传票（工单）核对客户基本信息和工作内容，检查安装现场是否满足技术规程要求，条件具备时，方可开展装表接电工作。

4) 发现电能计量装置有传票（工单）中未列出的事项，或计量方式配置不合理等异常时，应做好检查记录，报业务部门后续处理，必要时向客户说明。

5) 发现传票（工单）信息与实际不符或现场不具备装表接电条件时，应终止工作，及时派人或向相关部门报告，做好现场记录并向客户解释清楚，待处理正常后再行作业。

6) 所安装的计量器具具备有效检定合格标志，并与传票（工单）给定信息一致。

7) 发现客户有违约用电或窃电时，应停止工作保护现场，通知并等候用电检查（稽查）人员处理。

(2) 技术管理。

除了涉及导线选择及安装工艺等内容外，还应满足以下要求：

1) 安装工艺应符合规程、规范要求。单相电能表规范接线为"相线 1 进 2 出，中性线 3 进 4 出"，如图 4-40 所示。

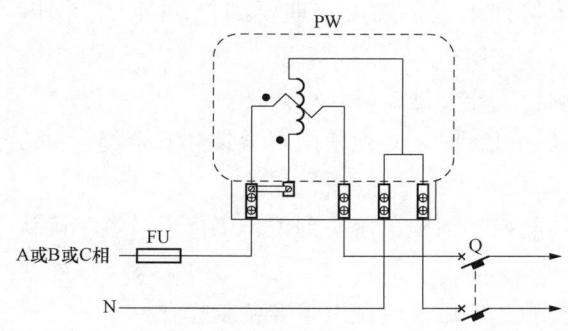

图 4-40 单相电能表规范接线图

2)进户线必须经过表前熔断器或隔离开关转接后,方能进入电能表;出表导线也应遵守"先接入负荷开关,再接入负荷"的原则。这种配置,可以解决铝质进户线与电能表铜线的转接,同时也方便后期计量管理的表计更换。

3)大容量电能表安装时,可采用"T"接的方式将中性线接入电能表。安装时,中性线也应与相线同时从电能表配电箱内进出,不得将电能表中性线引至表箱外与主中性线"T"接。中性线的压接必须可靠。

(3)工作终结。

1)通电前检查,表计安装是否牢固,导线连线是否正确、可靠,电能表前后隔离开关(熔断器)配置及功能是否完好。

2)端钮盒电压压板压接是否可靠。

3)再次确认装表接电数据的完整、正确,经客户检查核对后,签字确认。

4)清扫施工现场,对电能表接线盒、计量柜门、二次连线回路端子盒等应加封部位加装封印。

5)通电带负荷检查,电能表能否正常运行。上电指示及转盘转动趋势、脉冲闪烁频率是否与负荷大小对应。

6)对具有复费率功能的电能表还要检查时钟偏差,时段设置是否符合要求。

7)检查、整理、清点施工工具和装表接电现场材料。

4. 单相电能表安装注意事项

(1)在进行单相电能表安装工作时,应填用低压工作票。

(2)现场工作一般不应少于2人。

(3)严格防止二次回路短路,应使用绝缘工具、戴手套等措施。

(二)三相四线电能计量装置安装

三相四线电能计量装置的安装包括三相直接接入式电能表的安装和经电流互感器接入电能表的安装。

1. 危险点分析与预防控制措施

(1)组织现场工作人员学习作业指导书,并补充完备。

(2)作业前要完成培训工作,人员培训要到位,当天工作内容要清楚,做到心中有数。

(3)人员分工明确,工作场地具备作业条件。

(4)施工作业在高处进行时,必须使用安全带和安全绳,并在合格可靠的绝缘梯子或其他登高工具上工作。

(5)风险辨识及预防控制措施已落实到位,工作人员签字确认。

2. 作业前准备

装表接电工接到装表工单后,应做以下准备工作:

(1)核对工单所列的电能计量装置是否与客户的供电方式和申请容量相适应,如果有疑问应及时向有关部门提出。

(2)凭工单到表库领用电能表、互感器,并核对所领用的电能表、互感器是否与工单一致。

(3)检查电能表的校验封印、接线图、检定合格证、资产标记(条形码)是否齐全,校验日期是否在 6 个月以内,外壳是否完好,圆盘是否卡住。

(4)检查互感器铭牌、极性标志是否完整、清晰,接线螺栓是否完好,检定合格证是否齐全。

(5)检查所需的材料及工具、仪表等是否配足带齐。

(6)电能表在运输途中应注意防震、防摔,并应放入专用防震箱内;路面不平、震动较大时,应采取有效措施减小震动。

3. 三相四线电能表安装现场工作

(1)直接接入式电能表的安装。

三相四线电能表标准接线如图 4-41 所示。三相四线电能表标准接线为 $I_A$、$I_B$、$I_C$ 分别为通过三个驱动元件的电流元件(或线圈),电压 $U_A$、$U_B$、$U_C$ 分别并联于三个驱动元件的电压元件(或线圈),这种接线广泛运用于中性点直接接地系统,无论三相电压、电流是否对称,均能准确计量。

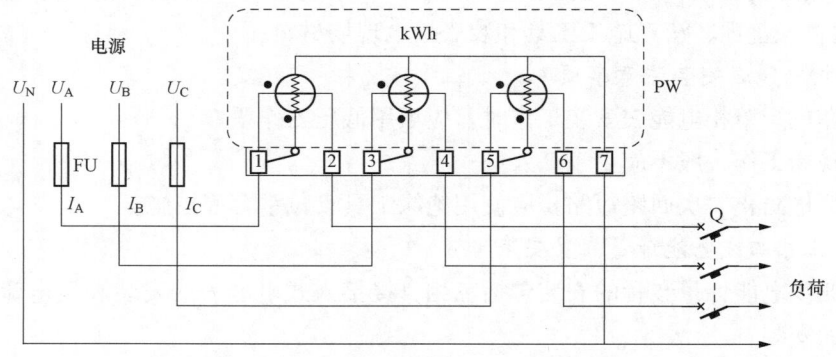

图 4-41 三相四线电能表标准接线图

1)本模块所指导线的连接,只包含表前开关(熔断器)到电能表、表后开关到电能表之间的导线安装。

2)进户线必须经过表前熔断器或开关转接后进入电能表,出表导线也必须遵守先接入负荷开关、再接入负荷的原则。

3)电能表的中性线不得在开断时进、出电能表。正确的做法是,在中性线上"T"接或经过中性母排接取中性线接入电能表,防止由于中性线在电能表连接部位断路,引起左三相负荷不平衡时发生零点漂移而引发供电事故。

4)金属外壳的直通式电能表如果装在非金属盘上,外壳必须接地。

5)三相电能表必须按正相序接线,以减少逆相序运行带来的附加误差。

6)进表线导体裸露部分必须全部插入接线端钮内,并将端钮螺栓逐个拧紧。线小孔大时,应采取有效的补救措施(如绑扎、加股等方式);线大孔小时,在保证安全载流量的前提下,允许采用断股的方法接入电能表。

7)带电压压板的电能表,安装时应确保其接触良好。

(2)经电流互感器接入电能表的安装。

通过联合试验接线盒连接方式,经电流互感器接入电能表的接线如图 4-42 所示。

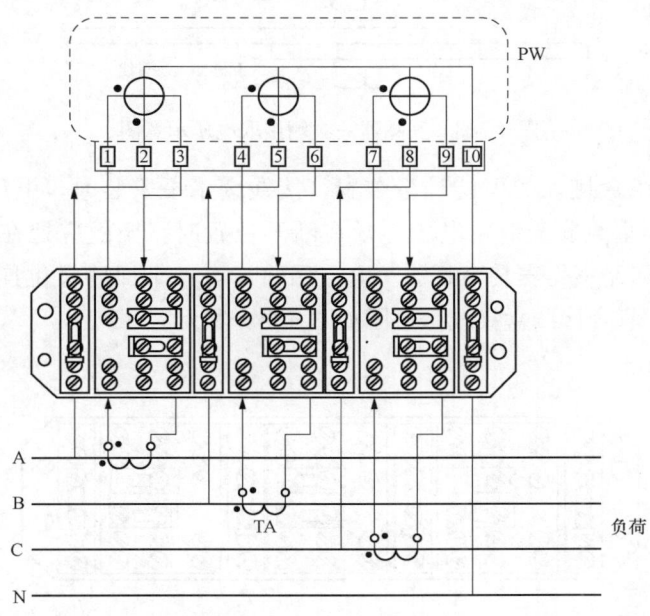

图 4-42 经电流互感器接入电能表的接线方式

除应遵循直接接入式电能表安装的第 1)、3)、4)项外,还应遵守以下要求:

1)经电流互感器接入的电能计量装置,每组互感器二次回路应采用分相接法(六线制),使每相电流二次回路完全独立,避免简化接线(四线制)带来的附加误差。

2)各相导线应分相色,穿标记套管。使用 KVV20 型计量专用电缆($4 \times 2.5 mm^2$ +

$6×4mm^2$，$2.5mm^2$ 导线绝缘相色为黄、绿、红、黑；$4mm^2$ 导线绝缘相色为黄、黄黑、绿、绿黑、红、红黑）。选择不带铠装的电缆是因为此类装置大多在计量箱柜内安装，便于以更小的弯曲半径敷设。专用计量电缆以直径和相色区分导线，采用此方案，允许不穿标记套管。

3）低压电流互感器的二次侧不应接地。这是因为低压电能计量装置使用的导线、电能表及互感器的绝缘等级相同，可能承受的最高电压也基本一样。此外，二次绕组接地后，可能导致整套装置一次回路对地的绝缘水平下降，易使有绝缘薄弱点的电能表或互感器在高电压作用时（如过电压冲击）击穿损坏。

4）电压线宜单独接入，不得与电流线共用（等电位法）。电压引入端应接在电流互感器一次电源侧，导线不得有接头；不得将电压线压接在互感器与一次回路的连接处，而是在电源侧母线上另行打孔，螺栓连接。允许使用加长螺栓，互感器与母线可靠压接后，在多余的螺杆上另加螺母压接电压连接导线。互感器一次接取电压示意图如图4-43所示。

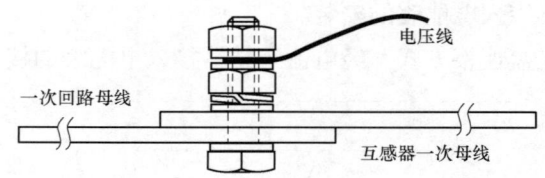

图 4-43 互感器一次侧接取电压示意图

5）经联合接线盒接入的电能计量装置，接线盒水平安装时，电压压板螺栓松开，压板应自然掉下；垂直安装时，电压连片在断开位置时，压板应处在负荷侧（电能表侧）。接线盒电压回路不得安装熔断器。电流回路应有一个回路错位连接，所有螺栓和压板应压接可靠，联合接线盒接线示意图如图4-44所示。

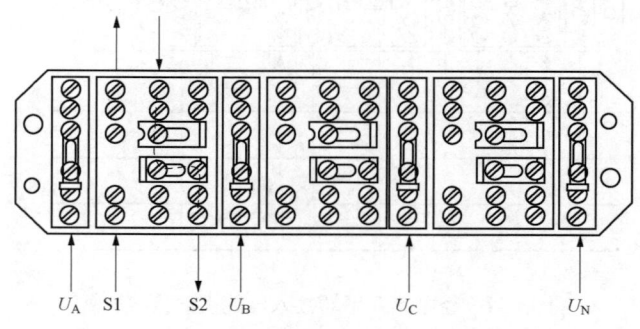

图 4-44 联合接线盒接线示意图

6）计量互感器二次回路属于专用回路，其他仪表、设备不应接入。

7）当使用散导线连接时，线把应绑扎紧密、均匀、牢固。尼龙绑扎带直线间距为80~100mm，线束弯折处绑扎应对称，转弯对称 30~40mm 处应做绑扎处理。

8）如果配置无功电能表，则遵循电流串联、电压并联，按照正相序连接的原则。

9）对执行功率因数调整电费考核的电能计量装置，还应检查电容补偿装置接入系统的位置，防止补偿装置连接在电能计量装置前侧的错误发生。

"工作终结"参见单相电能表安装部分的要求。

4．三相四线电能计量装置安装注意事项

（1）在进行三相四线电能计量装置安装工作时，应填用第二种工作票。

（2）严格防止电流互感器二次回路开路。应采用使用绝缘工具、戴绝缘手套等措施。

（3）测试引线必须有足够的绝缘强度，防止对地短路，且接线前必须事先用绝缘电阻表检查各测量导线每芯间、芯与屏蔽层之间的绝缘情况。

（4）电能表的相线、中性线采用不同颜色的导线并对号入孔，不得对调。

（5）电能表的中性线要经电能表接线孔穿越电能表，不得在主线上单独引接一条中性线进入电能表。

（6）导线穿过金属盘时，要用套护圈或塑料管，塑料表箱要用阻燃材料。

（7）电能表间距不小于80mm，与屏边距离不小于40mm，电能表倾斜度（前后、左右）不得超过1°。

（8）三相用户的三元件电能表或三个单相电能表中性线要在计量箱内引接，禁止从计量箱外接入，也不得与其他单相电能表中性线共用中性线。

（9）三相用户电能表应配有安装接线图，并严格按图施工，一律采用正相序接线。认真做好电能表、电能表箱的铅封、漆封工作，表尾接线完毕要及时封好接线盒盖，并尽量减少进出电能表导线的预留长度。

（10）低压三相电能表的电压辅助线，要从电能表上侧可密封的地方压接，避免用户私自调整电压相序，造成计量差错。

（11）在实施电能计量装置的规范安装和施工工艺的前提下，运行后进行六角图测试和相量分析，确保电能计量装置接线正确。

### 三、送电后检查

电能计量装置安装完成后，经检查确认接线无误，将电能计量装置投入运行。送电后的电能计量装置必须在接入实际负荷的状态下进行检查，防止装置本身存在异常或电源、负荷侧回路错误而导致电能计量装置不能正常工作。

（一）直接接入式电能表（单相电能表和三相四线直通表）

（1）通电前，应断开电能表出线侧开关。首先检查表前开关（熔断器）和电源侧电源是否正常，使用电压表测量电源相线与电能表中性线电压应约为220V。

（2）通电后，对于单相电能表，利用验电笔检查相线是否接进电能表电流回路，使用量程适当的钳形表，测量负荷电流、电能表接入电压。有条件时，闭合负荷开关，带负荷观察电能表转盘转速（或脉冲闪烁频率）与负荷大小的对应关系，以此判定电能表工作状态。

（3）对于直接接入式三相四线电能表，送电至电能表，使用量程适当的钳形表测量电能表接入电压。有条件时，闭合负荷开关，带负荷观察电能表转盘转速（或脉冲闪烁频率）与负荷大小的对应关系，以此判定电能表工作状态。

（4）还有相量图法检查分析电能表错误接线等其他检查方法。

（二）经电流互感器接入式电能表

（1）在不带负荷的条件下，在电能表接线端测量接入相电压（约为220V）、线电压（约为380V）是否正常。

（2）使用相序指示器，检查电能表接入相序是否满足正相序要求。如果此时接入方式为逆相序，则需要断开电源，视现场布线情况将一次侧电源线任意两相导线交换或者将电能表任意两个元器件的二次电流、电压导线同时交换。

（3）有条件时，闭合上负荷开关，带负荷观察电能表转盘转速（或脉冲闪烁频率）与负荷大小的对应关系，以此判定电能表工作状态。

（4）必要时，还应在接入负荷的条件下，使用具有相位检测功能的仪表检查电能表同一功率元器件是否接入同相电压、电流。

（5）对于电能计量装置接入极性、断流、分流、断压等错误检查，可用相量图法检查分析电能表错误接线等其他检查方法。

（三）用相量图法检查三相四线电能计量装置错误接线

经电流互感器接线的三相四线有功电能表有10个接线端。正确接线时，2、5、8和10端（或11端）分别接电压线A、B、C和N；1、3端分别接A相电流进出线，4、6端分别接B相电流进出线，7、9端分别接C相电流进出线，如图4-45所示。

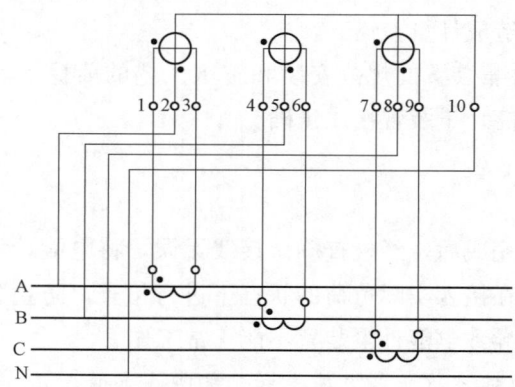

图4-45　低压三相四线有功电能表经电流互感器正确接线

判断方法和步骤如下：

（1）测量各线电压、相电压：用钳形相位伏安表（交流电压挡）测量电能表电压接线端（2、5、8 端）各两端之间的线电压 $U_{25}$、$U_{58}$、$U_{28}$；各数值若基本相等（约 380V）则说明电压回路接线正确，若为零或相差较大说明电压回路中存在有断路或接错相故障。再分别测 2、5、8 端与 10 端（或 11 端）之间的相电压；正确接线时，各数值基本相等，约为 220V。

(2) 测定电压相序：将相序表上的 A、B、C（黄、绿、红）三只接线夹分别夹住电能表 2、5、8 三个电压接线端，测量 2、5、8 端相序。若相序表正转，表示为正相序 abc 或 bca 或 cab；若相序表反转，表示为负相序 acb 或 cba 或 bac。正确接线时应为正相序。

(3) 测量各二次电流：用钳形相位伏安表（交流电流挡）分别测量流入电能表元件 1、2、3 的电流 $I_1$、$I_4$、$I_7$。正常接线时，三者数值基本相等；三者中若有为零的，说明该相 TA 二次断线或短路。

(4) 测相位角：用钳形相位数字伏安表（测相位挡）分别测出 $\dot{U}_{2.10}$ 与 $\dot{I}_1$、$\dot{U}_{5.10}$ 与 $\dot{I}_4$、$\dot{U}_{8.10}$ 与 $\dot{I}_7$ 之间的相位差角。

(5) 画相量图，判断错误接线方式：根据上述测量结果，画出相量图分析判断计量装置的错误接线方式。

【例 4-1】 某现场的三相四线电能计量装置中的有功电能表测试结果见表 4-6，试判断该计量装置的接线方式是否正确。

表 4-6　某现场的三相四线电能计量装置中有功电能表测试结果

| $U_{25}=380V$、$U_{58}=379V$、$U_{28}=381V$ | | | | | |
|---|---|---|---|---|---|
| $U_{2.10}=219V$、$U_{5.10}=220V$、$U_{8.10}=218V$ | | | | | |
| 2、5、8 端相序为正序 | | | | | |
| $I_1$ | $I_4$ | $I_7$ | $\varphi_1$ | $\varphi_2$ | $\varphi_3$ |
| 4.98A | 5.03A | 5.00A | 26° | 145° | 266° |
| $\varphi_1$ 为 $\dot{U}_{2.10}$ 超前 $\dot{I}_1$ 的相位差角，$\varphi_2$ 为 $\dot{U}_{5.10}$ 超前 $\dot{I}_4$ 的相位差角，$\varphi_3$ 为 $\dot{U}_{8.10}$ 超前 $\dot{I}_7$ 的相位差角。 | | | | | |

分析：

(1) 所测各线电压均约为 380V，各相电压均约为 220V，说明电压回路中不存在断路或接错相的故障。

(2) 所测电能表电流均不为零，说明不存在电流回路（或 TA 二次）断线或短路的故障。

(3) 2、5、8 端相序为正序，设为正序 abc，则 $\dot{U}_{2.10}=\dot{U}_a$，$\dot{U}_{5.10}=\dot{U}_b$，$\dot{U}_{8.10}=\dot{U}_c$，即电能表三个元器件的电压接线正确。

(4) 画出 $\dot{U}_a$、$\dot{U}_b$、$\dot{U}_c$ 三个电压相量后，根据测得的 $\varphi_1$、$\varphi_2$ 和 $\varphi_3$ 分别画出 $\dot{I}_1$、

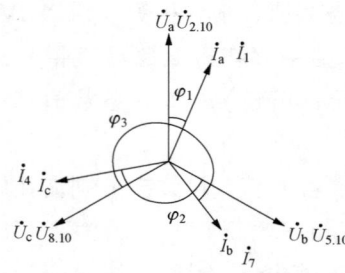

图 4-46 [例 4-1] 相量图

$\dot{I}_4$ 和 $\dot{I}_7$，可以看出 $\dot{I}_1$ 就是 $\dot{I}_a$，$\dot{I}_4$ 就是 $\dot{I}_c$，$\dot{I}_7$ 就是 $\dot{I}_b$，可看出元件 2 和元件 3 的电流接错了，如图 4-46 所示。

该三相四线有功电能表错误接线方式如图 4-47 所示。

当然，实际在三相电能计量装置的错误接线中，也有误将电压线接入电能表的电流接线端，或将电流线接入电能表的电压接线端。如果将电压线接入电能表的电流接线端，再将电流互感器接线端 $S_z$（$K_2$）并联并接地，通电时电能表就烧坏了。将电流线接入电能表的电压接线端，则电能表不走。这些现象在装表后送电时就会发生。

实际送电后对三相四线电能计量装置接线检查时可以将测试数据和检查情况记录在表 4-7 中。

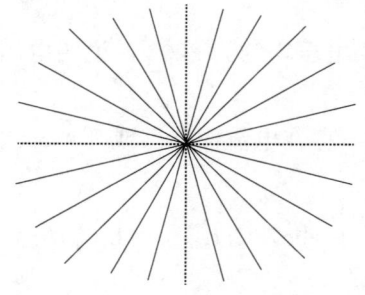

图 4-47 三相四线制有功电能表错误接线方式

表 4-7　　　　三相四线电能计量装置接线检查测试记录表

| 姓名 | | 单位 | | 模拟装置号 | |
|---|---|---|---|---|---|
| 一、电能表基本信息 ||||||
| 型号 | | 等级 | | 出厂编号 | |
| 规格 | | V； A | | 制造厂家 | |
| 电能表常数 | | | | | |
| 二、实测数据 ||||||
| 电压 | $U_{25}=$ V | | $U_{58}=$ V | | $U_{82}=$ V |
| | $\dot{U}_{2.10}=$ V | | $\dot{U}_{5.10}=$ V | | $\dot{U}_{8.10}=$ V |
| 电流 | $I_1=$ A | | $I_4=$ A | | $I_7=$ A |
| 相位 | $\dot{U}_{210} \hat{} \dot{I}_1 =$ | | $\dot{U}_{510} \hat{} \dot{I}_4 =$ | | $\dot{U}_{810} \hat{} \dot{I}_7 =$ |
| 2、5、8 端电压相序： ||||||

| 三、错误接线相量图 | 四、错误接线形式 |
|---|---|
| | 第一元件： |
| | 第二元件： |
| | 第三元件： |

## 【自我分析与总结】

| 学生学会的内容 | 笔记 |
|---|---|
|  |  |
| 学生总结 |  |
|  |  |

## 【巩固提升】

| 网络空间 | 笔记 |
|---|---|
| 二维码3<br>电能表现场检验的接线 |  |

项目五

# 智能电力监控系统设计与调试

## 【项目描述】

本项目包括三个任务，其中任务一介绍了智能电力监控系统常见功能、系统结构和常用的 Modbus 通信协议，电力监控系统通信协议配置，规约驱动表和增加通道参数的配置及导入 Modbus 规约模板；任务二介绍了智能电力监控系统的遥测、遥信、遥控设计；任务三介绍了数据报表和趋势曲线设计。通过本项目的学习，熟悉智能电力监控系统常用的 Modbus 通信协议，能对通信协议、规约驱动表、通道参数进行配置，可以进行简单电力监控系统设计与调试。

## 【项目目标】

（1）熟悉智能电力监控系统的系统结构。
（2）了解智能电力监控系统常用的通信协议和规约。
（3）会智能电力监控系统的配置。
（4）能对智能电力监控系统进行"三遥设计"。
（5）会做数据报表、趋势曲线，能进行系统设计与调试。
（6）具备"遵标准、精技能、敢创新"的职业素养和工匠精神。

## 任务一　智能电力监控系统功能及通信配置调试

### 任务描述

理解监控电力监控系统的系统结构，描述出变电站智能电力监控系统应该具备的功能；理解智能电力监控系统常用的 Modbus 通信协议，对监控系统 Modbus 参数、规约驱动表、通道参数进行设置，并导入 Modbus 规约模板。

### 任务目标

知识目标：
（1）了解变电站智能电力监控系统的功能。

(2) 了解 Modbus 通信协议发展历史。
(3) 掌握 Modbus 通信协议接口类型、通信模式以及数据传输方式等相关知识。
(4) 掌握电力监控通信协议配置方法及开发工具的使用。
(5) 掌握规约驱动表的配置。
(6) 会配置通道参数。
(7) 会 Modbus 规约模板的导入。

能力目标：
(1) 能根据要求设置电力监控通信协的通信参数。
(2) 能熟练解析 Modbus 通信报文。
(3) 能独立完成规约驱动表、通道参数的配置。
(4) 能熟练完成 Modbus 规约模板的导入。

态度目标：
(1) 培养主动学习的态度，独立思考的习惯。
(2) 激发紧跟时代潮流，学习领先技术的兴趣。

## 任务准备

(1) 阅读任务并查阅资料，总结变电站智能电力监控系统的功能。
(2) 仔细阅读本任务相关知识点，重点学习"Modbus 通信协议""电力监控通信协议配置""配置规约驱动表""配置增加通道参数""导入 Modbus 规约模板"，以及关于操作步骤、相关知识要点的描述。
(3) 测试软件是否能正常打开，无故障异常现象。

## 任务实施及评价

任务实施及评价见表 5-1。

表 5-1　　　　　　　　任 务 实 施 及 评 价

| 序号 | 任务步骤 | 工作内容 | 分值 | 评分标准 | 扣分 |
|---|---|---|---|---|---|
| 1 | 前期准备 | (1) 领取任务；<br>(2) 变电站智能电力监控系统的功能；<br>(3) 熟悉 Modbus 通信协议；<br>(4) 掌握 Modbus 三种通信方式及其报文格式 | 20 | (1) 未主动领取任务，扣 2 分；<br>(2) 变电站智能电力监控系统的功能描述不正确，每缺少一项功能扣 4 分；<br>(3) 未正确识别 Modbus 功能码，每项扣 2 分；<br>(4) 未正确识别 Modbus 通信方式，不能正确识别报文格式，每项扣 3 分 | |

续表

| 序号 | 任务步骤 | 工作内容 | 分值 | 评分标准 | 扣分 |
|---|---|---|---|---|---|
| 2 | 电力监控系统通信协议配置 | (1) 启动 Modbus 规约开发工具；<br>(2) 新建 Modbus 规约；<br>(3) 填写规约名字，描述其数据个数；<br>(4) 选择"Modbus-TCP"类型；<br>(5) 根据设备配置点表信息 | 20 | (1) 不能打开 Modbus 规约开发工具，扣 5 分；<br>(2) 不能正确新建 Modbus 规约，扣 2 分；<br>(3) 不能根据通信管理机中设备配置点表信息，扣 5 分 | |
| 3 | 配置规约驱动表 | (1) 启动"数据库组态"程序；<br>(2) 增加记录 | 15 | (1) 不能打开"数据库组态"程序，扣 2 分；<br>(2) 不能增加记录，扣 2 分；<br>(3) 不能正确填写规约名称等参数，每错一处扣 2 分 | |
| 4 | 配置增加通道参数 | (1) 打开"通信通道表"；<br>(2) 增加一条通信 | 25 | (1) 不能打开"通信通道表"，扣 2 分；<br>(2) 不能增加通信，扣 2 分；<br>(3) 不能正确填写通信代码、描述、标志、通信性质、设备地址、驱动程序名称等参数，每错一处扣 2 分 | |
| 5 | 导入 Modbus 规约模板 | (1) 启动"模板工具"；<br>(2) 导入 Modbus 规约模板 | 10 | (1) 不能启动"模板工具"，扣 2 分；<br>(2) 不能正确驱动"存库"和配置遥信，每错一处扣 2 分 | |
| 6 | 职业素养 | (1) 严谨细致，爱岗敬业，主动参与；<br>(2) 遵守纪律，团结协作，诚实守信 | 10 | 任意一项不满足，扣 2 分 | |
| 实施人员 | | | 最终得分 | | |

评分员确认签字：

_____年____月___日

## 📖 相关知识

### 一、变电站智能电力监控系统的功能描述

经过多年的优化总结，目前常见的电力监控系统在功能上基本大同小异，下面介绍常见的变电站智能电力监控系统的基本功能。

1. 友好的人机交互界面（HMI）

标准的电力监控系统具有一次主系统图，用来显示中、低压配电网络的接线情况；庞大的系统具有多画面切换及画面导航的功能。主画面可直观显示各回路的运行状态，主要电参量直接在人机交互界面显示，并实时刷新。

2. 用户管理

电力监控系统软件可对不同级别的用户赋予不同权限，从而保证系统在运行过程中的安全性和可靠性。

3. 数据采集处理

电力监控系统可实时采集现场设备的各电参量及开关量状态，包括三相电压、设备运行状态等，将采集到的数据直接显示，或统计计算后再显示，并对重要的信息量进行存储。

4. 趋势曲线分析

电力监控系统提供了实时曲线和历史趋势曲线两种分析界面。实时曲线可分析当前实时负荷运行状况；历史趋势曲线可对系统所有已存储数据查看，方便工程人员对监测的配电网络进行质量分析。

5. 报表管理

电力监控系统具有标准的电能报表格式，也可根据用户需求设计符合其需要的报表格式。系统可自动统计，自动生成各种类型的实时运行报表、历史报表、事件故障报表、操作记录报表等，可查询和打印，具有根据用户需求量身定制满足不同要求的报表输出功能。

6. 事件记录和故障报警

电力监控系统对所有用户操作、开关变位、参量越限及其他用户实际需求等事件均具有详细的记录功能，包括事件发生的时间位置，当前值班人员事件是否确认等信息，对开关变位、参量越限等信息还具有声音报警功能。

7. "四遥"功能

"四遥"功能包括遥信、遥控、遥测和遥调四项功能。

（1）遥信是指实时对开关运行状态、保护工作等开关量进行监视，并能实时显示和自动报警。

（2）遥控是指通过计算机屏幕选择相应的站号、开关号、合/分闸等信息，并在屏幕上将选择的开关状态，反馈出来，确认后执行，实时记录操作时间、类型、开关号等。

（3）遥测是指通过计算机实时对系统电压、电流、有功功率、无功功率、功率因数、超限报警、频率进行不断的采集、分析、处理、记录、显示曲线、柱状图，自动生成报表。

（4）遥调用于有载变压器的调压升/降、变频器的设定等。

## 二、Modbus 通信协议

1. 协议简介

Modbus 通信协议是一种已广泛应用于当今工业控制领域的通用通信协议，最初由 Modicon 公司在 1979 年提出和研发。Modbus 通信协议是全球最早用于工业现场的总线规约，经过几十年的发展，现在已经是工业领域全球最流行的协议。由于其功能完善、使用简单、数据便于处理，因此许多工业设备，如 PLC、DCS、智能仪表等，都在使用 Modbus 通信协议作为它们之间的通信标准。Modbus 的数据通信采用主/从方式，网络中只能有一个主设备，但是可以有多个从设备，即一个主站 Master 节点和多个从站 Slave 节点，从站节点数量最多不少于 247 个。每次通信发送，只能由主站节点主动发起并发送给从站节点。

Modbus 通信物理接口可以选用串口（包括 RS232、RS485 和 RS422），也可以选择以太网口。其通信过程为：主设备向从设备发送请求，从设备分析并处理主设备的请求，然后向主设备发送结果，如果出现任何差错，从设备将返回一个异常功能码。

2. Modbus 的三种通信方式

（1）以太网。对应的通信模式是 Modbus TCP/IP。

（2）异步串行传输。异步串行传输的传输介质为有线 RS232/422/485、光纤、无线等，对应的通信模式是 Modbus RTU 或 Modbus ASCII。

（3）高速令牌传递网络。对应的通信模式是 Modbus PLUS。

三种通信方式中，Modbus RTU 和 Modbus ASCII 协议应用于串口链接（RS232、RS485、RS422），Modbus TCP/IP 协议应用于以太网链接。

3. Modbus 工作方式

Modbus 的工作方式采用查询-回应模式。主站初始化系统通信设置，并向从站发送信息，从站正确接收信息后，响应主站的查询或根据主站的消息做出响应的动作。当主站不发送请求时，从站不会自己发出数据，从站和从站之间不能直接通信。这里的主站设备可以是 PC、PLC 或其他工业控制器设备。

（1）查询。主/从设备查询-回应消息过程，如图 5-1 所示，查询消息中的功能代码告知被选中的从设备要执行的功能，数据段包含了从设备要执行功能的任何附加信息。例如，功能代码 03 是要求从设备读保持寄存器，并返回它们的内容。数据段必须包含要告知从设备的信息：从哪个寄存器开始读及要读的寄存器数量。错误检测域为从设备提供了一种验证消息内容是否正确的方法。

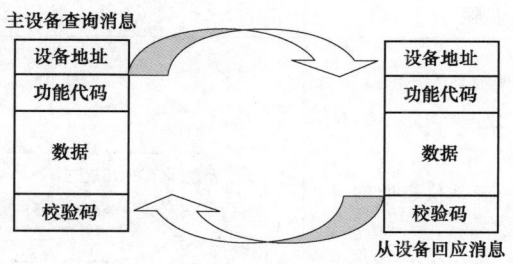

图 5-1 主/从查询 - 回应消息过程

（2）应答。如果从设备产生正常的回应，在回应消息中的功能代码是对查询消息中的功能代码的回应。数据段包括了从设备收集的数据，即像寄存器值或状态。如果有错误发生，功能代码将被修改，用于指出回应消息是错误的，同时数据段包含了描述此错误信息的代码。错误检测域允许主设备确认消息内容是否可用。

4. Modbus 协议的报文格式

Modbus 协议的报文（或帧）的基本格式为：表头＋功能码＋数据区＋校验码。

功能码和数据区在不同类型的网络都是固定不变的，表头和校验码则因网络底层的实现方式不同而有所区别。表头包含了从站的地址，功能码告知从站要执行何种功能，数据区是具体的信息。

对于不同类型的网络，Modbus 的协议层实现是一样的，区别在于下层的实现方式，常见的有 TCP/IP 和串行通信两种。

Modbus TCP 基于以太网和 TCP/IP 协议，Modbus RTU 和 Modbus ASCII 则是使用异步串行传输（通常是 RS232/422/485）。

### 三、智能电力监控系统编程配置

电力监控系统通信协议配置步骤见表 5-2。

表 5-2　　　　　　　　电力监控系统通信协议配置步骤

| 序号 | 操作步骤 | 操作示意图 |
| --- | --- | --- |
| 1 | 在键盘上按下 WIN＋R，打开运行窗口，输入命令 imodbusdev，启动 Modbus 规约开发工具 | |

续表

| 序号 | 操作步骤 | 操作示意图 |
|---|---|---|
| 2 | 选择新建，根据情况填写 Modbus 名字、Modbus 描述、数据个数及 Modbus 类型。<br>Modbus 名字：一般是仪表的型号，注意，不要使用中文字符；<br>Modbus 描述：输入仪表的厂家信息，一般是中文信息；<br>数据个数：要读取的数据点数目；<br>Modbus 类型：可以选择的有串口 Mddbus - COM、Modbus - RTU 或 Nodbus - TCP 等。本例选择 Modbus - TCP，单击"确定"按钮 | 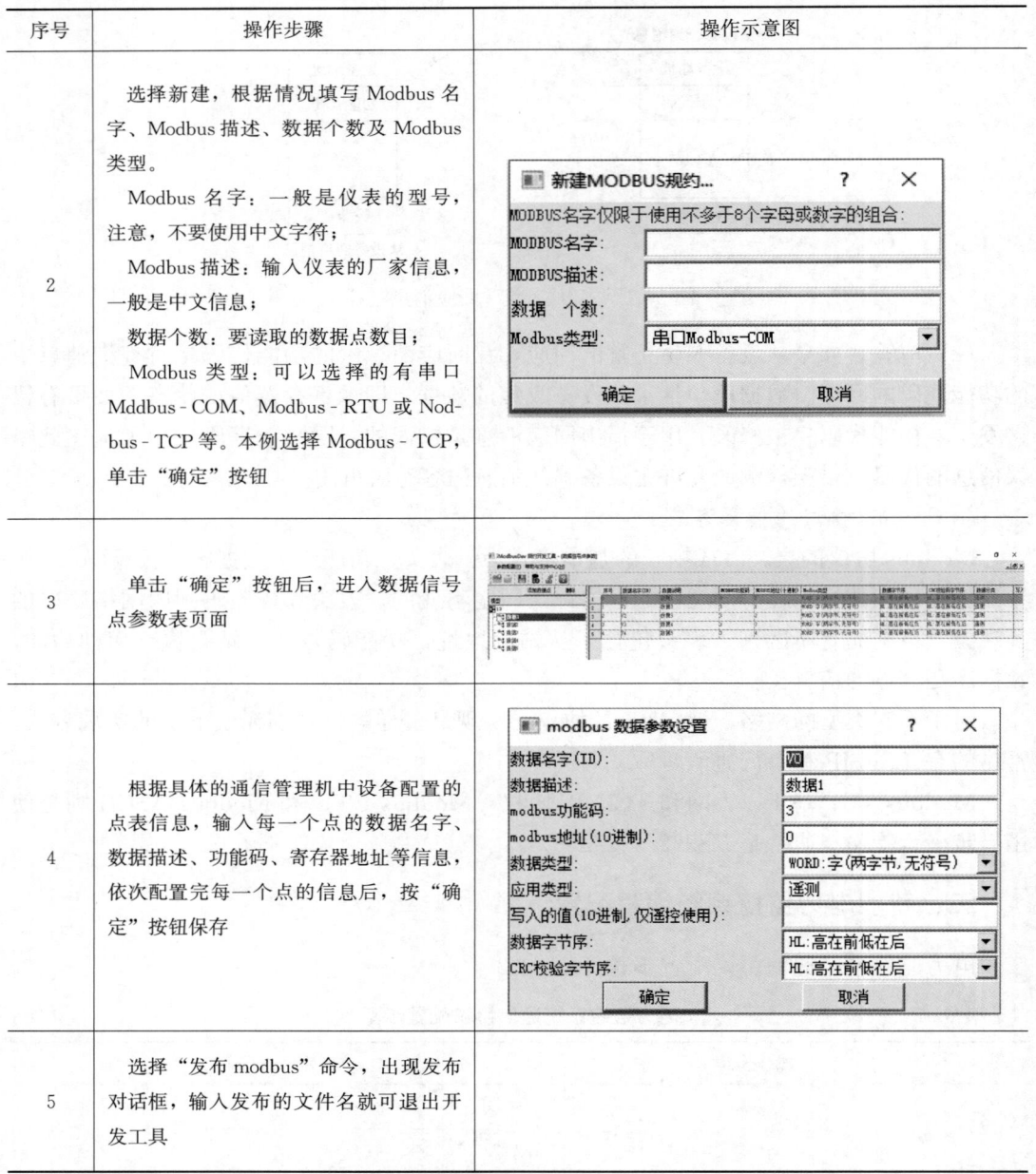 |
| 3 | 单击"确定"按钮后，进入数据信号点参数表页面 | |
| 4 | 根据具体的通信管理机中设备配置的点表信息，输入每一个点的数据名字、数据描述、功能码、寄存器地址等信息，依次配置完每一个点的信息后，按"确定"按钮保存 | |
| 5 | 选择"发布 modbus"命令，出现发布对话框，输入发布的文件名就可退出开发工具 | |

## 四、配置规约驱动表

规约驱动表配置步骤见表 5-3。

## 表 5-3　规约驱动表配置步骤

| 序号 | 操作步骤 | 操作示意图 |
|---|---|---|
| 1 | 打开"数据库组态"程序，单击"通信规约表"，增加一条记录：<br>规约 ID：依次增加；<br>规约名称：仪表的型号；<br>规约描述：仪表的型号说明；<br>规约库名称：对于 Modbus-RTU，为 ismartmodbus；对于 Modbus-TCP，为 ismarttcpmodbus；<br>规约参数：规约参数是一个扩展名为 mprot 的文件，是开发工具生成的规约文件名，在 config/fe 目录下，比如 DTST1325.mprot | |

## 五、配置增加通道参数

增加通道参数配置步骤见表 5-4。

### 表 5-4　增加通道参数配置步骤

| 序号 | 操作步骤 | 操作示意图 |
|---|---|---|
| 1 | 在"数据库组态"程序的"通信通道表"中增加一条通信，代表需要与仪表通信的通道 | |

通道参数说明：

代码：关键字，不要与已经存在的冲突。

描述：通道的中文信息，如 PLC 通信。

通道号：顺序增加，不要和已存在的冲突。

使用标志：1。

检测标志：0。

通信性质：0。

波特率、停止位、数据位、校验位：只有串口才需要填写。

设备地址：对于串口，填写串口号，比如 COM1、COM2。

对于后台作为 TCPIP 客户端，填写"IP：端口号：C"，比如 192.168.1.23：9900：C。

对于后台作为 TCPIP 服务器端，填写"IP：端口号：S"，比如 192.168.1.23：9900：S。

驱动程序名：对于串口，填写 2；对于 TCPIP，填写 1。
其余的列填写：0。

## 六、导入 Modbus 规约模板

Modbus 规约模板导入步骤见表 5-5。

表 5-5　　　　　　　　　　　Modbus 规约模板导入步骤

| 序号 | 操作步骤 | 操作示意图 |
| --- | --- | --- |
| 1 | 使用"WIN+R"打开运行窗口，输入"irtutool"命令，启动模板工具，选择"config\fe"下的规约模板文件，红色框中的部分根据实际情况填写：<br>装置描述：仪表的线路名称；<br>地址：仪表的 RS485 通信地址；<br>所属通道：仪表接入的串口通道或网络通道 | 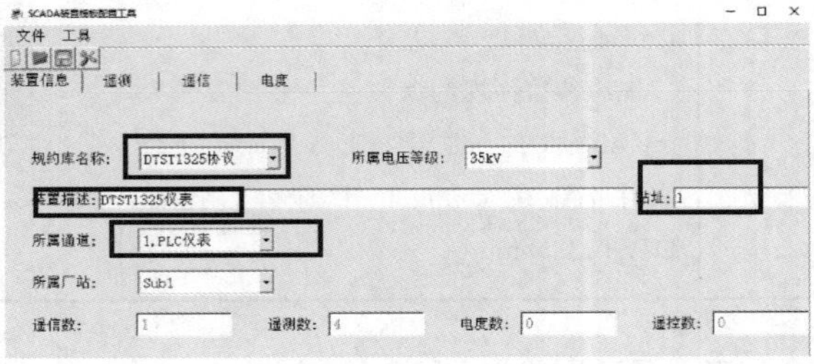 |
| 2 | 工具菜单中添加通道参数表；<br>选择工具菜单下的"存库"命令，对于使用同一个规约的不同线路仪表，重复上面的导入过程，只是每次的"装置描述"不一样，要填入实际的线路名称 | 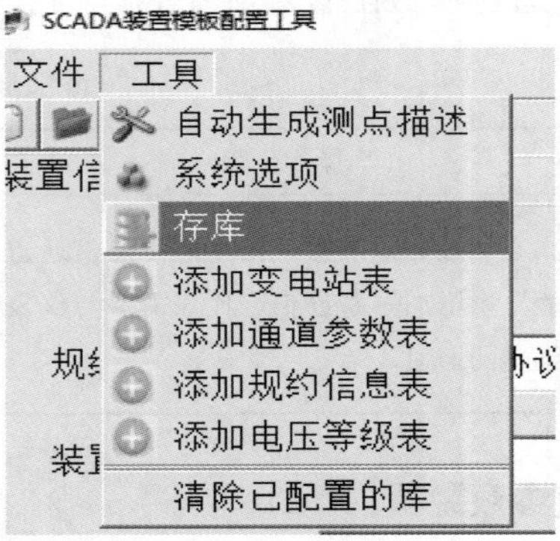 |
| 3 | 驱动存库成功后，重启"数据库组态"程序，在"通信设备表"中，将刚刚配置的设备的遥信数减 1，减 1 的目的是因为最后一个数值是给通信管理机配置的，在这里不需要观测通信管理机的状态 | 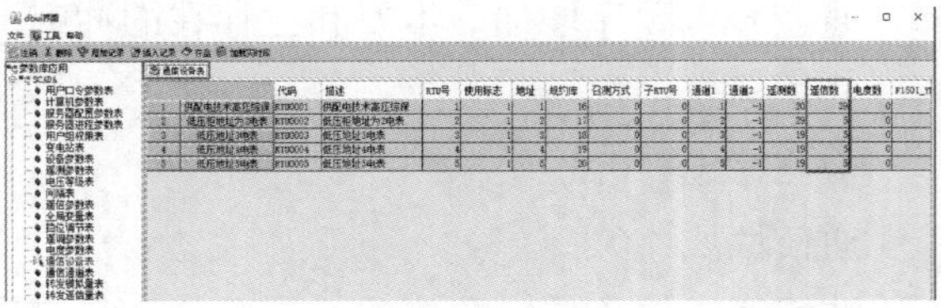 |
| 4 | 完成后重启或启动监控系统，便可绘图组态 | — |

## 【自我分析与总结】

| 学生学会的内容 | 笔记 |
|---|---|
|  |  |
| 学生总结 |  |
|  |  |

## 【巩固提升】

| 网络空间 | 笔记 |
|---|---|
| 二维码1<br>智能仪表通信调试 |  |

## 任务二　智能电力监控系统 "三遥" 设计

### 任务描述

进一步理解智能电力监控系统常见的"三遥"设计,并能根据要求完成下列设计:

(1) 通过遥测实时监测厂站的电压、电流等数据。
(2) 添加遥信图元和关联数据。
(3) 配置通信参数。
(4) 实现遥控。

### 任务目标

知识目标:
(1) 掌握遥测设计中添加遥测图元和数据关联的方法。
(2) 掌握遥信设计中添加遥信图元和数据关联的方法。
(3) 掌握遥信的参数设计。
(4) 掌握遥控操作步骤。

能力目标:
(1) 能根据要求设计遥测图元和数据关联。
(2) 能熟练添加遥信图元、数据关联和参数设计。
(3) 能独立完成遥控操作步骤。

态度目标:
(1) 培养创新、创业的意识和行动力。
(2) 激发紧跟信息时代潮流,学习领先技术的兴趣。

### 任务准备

(1) 仔细阅读浏览本任务相关知识点,重点学习"遥测设计""遥信设计"和"遥控设计"的操作步骤、相关知识要点的描述。
(2) 测试软件是否能正常打开,无故障异常现象。

### 任务实施及评价

任务实施及评价见表 5-6。

表 5-6 任务实施及评价

| 序号 | 任务步骤 | 工作内容 | 分值 | 评分标准 | 扣分 |
|---|---|---|---|---|---|
| 1 | 前期准备 | (1) 领取任务；<br>(2) 熟悉遥测设计；<br>(3) 熟悉遥信设计；<br>(4) 熟悉遥控设计 | 10 | （1）未主动领取任务，扣1分；<br>（2）未正确解答"三遥"设计概念，每处错误扣3分 | |
| 2 | 遥测设计 | (1) 启动遥测设计工具；<br>(2) 添加遥测图元；<br>(3) 选择合适显示模式；<br>(4) 根据情况进行数据关联 | 25 | （1）不能打开开发设计工具扣5分；<br>（2）不能正确添加图元或选择显示模式，每处错误扣5分；<br>（3）不能根据情况进行数据关联，扣5分 | |
| 3 | 遥信设计 | (1) 启动遥信设计工具；<br>(2) 添加遥信图元；<br>(3) 根据情况进行数据关联 | 25 | （1）不能打开遥信设计工具扣5分；<br>（2）不能正确添加和重新定制遥信图元，每处错误扣5分；<br>（3）不能根据情况进行数据关联，扣5分 | |
| 4 | 遥控设计 | (1) 启动遥控设计工具；<br>(2) 根据情况进行遥控的配置；<br>(3) 进行正确的遥控操作 | 30 | （1）不能打开遥控设计工具扣5分；<br>（2）不能正确进行遥控的配置，每处错误扣5分；<br>（3）不能正确进行遥控操作，扣10分 | |
| 5 | 职业素养 | (1) 严谨细致，爱岗敬业，主动参与；<br>(2) 遵守纪律，团结协作，诚实守信 | 10 | 任意一项不满足，扣2分 | |
| 实施人员 | | | 最终得分 | | |

评分员确认签字：

_____年_____月_____日

## 一、遥测设计

### （一）添加遥测图元

遥测图元可以显示厂站的电压、电流等实时数据，也可以显示变电站或设备的属性，添加遥测图元操作步骤见表5-7。

表5-7　　　　　　　　　　　　添加遥测图元步骤

| 序号 | 操作步骤 | 操作示意图 |
| --- | --- | --- |
| 1 | 在基本图元中选择电力遥测，按照前文讲述的方法添加到绘图区域。遥测图元有四种显示模式：普通模式、箭头模式、数码光管、带符号模式，其显示的位数也可以进行设定 | 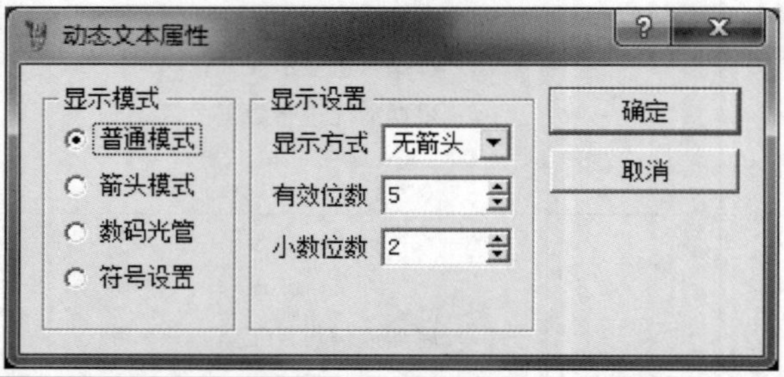 |
| 2 | 单击"确定"按钮，将图元添加到绘图区域。遥测图元的内容大小、颜色、排列等都可使用如图所示工具栏进行设置 |  |
| 3 | 驱动存库成功后，重启"数据库组态"程序，在"通信设备表"中，将刚刚配置的设备的遥信数减1，减1的目的是因为最后一个数值是给通信管理机配置的，在这里不需要观测通信管理机的状态 | 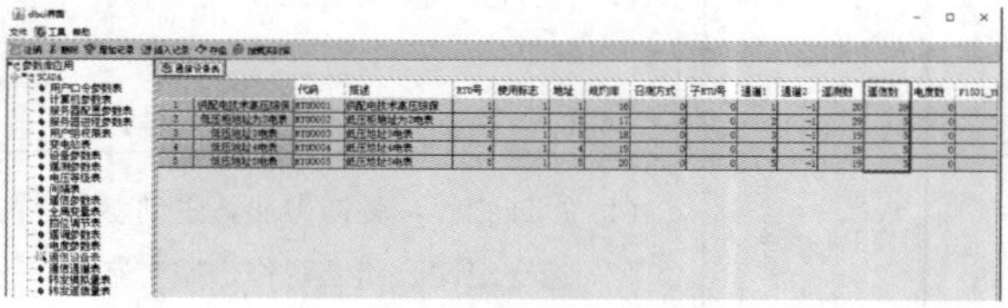 |
| 4 | 遥测图元添加完毕后，要为这些图元关联要显示的内容 | — |

### （二）关联数据

为遥测图元关联要显示内容的操作步骤，见表5-8。

表 5-8　　　　　　　　　　　遥测图元数据关联步骤

| 序号 | 操作步骤 | 操作示意图 |
|---|---|---|
| 1 | 单击鼠标左键选择要关联数据的图元，然后单击鼠标右键，在弹出的快捷菜单中选择"关联实时数据（采集视图）" | 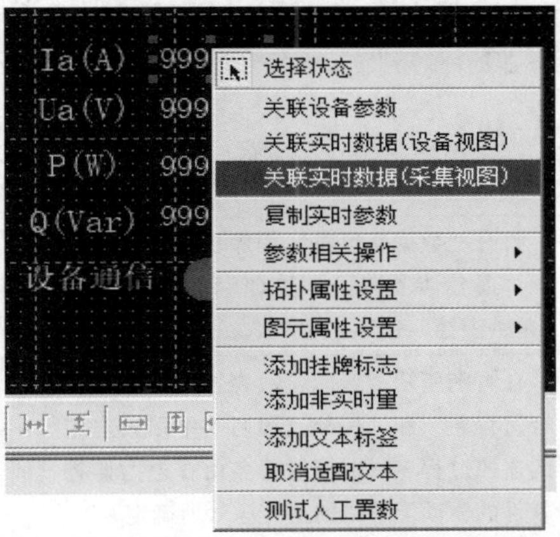 （快捷菜单截图：选择状态、关联设备参数、关联实时数据（设备视图）、关联实时数据（采集视图）、复制实时参数、参数相关操作、拓扑属性设置、图元属性设置、添加挂牌标志、添加非实时量、添加文本标签、取消适配文本、测试人工置数） |
| 2 | 对话框分为左右两部分，左边是该遥测对象，右边是该对象的各类信息，可根据需要进行关联 |  （选择数据点对话框截图） |

## 二、遥信设计

断路器、隔离开关、保护信号等有状态的设备或信息都通过遥信图元表示。在图元栏中，已将图元分为实时遥信、断路器、隔离开关等多个类别。选择要使用的遥信图元，添加到绘图区域。可通过右击图元，在弹出的菜单中选择"调整状态"来调整图元大小，但不能修改遥信图元的其他属性，否则会造成与原先定义的该图元的开合两种状态显示不符。若要修改遥信图元其他属性只有重新定制遥信图元。

遥信图元数据的关联与遥测数据关联的方法相同，操作步骤见表 5-9。

表 5-9　　　　　　　　　　　遥信图元数据关联步骤

| 序号 | 操作步骤 | 操作示意图 |
|---|---|---|
| 1 | 单击鼠标左键选择要关联数据的图元，然后单击鼠标右键，在弹出的快捷菜单中选择"关联实时数据（采集视图）"，可根据需要进行关联；<br>图中遥信图元关联的是一个信号，右侧是该信号的值。当该信号值为 0 时是一个状态，当信号值为 1 时，显示另一个状态。这就如开关的分合两种状态显示不同是一样的 |  （选择数据点对话框截图） |

### 三、遥控设计

当某一开关需要远程进行分合闸遥控时，需要给该开关进行遥控的配置，操作步骤见表 5-10。

表 5-10 遥 控 设 计 步 骤

| 序号 | 操作步骤 | 操作示意图 |
|---|---|---|
| 1 | 打开"数据库组态"程序，出现右图所示"遥信参数表"，在对应的遥信后的"是否遥控"选项中选择"√" |  |
| 2 | 在右图所示"遥信参数表"中，在"控合过程名"和"控分过程名"中填入对应的遥控过程名（遥控过程名由在电力监控软件的驱动配置中的遥控序号所确定） |  |
| 3 | 在操作的对象右键菜单中，选择"遥控"操作 | 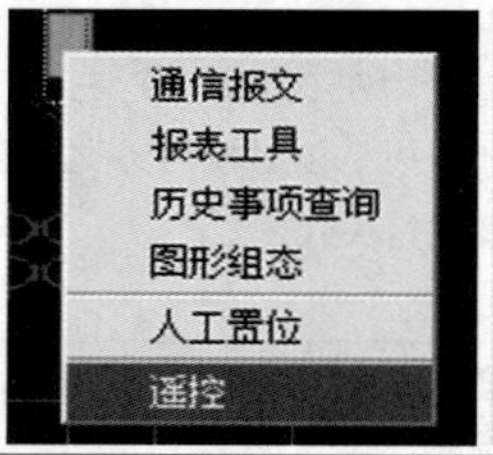 |
| 4 | 选择"操作目标"，当前对象是分闸状态，遥控可将其状态改为合闸。操作目标会自动显示遥控的目标态，选择有遥控权限的操作人，输入正确的密码，单击"继续执行"按钮 | 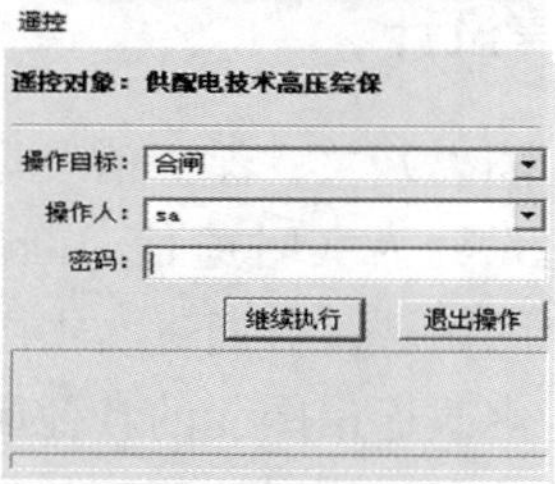 |
| 5 | 单击"选择"按钮，进行对象返校，若返校成功，继续单击"执行"按钮，进行控分操作。若返校不成功，会提示返校超时，此时要检查该对象是否存在、通信是否正常、返校时间是否过长等 | 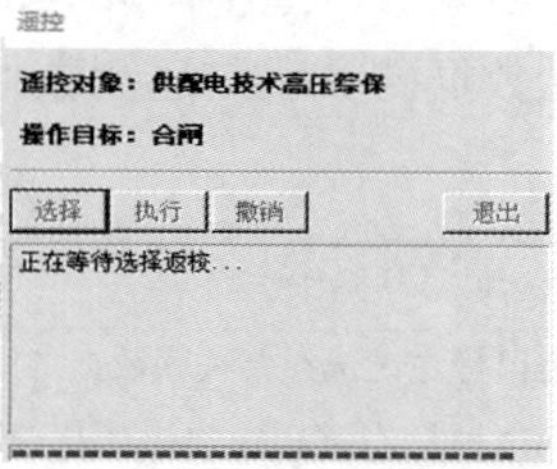 |
| 6 | 遥控对象的校验时间默认是 15s。返校成功后，"执行"按钮才可使用，可使用的时间默认也是 15s，执行的时间也是 15s。这三个时间分别与"遥信参数表"中的"遥控返校时间限""遥控发令时间限""遥控执行时间限"对应，可通过修改数据库中的时间来修改时间限值 | |

项目五　智能电力监控系统设计与调试

## 【自我分析与总结】

| 学生学会的内容 | 笔记 |
|---|---|
|  |  |
| 学生总结 |  |
|  |  |

## 【巩固提升】

| 网络空间 | 笔记 |
|---|---|
| 二维码2<br>高压上的微机综合保护装置 |  |

229

## 任务三 数据报表、趋势曲线设计

### 任务描述

能根据要求实现下述设计：
（1）数据报表设计。
（2）趋势曲线设计。

### 任务目标

知识目标：
（1）掌握数据报表设计的不同方法。
（2）掌握报表格式、样式、内容和格式设置等。
（3）掌握报表数据源的连接、修改和删除。
（4）掌握报表浏览和打印。
（5）掌握趋势曲线的设计方法和步骤

能力目标：
（1）能根据要求设计报表并进行浏览打印。
（2）能熟练对报表数据源进行连接、修改和删除。
（3）能独立完成趋势曲线的设计。

态度目标：
（1）培养创新、创业的意识和行动力。
（2）激发紧跟信息时代潮流、学习领先技术的兴趣。

### 任务准备

（1）仔细阅读本任务相关知识点，重点学习"数据报表设计"和"趋势曲线设计"的操作步骤、相关知识要点的描述。
（2）测试软件是否能正常打开，无故障异常现象。

### 任务实施及评价

任务实施及评价见表 5-11。

表 5-11　　　　　　　　　　任 务 实 施 及 评 价

| 序号 | 任务步骤 | 工作内容 | 分值 | 评分标准 | 扣分 |
|---|---|---|---|---|---|
| 1 | 前期准备 | （1）领取任务；<br>（2）了解"数据报表设计"应学知识；<br>（3）了解"趋势曲线设计"应学知识 | 10 | （1）未主动领取任务，扣2分；<br>（2）未正确回答"数据报表设计"和"趋势曲线设计"应有哪些对象，每处错误扣2分 | |

续表

| 序号 | 任务步骤 | 工作内容 | 分值 | 评分标准 | 扣分 |
|---|---|---|---|---|---|
| 2 | 数据报表设计 | (1) 启动设计工具；<br>(2) 添加遥测图元；<br>(3) 选择合适显示模式；<br>(4) 根据情况进行数据关联 | 50 | (1) 不能打开报表设计工具，扣5分；<br>(2) 不能制作报表、修改报表格式、样式、文本、时间、图表曲线和对数据源进行操作，每处错误扣3分；<br>(3) 不能浏览报表数据、打印报表，每处错误扣5分 | |
| 3 | 趋势曲线设计 | (1) 启动设计工具；<br>(2) 添加"实时曲线"控件；<br>(3) 根据情况进行电气量的添加；<br>(4) 添加曲线变量，关联实时数据 | 30 | (1) 不能打开趋势曲线设计工具扣5分；<br>(2) 不能正确添加"实时曲线"控件和电气量，每处错误扣5分；<br>(3) 不能正确添加曲线变量和关联实时数据，每处错误扣5分 | |
| 4 | 职业素养 | (1) 严谨细致，爱岗敬业，主动参与；<br>(2) 遵守纪律，团结协作，诚实守信 | 10 | 任意一项不满足，扣2分 | |
| 实施人员 | | | 最终得分 | | |

评分员确认签字：

_____年_____月_____日

## 相关知识

### 一、数据报表设计

数据报表设计可以用向导制作报表，也可以自定义报表。

（一）向导制作报表

向导制作报表操作步骤见表5-12。

表 5-12　　　　　　　　　　向导制作报表操作步骤

| 序号 | 操作步骤 | 操作示意图 |
|---|---|---|
| 1 | 前期准备：<br>在系统的操作托盘中选择数据报表，登录用户 sa，输入密码 sa，打开报表制作工具；<br>报表工具界面顶部有六个菜单栏，分类放置了六项功能分类按钮。工具左侧是报表列表，制作完成的报表都会分类列出显示 | |
| 2 | 向导制作报表：<br>单击 报表向导 按钮，弹出向导对话框，按需求进行下列设置：<br>报表类型：日报表、月报表、年报表；<br>排列方式：纵向数据内容会按照时间点纵向排列，否则横向排列；<br>报表标题：报表名称；<br>开始时间：若是从零时开始，要选择 0 时 5 分，不要选择 0 时 0 分；<br>时间间隔、点数：根据选择的报表类型不同，时间间隔的单位显示不同。点数可以自动生成，也可以手动进行修改。<br>同比：当前的报表数据是否取同比值。如果勾选，则可以生成当前所取数据同比昨日、上个月或去年同一时间段的数值 | 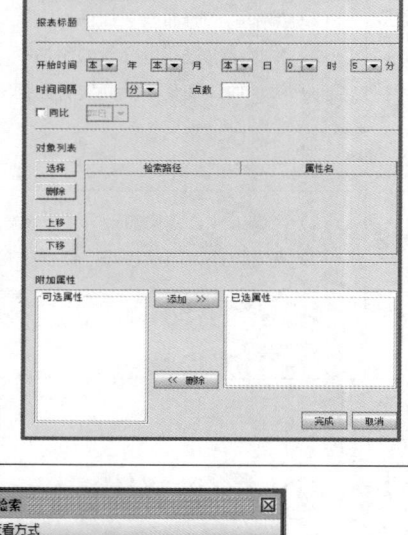 |
| 3 | 对象列表：<br>选择报表的数据对象可调整对象的顺序。单击选择按钮，弹出对象检索对话框，对象的选择方法与绘图工具中的操作方法相同，逐层选择。在实际应用中需要注意对象查看方式的选择，查看方式不同，显示值也不同。<br>附加属性：<br>包含数据的最大、最小等，此处统计值是 SCADA 后台统计的，直接从历史数据库中读取。如果要得到当前显示内容的值，可以使用报表的计算公式功能 | 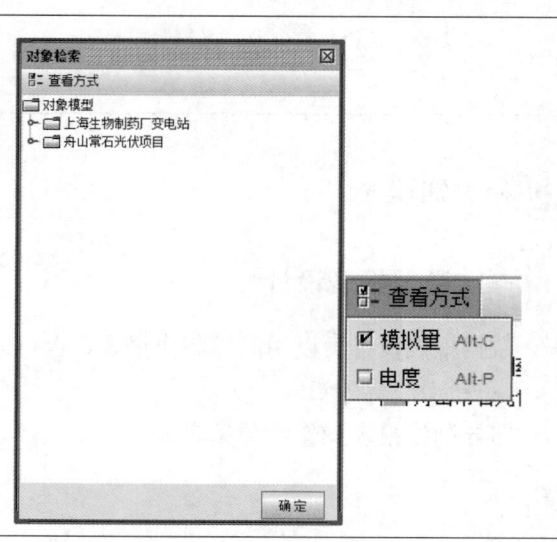 |

续表

| 序号 | 操作步骤 | 操作示意图 |
|---|---|---|
| 4 | 修改报表显示：<br>如右图所示一个报表制作成功。若对报表显示不满意，可以修改报表的格式和样式，也可以直接浏览数据，查看信息 |  |
| 5 | 修改内容：<br>若对报表内容复制粘贴，要使用菜单中的操作，此处键盘操作无效，且复制时，数据对象不会被复制，需要重新定义数据源。插入操作也要使用菜单中的操作，右键菜单操作如右图所示 |  |
| 6 | 也可使用编辑菜单栏操作 |  |
| 7 | 修改格式：<br>选中要修改属性的单元格，使用如右图所示格式菜单中的内容，可以对报表的字体、颜色等内容进行修改，然后再设置属性 |  |

（二）自定义报表

自定义报表就是自己设计报表显示模式，在报表区域手动输入内容。自定义报表操作步骤见表 5-13。

表 5 - 13　　　　　　　　　　　自定义报表操作步骤

| 序号 | 操作步骤 | 操作示意图 |
| --- | --- | --- |
| 1 | 打开报表制作工具，输入文本：<br>文本有两种输入方式，双击单元格输入，或选中单元格后直接输入；<br>文本内容的显示样式，可以使用格式菜单下的内容进行设置 |  |
| 2 | 插入时间：<br>选中要显示时间的单元格，然后单击"编辑"菜单下的"报表时间"按钮，即可添加时间，该时间会随着报表数据的时间而改变 | — |
| 3 | 插入图表曲线：<br>使用编辑菜单下的插入对象按钮，可以直接插入内容；<br>选取一块区域作为该图表的数据源，单击图表按钮，系统自动插入如图所示一张以该区域的内容作为数据源的图表 | 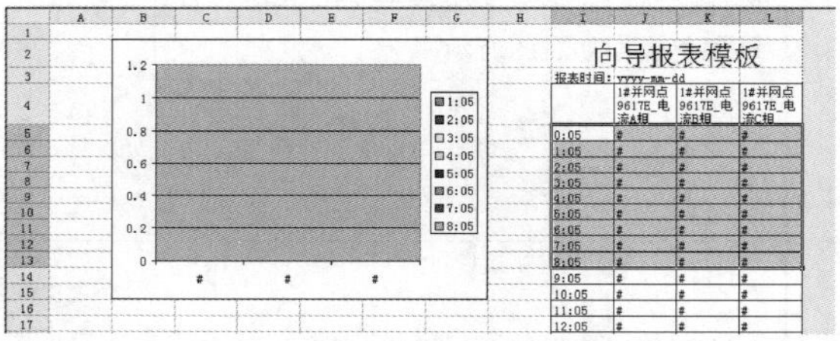 |
| 4 | 在图表的绘图区上鼠标右击弹出操作菜单，可设置：<br>设置绘图区格式：绘图区的边框线条和背景的格式和颜色；<br>图表类型：设置图表显示模式，柱形、饼图、散点图等；<br>源数据：设置图表区域范围；<br>图表选项：设置图表坐标图例；<br>位置：设置图表是单独成表还是隶属当前报表；<br>清除：清除绘图区的内容，并不是删除掉图表 | 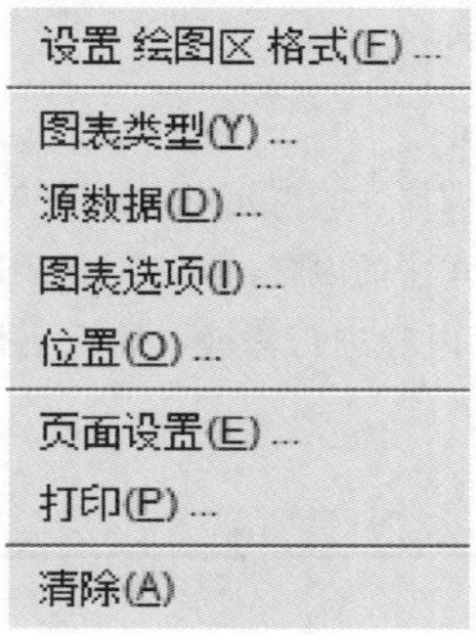 |

续表

| 序号 | 操作步骤 | 操作示意图 |
|---|---|---|
| 5 | 在图表边上的空白处单击鼠标右键、图例上右键、坐标上右键等都会弹出相应快捷菜单 | — |
| 6 | 编辑数据源：<br>用右键菜单中的操纵可以定义数据源，也可用右图所示数据菜单操作 | |
| 7 | 连接数据源：<br>单击连接数据源的操作按钮，打开数据源定义对话框，在该对话框中对报表数据对象进行检索，设置日期，然后按"确定"按钮 |  |
| 8 | 修改数据源：<br>选择单元格，然后单击修改数据源的按钮或是直接双击单元格，都会弹出数据源定义对话框，只是该对话框中对象是有内容的，将其清除后再进行新的对象的检索 | — |
| 9 | 删除数据源 | |

（三）浏览报表

浏览报表操作步骤见表 5-14。

表 5-14　　　　　　　　　　浏览报表操作步骤

| 序号 | 操作步骤 | 操作示意图 |
|---|---|---|
| 1 | 报表制作完成后，使用"win+R"弹出命令框，在命令框中输入"ihistable"，进行建表命令 | 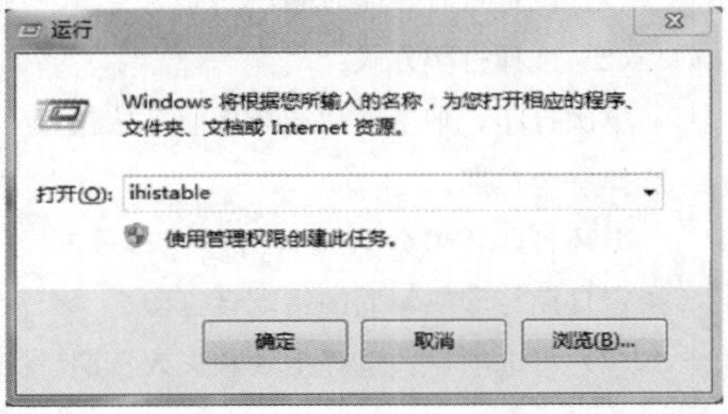 |

续表

| 序号 | 操作步骤 | 操作示意图 |
|---|---|---|
| 2 | 创建成功后，数据就开始在报表中进行存储，单击数据菜单中的"浏览数据"按钮，进行数据的查看 | 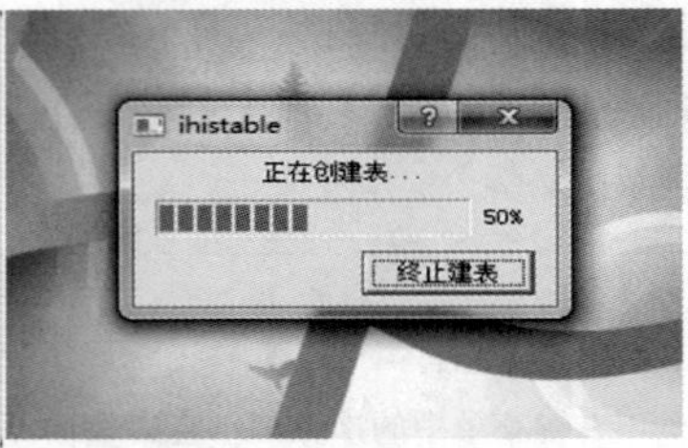 |
| 3 | 在弹出日期选择对话框中，可以通过选择指定日期，查看某一天的数据 |  |
| 4 | 在浏览数据的状态下，报表为只读不能进行编辑操作。当报表为浏览状态时，原来的"浏览数据"按钮将改变显示内容为"取消数据显示"。再次单击该按钮将返回编辑状态 | — |

（四）打印报表

打印报表操作步骤见表 5-15。

**表 5-15　　　　　　　　打印报表操作步骤**

| 序号 | 操作步骤 | 操作示意图（操作说明） |
|---|---|---|
| 1 | 打印报表时，使用文件菜单中的打印栏中的内容 |  |
| 2 | 打印设置操作：<br>（1）设定定时打印时间；<br>（2）选择打印方式；<br>单次打印，则单击"选择日期"按钮，选择一个日期；<br>循环打印，可分为每日打印，每月的指定日期打印或每周的指定日打印；<br>（3）可选项目：选择生效和失效日期 | 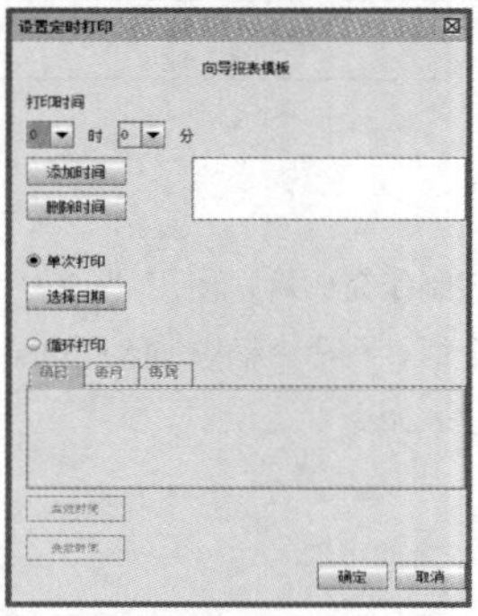 |

续表

| 序号 | 操作步骤 | 操作示意图（操作说明） |
|---|---|---|
| 3 | 在弹出的对话框中，可查看或修改设定定时打印的报表 | — |

## 二、趋势曲线设计

趋势曲线设计操作步骤见表 5-16。

表 5-16　　　　　　　　　趋势曲线操作步骤

| 序号 | 操作步骤 | 操作示意图 |
|---|---|---|
| 1 | 图形绘制界面中，在左边的工具栏中选择"常用控件"，将里面的实时曲线拖拽到绘图区域 | 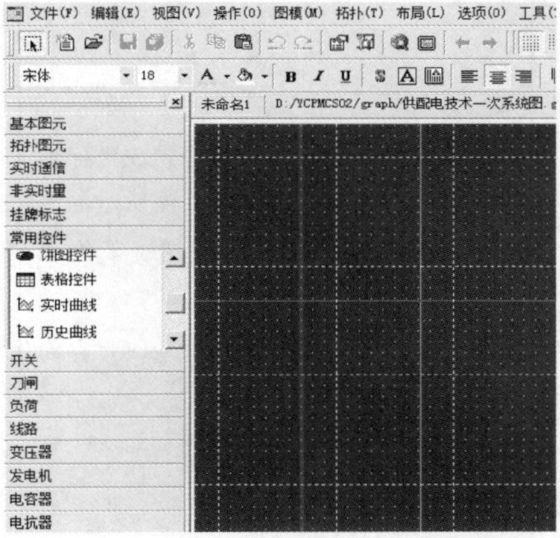 |
| 2 | 弹出"实时曲线参数设置"界面 | 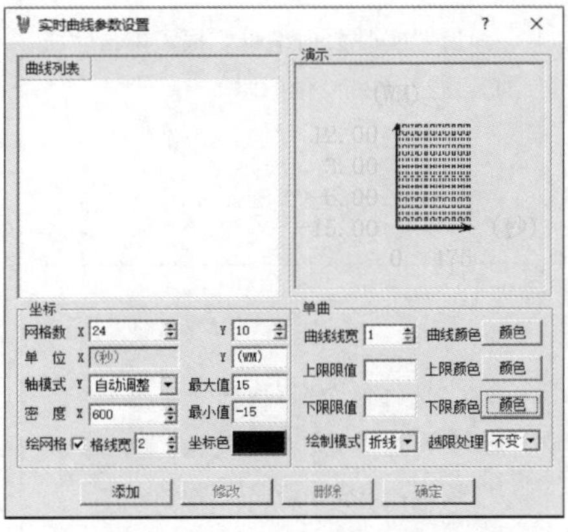 |

续表

| 序号 | 操作步骤 | 操作示意图 |
|---|---|---|
| 3 | 选择左下角"添加"按钮,将需要显示实时曲线的电气量选择添加,添加完成后按"确定"按钮保存 | |
| 4 | 将界面缩放到合适的大小,在坐标轴中单击鼠标右键,弹出如右图所示的选择框,选择"关联实时数据(采集视图)" | |
| 5 | 弹出"实时数据编辑"框,单击"添加",进行曲线变量的添加 | |
| 6 | 在"选择对象",选择"表模型"—"遥测",选择关联的电气量,单击"确定"按钮,完成趋势曲线设计 | |

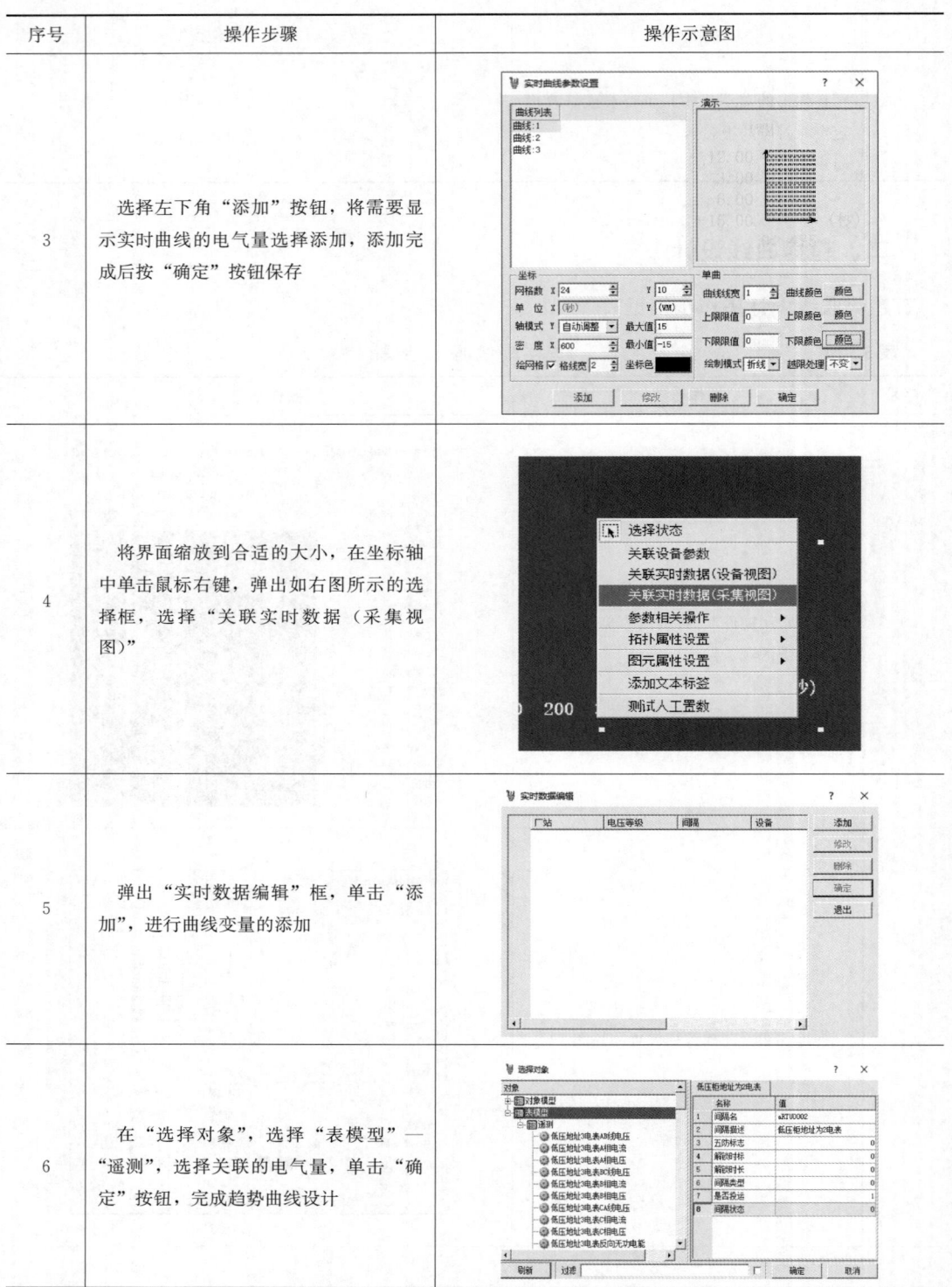

## 【自我分析与总结】

| 学生学会的内容 | 笔记 |
| --- | --- |
|  |  |
| 学生总结 |  |
|  |  |

## 【巩固提升】

| 网络空间 | 笔记 |
| --- | --- |
| 二维码3<br>多功能仪表 |  |

# 项目六

# 智能供配电设备运行

【项目描述】

本项目主要内容包括智能供配电设备运行中涉及的倒闸操作和智能电能表识读。倒闸操作包括倒闸操作票的填写、倒闸操作的流程等；智能电能表识读包括智能电能表的基本原理及其可实现的各项业务功能，识读单相、三相智能电能表的各项参数及其含义。学习本项目后，能进行标准化倒闸操作，正确识读单相、三相智能电能表的各种显示参数，并能依据参数的各种显示信息判断其运行状态。

【项目目标】

（1）掌握倒闸操作的概念、倒闸操作票填写及流程要求。

（2）了解智能电能表的基本原理，熟悉其可实现的各项业务功能。

（3）能正确识读单相、三相智能电能表的各项参数，并能依据参数的各种显示信息判断其运行状态。

（4）能正确填写操作票及按照倒闸操作流程要求规范进行倒闸操作。

（5）培养遵守规范的职业素养和严谨细致、精益求精、专业专注的工匠精神。

## 任务一 10kV 高压配电装置停送电倒闸操作

### 任务描述

根据配电系统主接线图 6-1 以及当前运行方式，完成规范的倒闸操作，具体要求如下：

（1）系统当前运行方式为：10kV 青草线 903 线路处于运行状态，0.38kV 低压配电装置 401、403、405、407 断路器处于运行状态。

（2）填写操作票，按照正规操作流程完成规范的 10kV 青草线 903 断路器从运行状态转检修状态的倒闸操作。

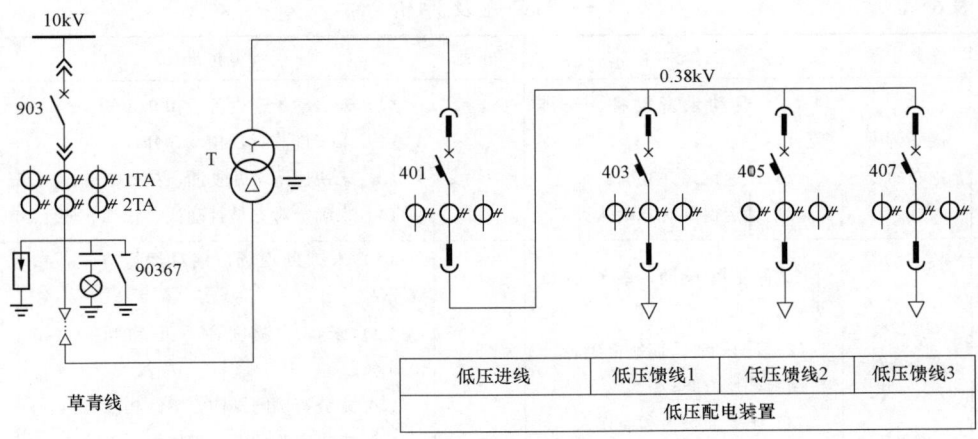

图 6-1 配电系统主接线图

## 📋 任务目标

知识目标：
(1) 掌握倒闸操作的概念，以及倒闸操作票填写及审核要求。
(2) 掌握高压配电装置停送电操作流程。
能力目标：
(1) 能正确填写操作票。
(2) 能规范地进行倒闸操作。
态度目标：
(1) 培养认真、严谨、一丝不苟的工作作风。
(2) 培养爱岗敬业的精神。

## 📋 任务准备

(1) 准备空白调度操作指令记录表和空白操作票。
(2) 仔细阅读本任务相关知识点。
(3) 准备倒闸操作过程中所需的工器具等。

## 🔭 任务实施及评价

任务实施及评价见表 6-1。

表 6-1 　　　　　　　　　　任 务 实 施 及 评 价

| 序号 | 任务步骤 | 工作内容 | 分值 | 评分标准 | 扣分 |
| --- | --- | --- | --- | --- | --- |
| 1 | 接受调度预发命令 | （1）启动录音设备，安排监听；<br>（2）快速记录并复诵；<br>（3）确定得到对方确认 | 5 | （1）未启动录音设备，扣 0.5 分；<br>（2）未安排监听，扣 0.5 分；<br>（3）未快速记录并复诵，扣 0.5 分；<br>（4）未确定对方是否确认，扣 0.5 分 | |
| 2 | 审核调令、通告全值 | （1）现场查勘，核对运行方式；<br>（2）确认调度命令正确，分析倒闸操作方案；<br>（3）确定监护人和操作人 | 5 | （1）未查勘现场，核对运行方式，扣 1 分；<br>（2）未确认调度命令正确与否，扣 0.5 分；<br>（3）未分析倒闸操作方案，扣 1 分；<br>（4）未指定监护人、操作人，扣 0.5 分 | |
| 3 | 填写操作票 | （1）检查运行方式；<br>（2）填写操作票 | 15 | （1）填写操作票的人员错误，扣 2 分；<br>（2）未检查运行方式，扣 2 分；<br>（3）操作票有涂改，仍继续使用，扣 2 分；<br>（4）操作票填写人不能独立填写操作票，扣 2 分 | |
| 4 | 操作票审核 | （1）检查是否完成操作票的审核签字；<br>（2）核对操作票 | 10 | （1）操作人未审核操作票，扣 1 分；<br>（2）监护人未审核签字，扣 1 分；<br>（3）值班负责人未审核签字，扣 1 分；<br>（4）审核中发现错误，直接涂改，扣 2 分 | |
| 5 | 危险点分析和预控 | （1）操作人和监护人对此次操作的目的、内容和过程进行相互考问；<br>（2）分析危险点分析；<br>（3）制定预防措施 | 5 | （1）操作人和监护间未进行相互考问，扣 0.5 分；<br>（2）未分析危险点，扣 1 分；<br>（3）未制定预防措施，扣 1 分 | |
| 6 | 操作准备 | （1）准备好操作所需物品、钥匙、操作用具、安全工具；<br>（2）检查操作用具和安全工具 | 5 | （1）未准备齐全所需物品，操作用具和安全工具，每缺少一件扣 0.5 分；<br>（2）未对操作用具和安全工具进行检查或试验，每漏一项扣 0.5 分 | |
| 7 | 接受正式调度命令 | （1）值班负责人联系调度，汇报操作任务准备完成情况；<br>（2）接受正式调度命令；<br>（3）监护人填写发令人、受令人、发令时间并在"监护下操作"栏对应的括号内打"√" | 10 | （1）监护人未正确填写发令人、受令人、发令时间并在"监护下操作"栏对应的括号内打"√"，扣 2 分；<br>（2）未启动录音、监听设备，扣 1 分；<br>（3）接受调度命令过程中，每错一项扣 0.5 分 | |

续表

| 序号 | 任务步骤 | 工作内容 | 分值 | 评分标准 | 扣分 |
|---|---|---|---|---|---|
| 8 | 模拟演练 | （1）按照操作票填写内容，在五防机或模拟图版上进行模拟预演；<br>（2）预演后再次核对运行方式；<br>（3）监护人插入电脑钥匙进行"五防"传票 | 15 | （1）操作前未核对运行方式，扣0.5分；<br>（2）预演过程中，人员与分配角色不一致，每错一处，扣0.5分；<br>（3）预演后未再次核对运行方式，扣0.5分；<br>（4）未进行"五防"传票，扣0.5分 | |
| 9 | 现场操作与复查 | （1）进入现场前准备；<br>（2）进入现场操作；<br>（3）操作结束收尾工作；<br>（4）操作结束后对现场设备状态进行复查 | 20 | （1）进入现场人员未正确戴好安全帽、穿好工作服和绝缘靴，每错一项扣0.5分；<br>（2）现场操作人员与分配角色不符，每错一项扣0.5分；<br>（3）操作结束后收尾工作，每错一项扣0.5分；<br>（4）未进行正确复查，每错一步扣0.5分 | |
| 10 | 结束工作 | （1）将电脑钥匙回传五防机；<br>（2）回放操作用工器具；<br>（3）汇报调度；<br>（4）操作评价 | 5 | （1）未正确核对五防机与现场状态一致，扣0.5分；<br>（2）未正确放回操作用工器具，每项扣0.5分；<br>（3）未正确向调度汇报并做好记录，扣1分；<br>（4）未做操作评价，扣0.5分 | |
| 11 | 职业素养 | （1）严谨细致，爱岗敬业，主动参与；<br>（2）遵守纪律，团结协作，诚实守信 | 5 | 任意一项不满足，扣2分 | |
| | 实施人员 | | 最终得分 | | |

评分员确认签字：

_____年____月___日

## 📖 相关知识

### 一、电气设备的状态

**1. 断路器的状态**

（1）断路器运行状态。断路器及其一侧或两侧隔离开关在合位，控制电源、储能电源（合闸电源）投入，设备保护按规定投入。

（2）断路器热备用状态。断路器在分位，其两侧隔离开关在合位，控制电源、储能电源（合闸电源）全部投入，设备保护按规定投入。

（3）断路器冷备用状态。断路器及其两侧隔离开关均在分位，控制电源、储能电源（合闸电源）全部投入，设备保护按规定投入。手车式、中置式断路器在分位，并拉至试验位置。

（4）断路器检修状态。断路器及其两侧隔离开关均在分位，断路器两侧或一侧装上接地线（或合上接地隔离开关），控制电源、储能电源（合闸电源）退出。手车式、中置式断路器在分位，并拉至检修位置，二次插头取下，控制电源、储能电源（合闸电源）退出。

**2. 线路的状态**

（1）线路运行状态。线路各侧断路器和出线隔离开关中至少有一个断路器处于合闸位置，或至少有一把出线隔离开关在合上位置；线路带电，线路保护按规定投入运行。

（2）线路热备用状态。线路各侧断路器在分闸位置，其中至少有一个断路器处于热备用状态。若热备用断路器与线路之间有出线隔离开关，则出线隔离开关为合上位置；线路不带电，保护按规定投入运行。

（3）线路冷备用状态。线路各侧断路器均处于冷备用状态且线路出线隔离开关均在断开位置，或与线路相连接的所有隔离开关均为断开位置，线路不带电。

（4）线路检修状态。线路各侧断路器均处于冷备用或检修状态且线路出线隔离开关均在断开位置，或与线路相连接的所有隔离开关均为断开位置，线路不带电；线路 TV 低压侧（高压侧）断开，线路各侧接地隔离开关在合上位置（或挂好接地线），线路保护停运。

### 二、倒闸操作

由于周期性检查、试验或处理事故等原因，需操作断路器、隔离开关等电气设备来改变电气设备的运行状态，这种将设备由一种状态转变为另一种状态的过程称为倒闸，进行的操作称为倒闸操作。

倒闸操作是电气值班人员的一项经常性的重要工作，操作、验电和挂地线是倒闸操作的基本功。倒闸操作分为正常情况下的操作和有事故情况下的操作两种。在正常情况下，应严格执行"倒闸操作票"制度。

倒闸操作票又称操作票，操作票是操作前填写操作内容和顺序的票据，包含编号、操作任务、操作顺序、操作时间，以及操作人或监护人签名等。操作设备的过程严格按照操作票的顺序执行。在电力系统中，操作一般由两个人一起操作，其中对设备较为熟悉者作监护人，可以减少事故发生的概率。

### 三、倒闸操作相关的专用术语

1. 调度运行术语

（1）调度指令：值班调度员对其管辖设备发布的操作指令。

（2）许可操作：在改变电气设备的运行状态前，根据有关规定，由有关人员提出操作项目的申请，值班调度员同意其操作。

（3）发布指令：值班调度员给各值班人员发布调度指令的过程。

（4）复诵指令：值班人员在接受值班调度员发布给他的调度指令时，依照指令的步骤和内容，向值班调度员复诵的过程。

（5）回复指令：值班人员在执行完值班调度员发布给他的调度指令后，向值班调度员回复已经执行完调度指令的过程。

（6）操作指令：值班调度员对所管辖设备进行的操作。

（7）综合操作指令：值班调度员给值班人员发布的操作指令，是综合的操作任务。具体的逐项操作步骤和内容以及安全措施，均由值班人员自行拟定。

调度业务联系时，数字"1、2、3、4、5、6、7、8、9、0"的读音为"幺、两、三、四、五、六、拐、八、九、洞"。

2. 操作指令术语（见表6-2）

表6-2　　　　　　　　　　倒闸操作指令术语

| 被操作设备 | 操作术语 |
| --- | --- |
| 断路器、接地开关、自动空气开关 | 合上、拉开 |
| 熔断器 | 插上、取下 |
| 远方/就地转换开关 | 将×××从××切至×× |
| 压板 | 投入、退出 |

### 四、倒闸操作票的填写要求

倒闸操作票（操作票）是进行倒闸操作的书面依据，是防止误操作，保障人身、电网和设备安全的重要措施。

（1）操作票由操作人员填写，应按倒闸操作票制度选用合适的笔填写，禁用铅笔、红笔等填写操作票。票面整洁、字迹清楚，有一般性错字时，在错字上打"×"，接着书写，但一页中不得超过三处错字涂改。

以下三种情况错字不得涂改，应重新填票。

1）设备名称、编号错误；

2）时间及保护定值等参数错误；

3）操作动词错误，如拉、合等。

（2）在填写操作票时，应填入下列项目：

1）应拉合的断路器和接地开关；

2）检查断路器和接地开关的位置；

3）安装或拆除控制回路或电压互感器回路的熔断器；

4）切换保护回路（启用或停用继电保护、自动装置及改变保护定值区间）；

5）设备检修后合闸送电前，检查送电范围内接地开关已拉开。

（3）为防止误操作，下列项目在操作票中应作为单独项目填写：

1）在操作手车前检查断路器确在"分闸"位置；

2）断路器、接地开关操作后应检查其实际位置（分闸或合闸位置）；

3）合上、拉开接地隔离开关后应检查其实际位置；

4）如果设备由运行转检修操作中，未退出保护，送电时检查该设备"所有保护确已正确投入"，不必分项检查；

5）对有遥控功能的变电站，在就地停、送电操作前，必须切换该回路的"远方""就地"控制切换开关。

### 五、倒闸操作票填写示例

现以图 6-2 所示的变电站（发电厂）的倒闸操作票为例，说明倒闸操作票的具体填写方法。

**变电站（发电厂）倒闸操作票**

单位_____　　　　　　　　　编号_____

| 发令人 | | 受令人 | | 发令时间： | 年　月　日　时　分 |
|---|---|---|---|---|---|
| 操作开始时间： | 年　月　日　时　分 | | | 操作结束时间： | 年　月　日　时　分 |
| | （　）监护下操作　　（　）单人操作　　（　）检修人员操作 | | | | |
| 操作任务： | | | | | |
| 顺序 | 操作项目 | | | | √ |
| 1 | ×××××× | | | | |
| 2 | ×××××× | | | | |
| | | | | | |
| 备注： | | | | | |
| 操作人：　　　　　监护人：　　　　　值班负责人（值长）： | | | | | |

图 6-2　变电站（发电厂）倒闸操作票

1. 单位及编号栏（第一栏）

第一项，单位：填写××kV××变电站；第二项，编号：按现场规定填写。同一操作任务有多页的情况下编号相同。

2. 命令栏（第二栏）

（1）发令人：填写发布正式调度操作命令的调度员姓名。

（2）受令人：填写接受正式调度操作命令的值班员姓名。

（3）发令时间：填写调度员发布正式调度操作命令时间，时间精确到分钟，操作票上所有时间的填写方式按照年采用四位阿拉伯数字填写，月、日、时、分均采用两位阿拉伯数字填写。

3. 操作时间栏（第三栏）

（1）操作开始时间在实际操作开始时填写。

（2）操作结束时间在本操作票所列操作项目全部执行完，并完成操作质量检查后填写。在操作任务未全部执行完，但因故不再执行其余项目时，按已经操作的最后一项任务时间为操作终了时间。

4. 操作分类选择栏（第四栏）

在实际操作类型前的括号内打"√"即可，发电厂及变电站一般采用"监护下操作"。

5. 操作任务栏（第五栏）

"操作任务"栏应根据调度指令的内容填写，必须写明设备的电压等级及双重名称。应注意：操作任务不得涂改；停电和送电操作应分别填写操作票；一份操作票只能填写一个操作任务。

6. 操作项目栏（第六栏）

（1）第一列为顺序栏，顺序号需连续编号，分项书写的文字可占用数行。

（2）第二列为操作项目栏，应填写设备的双重名称，无必须填写电压等级可不填写电压等级。根据操作任务，按操作顺序及操作票的要求、规定，依次填写分项内容，同一个操作任务操作项目栏可占用数页，但应在前一页备注栏内中间写"接下页"，在后一页的操作任务栏中间写"接上页"。

（3）第三列为检查栏，每操作完一项，检查操作质量合格后打上"√"。电气设备操作后的位置检查应以设备实际位置为准，无法看到实际位置时，如断路器的分合闸位置，可通过检查设备的机械位置指示、电气指示、仪表及各种遥测、遥信的变化，且应有两个及以上有效指示同时发生对应变化时，才能确认该设备已操作到位。

（4）操作任务完成后，在操作票最后一步下面操作项目栏顶格居左加盖"已执行"章；若最后一步正好位于操作票的最后一行，在该操作步骤操作项目栏右侧加盖"已执行"章。若有废票（票面正确，因故未操作），在操作任务栏右边盖"作废"章，其原因应在备注栏注明。在操作票执行过程中因故中断操作，应在已操作完的步骤操作项目栏下面一行顶格居左加盖"已执行"章,并在备注栏内注明中断原因。若此操作票还有几页未执行,应在未执行的各页操作任务栏右下角加盖"未执行"章。

7. 备注栏(第七栏)

操作过程中因故中断操作需在备注栏说明原因,如"调度指令变更自××项起不执行""本操作票有错误,自××项起不执行"。

8. 签名栏(第八栏)

操作人填写操作票完毕并审查后签名;监护人根据模拟图板,核对所填的操作任务和项目,确认无误后签名;如果监护人不是值班负责人,最后还要由值班负责人审核签名。正班负责制的站(所)所写的操作票,可由正班担任监护人和值班负责人。无论何种方式填写的操作票,所有人的签名均应由本人亲笔签名,不准代签或打印。

## 六、倒闸操作流程

1. 接受调度预发命令

(1) 调度管辖设备应由具备发令权的当值调度发令。

(2) 接受调度命令的运行人员(监护人)必须具备正值资格。

(3) 发布及接受操作任务的双方人员应主动互报单位(站名、调度级别)、岗位(值班长或正值班员)、姓名。发布命令时应冠以××时××分及"调令编号",发布命令应准确、清晰,使用规定的调度术语和设备调度双重名称,同时应说明操作目的和注意事项。接受调度命令时,应安排监听、启动录音,做好记录,并应按照记录的全部内容逐字逐句向下令人进行复诵,并得到下令人的确认。

2. 审核调令、通告全值

(1) 接受调度预发命令后,运行人员进行现场查勘,结合当时的运行方式核对调度命令。

(2) 确认调度命令后,值班负责人应立即召集当值人员,通告调度命令的内容及要求,并分析倒闸操作方案。

(3) 值班负责人指定合格的监护人和操作人。

3. 填写操作票

(1) 操作票由操作人填写。

(2) 操作人通过操作票的填写,对将要进行的整个操作应做到心中有数;在执行操作过程中,应具有判断是否正确的能力,不能依赖监护人。

(3) 填票过程中出现的错票、废票,该操作票不得继续使用。

4. 对操作票进行三级审核

(1) 操作人对操作票进行自行核对正确后,交监护人再次进行审核签名,值班负责人进行最后审核签名。

(2) 对审核中发现的错误应由操作人重新填写倒闸操作票,旧操作票不得继续使用。

5. 明确操作目的，做好危险点分析和预控

操作人和监护人对此次操作的目的、内容和过程进行相互考问，以熟悉操作的全过程。并根据操作的类型、设备现存的问题、可能会出现的危险进行预测、预控。要求尽可能地将倒闸操作中的危险点列举出来，并制定相应的安防措施。例如，本次操作危险点主要有以下三个：

（1）本次待操作的设备是××，相邻带电间隔为××，停电范围为××，操作中一定要保持与带电设备的安全距离。

（2）操作中可能走错间隔，一定要注意核对设备名称和编号，避免出现误操作。

（3）操作时必须使用安全工器具，注意安全防护等，以保证人身安全。

6. 操作准备

（1）准备好操作过程中需要的物品、钥匙（断路器、隔离开关、间隔、高压室等处钥匙）、操作用具（电脑钥匙、录音笔）、安全工具。

（2）操作用具和安全工具的检查试验，应按操作用具和安全工具的标准化检查流程进行。

7. 接受正式调度命令

由值班负责人主动和调度联系，汇报操作任务的准备工作已做好。接受正式调度命令的要求（录音、监听、记录等）与接受预令相同。接受正式调度命令，监护人在操作票上填写发令人、受令人、发令时间，并在"监护下操作"栏对应的括号内打"√"。

8. 模拟预演

在操作实际设备前，监护人和操作人必须先在五防机（或模拟图板）上进行模拟预演。

（1）模拟操作前应结合调度指令核对当时的运行方式。

（2）模拟操作由监护人按操作票所列一次设备操作步骤逐项下令，由操作人复诵并模拟操作。二次设备操作项及检查项不进行模拟。

（3）无模拟图板或专用微机防误系统，直接在监控系统上进行操作时，监护人、操作人在操作对话框输入相关操作内容的步骤视为模拟操作，确认执行的步骤视为正式操作。

（4）模拟预演后应再次核对新运行方式与调度命令相符。

（5）模拟预演结束后，监护人将进行"五防"传票后的电脑钥匙取下，以便在现场设备上开锁。

9. 现场操作

（1）准备工作。戴好安全帽，穿好工作服，穿上绝缘靴，操作人携带操作用具和安全工具，监护人携带操作票、钥匙（包括电脑钥匙）、录音笔、操作票夹板等进入操作现场。

（2）操作现场人员要求。进入操作现场，在操作项目第 1 项执行前，监护人记录本次操作的开始时间。操作人在前，监护人在后，操作人应按操作项目有顺序地走到应操作设备的位置，等候监护人唱票。操作过程必须严肃认真，集中思想，不准闲谈或做与操作无关的事。

（3）站位要求。操作人应站在操作设备的正面。操作中要求监护人站在操作人的左后侧或右后侧，其位置以能看清被操作设备的双重名称及操作人的动作为宜，便于纠正操作人的错误动作。

（4）核对设备。在执行每项操作前，监护人和操作人应共同核对设备的名称、编号和开关设备的分合闸实际位置。

（5）唱票复诵。监护人手指设备标示牌大声地进行唱票，操作人应手指设备标牌大声地进行复诵，经监护人确认，发出"对！执行"的命令，操作人方能进行操作。

（6）操作要求。操作人用电脑钥匙打开防误闭锁装置按照操作项目要求进行操作。严禁监护人亲自动手操作。

（7）操作人完成所有操作项目后，操作人均应检查操作质量，确认设备已操作到位，再向监护人汇报"已执行"，并交还电脑钥匙。

（8）操作质量检查。每操作完一项，监护人和操作人应再次核对设备名称、编号和设备位置是否与操作项目内容相符；核查无误后，监护人方可在操作票上该步骤后画执行勾"√"。

（9）监护人的提示职责。每操作完一项，监护人应提示操作人下一步操作的内容。

（10）操作复查。全部操作完毕后，由监护人和操作人共同进行复查。仔细核对操作票上的项目是否已全部执行，每个步骤后都画了执行勾"√"，且设备无异常，未发现任何不正常现象和声光信号。

（11）检查无问题应在操作票上填入操作结束时间，并按要求加盖"已执行"章。

10. 归放钥匙及倒闸操作用具，更改模拟图板

（1）将电脑钥匙回传五防机，核对五防机上设备状态是否符合现场实际。有模拟图板的变电站应更改模拟图板接线方式。

（2）正确归放钥匙、安全用具和操作用具。

11. 汇报调度、做好记录

（1）操作完毕后，监护人和操作人向值班负责人汇报操作情况。

（2）由值班负责人及时向调度汇报操作情况及操作终了时间，此过程必须进行录音、监听。

（3）将汇报情况记入运行记录簿中，并做好其他相关记录。

12. 操作评价

由运行值班负责人组织，对本次操作情况进行评价，重点应包括操作中发现的问题以及整改措施等。

## 七、倒闸操作实操举例

执行某一操作任务时,首先要掌握电气主接线的运行方式、保护的配置、电源及负载的功率分布情况,然后依据命令的内容填写操作票。操作项目要全面,顺序要合理,以保证操作的正确和安全。

图6-3所示为某变配电站电气主接线图,高、低压侧均采用单母线分段运行。

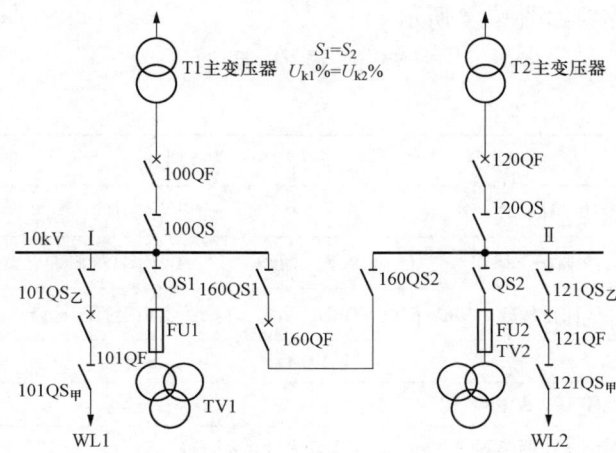

图6-3 某变配电站电气主接线

下面以该变配电站停电操作为例,给出一段对话脚本供读者进一步理解倒闸操作流程的步骤及过程,对话脚本并非固定不变,只作为初步学习倒闸操作流程时的参考,具体情况根据当地倒闸操作票制度规定不同而异。

1. 接受调度预发命令

调度值班员AA拨打运行值班电话,值班室电话响。值班负责人王五接电话。

王五(启动录音、安排李四监听):你好,我是值班长王五。

AA:你好,我是调度值班员AA,现在向你下达一条综合令预令,调令号12134:操作任务:将10kV配电室WL1回路101断路器由运行转检修,下令时间:×年×月×日×时×分。王五快速记录并复诵:调令号12134,操作任务:将10kV配电室WL1回路101断路器由运行转检修,下令时间:×年×月×日×时×分。马上执行倒闸操作准备工作,做好准备工作后向你汇报。

AA:好的,再见。

2. 审核调令、通告全值

王五:现在下达操作任务(会同运行值班成员李四、张三走到监控机前)。

王五:××时××分,刚才调度发来操作预令,操作任务是,将10kV配电室WL1回路101断路器由运行转检修,现在进行运行方式核对。

王五:10kV配电室WL1回路101断路器现在是运行状态,调度命令与现场运行方式一致。

王五：现在进行人员分工。李四，担任本次操作的监护人；张三，担任本次操作的操作人。

李四及张三：是。

3. 填写操作票并签名

张三拟订好操作票后，自审操作票无误签名。李四审查无误签名；值班长审查无误签名。填写好的操作票如图6-4所示。

**倒 闸 操 作 票**

| 单位 _____ | | | 编号 _____ | |
|---|---|---|---|---|
| 发令人 | | 受令人 | 发令时间 | 年 月 日 时 分 |
| 操作开始时间： | 年 月 日 时 分 | | 操作结束时间： | 年 月 日 时 分 |
| （ ）监护下操作　　（ ）单人操作　　（ ）检修人员操作 | | | | |
| 操作任务：10kV 配电室 WL1 回路 101 断路器由运行转检修 | | | | |
| 顺序 | 操作项目 | | | √ |
| 1 | 拉开 WL1 线路 101 断路器 | | | |
| 2 | 检查 WL1 线路 101 断路器确在分位，开关盘表计指示正确 0A | | | |
| 3 | 取下 WL1 线路 101 断路器操作直流熔断器 | | | |
| 4 | 拉开 WL1 线路 101 甲刀开关 | | | |
| 5 | 检查 WL1 线路 101 甲刀开关确在分位 | | | |
| 6 | 拉开 WL1 线路 101 乙刀开关 | | | |
| 7 | 检查 WL1 线路 101 乙刀开关确在分位 | | | |
| 8 | 退出 WL1 线路保护跳闸压板 | | | |
| 9 | 在 WL1 线路 101 断路器至 101 乙刀开关间三相验电确无电压 | | | |
| 10 | 在 WL1 线路 101 断路器至 101 乙刀开关间装设 1 号接地线一组 | | | |
| 11 | 在 WL1 线路 101 断路器至 101 甲刀开关间三相验电确无电压 | | | |
| 12 | 在 WL1 线路 101 断路器至 101 甲刀开关间装设 2 号接地线一组 | | | |
| 13 | | | | |
| 备注： | | | | |
| 操作人：张三 | | 监护人：李四 | 值班负责人（值长）：王五 | |

图 6-4 变电站倒闸操作票

4. 准备操作用具

张三、李四共同检查工器具是否完好，穿戴是否正确。检查要求如下：

（1）安全帽：①安全帽帽檐、帽带、顶衬、帽壳等完好；②检查有合格证及试验周期（植物枝条安全帽两年，塑壳安全帽和玻璃钢安全帽两年半）在规定时间内。

（2）绝缘手套：①外观完好；②检查有合格证及试验周期（半年）在规定时间内；③充气试验合格。

（3）绝缘鞋：①外观完好；②检查有合格证及试验周期（半年）在规定时间内；③检查绝缘鞋底无漏黄。

5. 接受正式调度指令并模拟预演

王五（拨打调度电话）：（启动录音、安排李四监听）你好，我是当值值班长王五。

AA：你好，我是调度AA，请讲。

王五：根据调度AA下达的12134操作预令，我们已做好操作准备，请指示。

AA：你好，我是调度值班员AA；现在向你下达一条综合令正令，调令号12134；操作任务是将10kV配电室WL1回路101断路器由运行转检修；下令时间为×年×月×日×时×分，马上执行倒闸操作。

王五：接收到综合正令，调令号12134；操作任务是将10kV配电室WL1回路101断路器由运行转检修，受令时间为××时××分；马上执行倒闸操作。

AA：正确，请你操作完毕后向我汇报，再见

（李四填写站名、编号、发令人、受令人、发令时间，并在"监护下操作"栏对应的括号内打"√"。王五填写调度命令记录：填写发令人AA、受令人王五、发令时间填写正式发令时间）

李四：现在进行模拟预演（启动录音笔）；操作任务是将10kV配电室WL1回路101断路器由运行转检修。

张三：10kV配电室WL1回路101断路器由运行转检修。

李四：（手指操作设备），顺序第1（2、7、8）项：拉开10kV配电室WL1线路101断路器。

张三：手指操作设备，复诵操作项目。

李四：正确，执行。

（张三执行模拟预演操作。）

6. 现场操作

（李四记录本次操作的开始时间。）

李四：现在进行正式操作，请核对操作间隔。

张三：此间隔确为10kV配电室WL1回路配电装置。

李四：本次操作任务：10kV配电室WL1回路101断路器由运行转检修。

张三：将10kV配电室WL1回路101断路器由运行转检修。

李四：（手指待操作设备），第1项××。

张三：（手指待操作设备），第1项××。

李四：正确，执行。

张三：(拉开 WL1 线路 101 断路器的操作)，已执行。

(李四在操作票确认栏打"√"。)

李四提示下一项操作内容……

操作票执行完后核对运行方式（101 断路器在检修状态），填入操作结束时间，并在最后一步下边加盖"已执行"章；关闭录音，归还"五防"钥匙，归放工具用具。

7. 汇报调度、做好记录

王五（拨打调度电话）：(启动录音，安排李四监听) 你好，我是当值值班员王五。

AA：你好，我是当值调度 AA。

王五：××时××分，我们已将 10kV 配电室 WL1 回路 101 断路器由运行转检修。

AA：××时××分，你们已将 10kV 配电室 WL1 回路 101 断路器由运行转检修。好的，再见。

王五：再见。

(王五在调度命令记录终了时间。)

## 【自我分析与总结】

| 学生学会的内容 | 笔记 |
|---|---|
|  |  |
| 学生总结 |  |

## 【巩固提升】

| 网络空间 | 笔记 |
|---|---|
| 二维码1<br>智能仪表通信调试 |  |

## 任务二　智能电能表识读

### 任务描述

（1）某个体居民客户因未获取电能表余额提醒的短信，未能在余额不足时及时充值缴费而导致停电的困扰。通过此案例场景，引导学生正确识读、自主查询智能电能表各种信息显示。与此同时，针对本地费控智能电能表的基本原理、与普通电能表的区别、智能电能表主要功能应用方面的系列知识进行学习。

（2）引导学生依托用电信息采集系统开展智能电能表数据采集、"网上国网"App的余额查询等关联知识的学习。

### 任务目标

知识目标：

（1）了解智能电能表的基本原理，熟悉其实现的各项业务功能。

（2）正确识读单相、三相智能电能表的各项参数及其含义。

能力目标：

能正确识读单相、三相智能电能表的各种显示参数，依据参数的各种显示信息可判断其运行状态。

态度目标：

（1）正确理解电能计量装置作为国家法定电力计量器具，在记录"发、供、用"各方主体电量，并以此作为收费、考核依据，维护正常计量及供用电秩序，确保供电企业经营收益中的重要作用。

（2）通过对智能电能表的工作原理、表计识读等方面知识的系统学习，树立严谨细致、精益求精、专业专注的职业素养和工匠精神，立足"公正、公平、公开"原则，秉承"人民电业为人民"的服务宗旨，依托技术进步和智能电网的发展，不断提升创新意识，全面拓展智能电能表在支撑智能电网建设运营中的效率与质量。

### 任务准备

（1）准备单相本地费控智能电能表、单相远程费控智能电能表、三相（三相三线、三相四线均可）费控智能电能表各一只，安装在电能计量柜中并完成正确接线（此项工作可由专业人员提前完成，并确保电能表运行正常）。

（2）将上述几只电能表接入实训所使用的用电信息采集系统（仿真测试系统），并成功完成终端设置调试。

（3）内网电脑上输入用电信息采集系统（测试系统），并完成其相应组件安装，成功登录系统并建立上述电能表的档案信息。

## 任务实施及评价

任务实施及评价见表 6-3。

表 6-3　　　　　　　　　　任务实施及评价

| 序号 | 任务步骤 | 工作内容 | 分值 | 评分标准 | 扣分 |
|---|---|---|---|---|---|
| 1 | 前期准备 | （1）正确穿戴工作服、绝缘鞋、劳保手套；<br>（2）领取任务；<br>（3）认真熟悉任务 | 5 | （1）未主动领取任务，扣1分；<br>（2）未正确穿戴工作服、绝缘鞋、劳保手套，每项扣1分；<br>（3）未正确分析任务，每项扣1分 | |
| 2 | 准备设备材料 | 测电笔、线手套、手电筒、单相本地费控智能电表抄录信息记录单、三相智能电能表抄表信息记录单、手写签字笔等 | 5 | 未按要求准备所需设备材料，每项扣1分，扣完为止 | |
| 3 | 验电 | 按"三步验电法"要求在开启配电屏柜前进行安全验电 | 5 | （1）未对测电笔进行验电扣2分；<br>（2）未对配电柜金属把手验电扣3分 | |
| 4 | 电能表铭牌识读 | 根据计量屏柜所安装中的单相智能电能表，查看其LCD显示屏循环自动显示其各种参数：<br>（1）电能表外形尺寸；<br>（2）液晶显示区、信号显示区、IC卡插入槽、基本信息区（生产厂商、电能表表号、型号、条形码等）、接线盒区<br>（3）电能表型号及其含义；<br>（4）铭牌上其他参数识读（额定电压、电流等） | 15 | （1）未正确识读电能表类型正确识读电能表型号及其含义，每错一项扣1分；<br>（2）未正确识读电能表额定电压、额定电流、表号、断路器壳架电流，每项扣1分 | |
| 5 | 自动循环显示记录 | 根据计量屏柜所安装中的单相智能电能表，查看其LCD显示屏循环自动显示其各种参数，并记录下可能出错的信息码：<br>（1）当前日期、时间、剩余金额；<br>（2）当前组合有功总电量；<br>（3）当前组合有功尖、峰、平、谷电量；<br>（4）当前电价；<br>… | 25 | 正确记录电能表各循环显示项数据，并解答其含义，漏记、错记、未正确解答含义，每项扣1分 | |

续表

| 序号 | 任务步骤 | 工作内容 | 分值 | 评分标准 | 扣分 |
|---|---|---|---|---|---|
| 6 | 手动按键显示记录 | 据计量屏柜所安装中的三相智能电能表，在其右上角白色按键上手动操作，查看其LCD显示屏循环显示的各种参数，并记录下可能出错的信息码：<br>(1) 当前日期、当前时间、剩余金额；<br>(2) 当前组合有功总电量；<br>(3) 当前正向有功总电量；<br>(4) 当前正向有功尖、峰、平、谷电量；<br>(5) 当前正向有功总最大需量及发生日期、时间；<br>(6) 当前反向有功总电量；<br>(7) 当前反向有功尖、峰、平、谷电量；<br>(8) 当前反向有功总最大需量及发生日期、时间；<br>(9) 上一个月反向有功总电量；<br>(10) 上一个月反向有功尖、峰、平、谷电量；<br>(11) 上一个月反向有功总最大需量及发生日期、时间；<br>(12) 上一个月第1、2、3、4象限无功总电量；<br>(13) 上一个月正向有功总电量；<br>(14) 电能表失电压总次数、总时间；<br>(15) A、B、C相电压、电流；<br>…… | 35 | 正确记录电能表各循环显示项数据，并解答其含义，漏记、错记、未正确解答含义，每项扣1分 | |
| 7 | 现场清理 | 关好配电柜，收拾测电笔、手电筒、记录单、线手套等，清理残留的线头和其他杂物。<br>(1) 整理工具并归类存放；<br>(2) 打扫工位桌面和地面卫生 | 6 | (1) 未关好配电柜，扣2分；<br>(2) 工具未整理、归类存放，扣2分；<br>(3) 抽屉未清理干净，扣1分；<br>(4) 工位未打扫，扣1分 | |
| 8 | 职业素养 | (1) 严谨细致，爱岗敬业，主动参与；<br>(2) 遵守纪律，团结协作，诚实守信 | 4 | 任意一项不满足，扣2分 | |
| | 实施人员 | | 最终得分 | | |

评分员确认签字：

_____年_____月___日

## 📖 相关知识

### 一、智能电能表与普通电能表的区别

智能电能表是智能电网的应用终端，与传统电能表相比，智能电能表通过内部装备智能芯片，具备信息存储、双向多种费率计量、自动控制、计量信息管理、用电监控、双向计量、多种数据传输模式等功能。智能电能表代表着未来节能型智能电网最终用户智能化终端的发展方向。两者具体区别如下：

（1）普通电能表只有计量功能。智能电能表除了具有电能计量基本功能外，还具有信息存储、自动控制、分时计量、远程抄表、用电参数测量、用电信息安全保护的功能。

（2）智能电能表新增了计量信息管理、用电监控等功能，能更好地为用电客户提供准确、及时的电费计算服务。

（3）与普通电能表相比，智能电能表新增了双向计量功能，除了可以计量客户使用的电量外，还可以计量向电网输送的电量。

（4）智能电能表采用全电子式设计，内置进口专用芯片，准确度高，不受频率、温度、电压、高次谐波影响。

（5）IC卡智能电能表启动电流小、无潜动、宽负荷、低功耗，误差曲线平直，长期运行时稳定性好，外形美观、体积小、质量轻、安装方便。

此外，智能电能表还有以下特点：

（1）统一规格尺寸，方便自动检表。

（2）减少电流的规格等级，去掉了3、15A及30A等量限规格。

（3）单相表全为费控表，费控分负荷开关内置与外置。

（4）脉冲常数参考最大电流$I_{max}$，而不是参考额定电流$I_N$。

（5）所有表都有电压、电流、功率、功率因数等监测参数。

（6）通信模块采用可插拔方式，不影响计量，方便升级更换，为技术改进提供方便。

（7）统一的通信协议、通信接口，各生产厂家的掌机程序或通信软件可通用。

（8）增加了阶梯电价功能。

### 二、智能电能表基本情况

智能电能表依据国家电网公司企业标准的不断完善，截至目前，先后历经了2009版、2013版和2020版三个版本的迭代升级，以及依托高速宽带载波（HPLC）换装所带来的高级应用。

识读智能电能表首先应读懂电能表铭牌的信息，包括电能表型号、准确度等级、电

能表电压、基本电流及额定最大电流、电能表常数等。在此，重点介绍电能表型号、准确度等级、电压三方面的内容。

1. 智能电能表型号

智能电能表的型号用字母和数字的排列来表示，即类别代号＋组别代号＋设计序号＋派生号。

电能表的类别代号为 D，组别代号见表 6-4。

表 6-4　　　　　　　　　　电能表组别代号

| 代号 | 第一组别 | 第二组别 | 功能 | | 信道 |
|---|---|---|---|---|---|
| A | 直流 A·h 计 | 数字化 | | | |
| C | | | | | CDMA |
| D | 单相 | | 多功能 | | |
| F | 直流 A·h 计 | | 多费率 | | |
| G | | | | | GPRS |
| H | 三相 | 谐波 | 多用户 | | 混合 |
| J | 直流（电能表） | | | | 微功率无线 |
| L | | 长寿命 | | | 有线网络 |
| N | | | | | 以太网 |
| P | | | | | 公用电话线 |
| Q | | | | | 光纤 |
| S | 三相三线 | 静止 | | | 3G |
| T | 三相四线 | | | | |
| W | | | | | 230MHz 专网 |
| X | 无功 | | 最大需量 | | |
| Y | | | 费控 | 预付费 | 音频 |
| Z | | 智能 | | | 电力载波表 |

**注**　功能代号"Y"只有在第二组别的代号"Z"（智能）后，其含义才为"费控"；在其他代号后时，其含义均为"预付费"。

2. 准确度等级

准确度等级通常采用圆圈中的等级数字表示，如电能表铭牌中"②"表示准确度等级为 2 级。

3. 智能电能表电压

确定智能表有关特性的电压。单相表为电压元件接线端电压，如 220V；三相四线表为相数乘以相电压/线电压，如 3×57.7/100V；三相三线表为相数乘以线电压，如 3×100V。

4. 智能电能表实例讲解

下面以目前大量运行的 2013 版、2020 版智能电能表为例进行介绍。其铭牌及外观形状如图 6-5 所示。

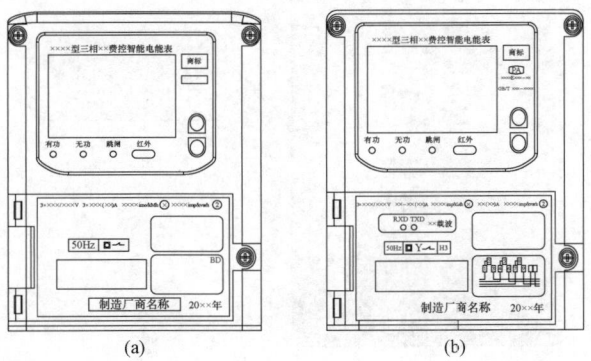

图 6-5　三相智能电能表外观示意图
(a) 2013 版；(b) 2020 版

(1) 单相智能电能表。单相智能电能表按其费控的策略不同，主要有远程费控、本地费控两种类型，两者外观如图 6-6 所示。另外，以载波通信的单相本地费控智能电能表外观如图 6-7 所示。

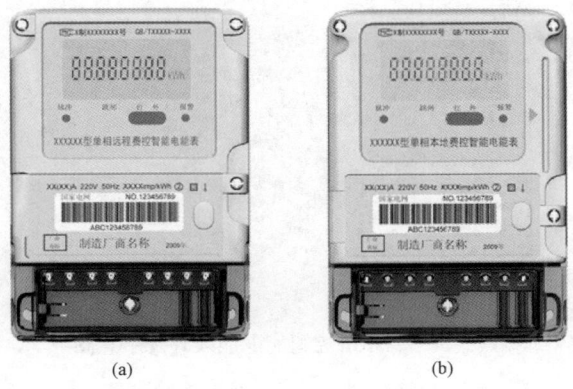

图 6-6　费控智能电能表外观示意图
(a) 单相远程费控智能电能表；(b) 单相本地费控智能电能表

单相智能电能表的型号含义如下：

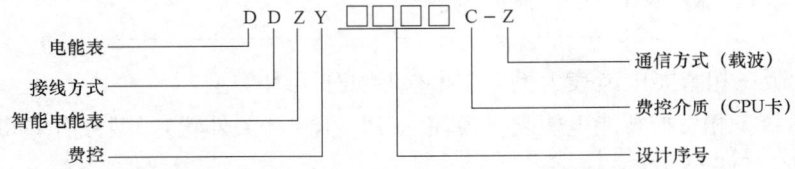

以 2009 版单相费控智能电能表为例，主要包括如下几种类型：

1) 2.0 级单相本地费控智能电能表，型号为 DDZY99C。
2) 2.0 级单相本地费控智能电能表（载波），型号为 DDZY99C-Z。

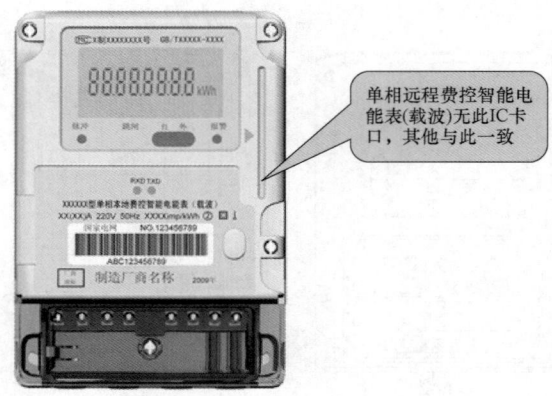

图6-7 单相本地费控（载波）智能电能表外观示意图

3）2.0级单相远程费控智能电能表，型号为DDZY99。

4）2.0级单相远程费控智能电能表（载波），型号为DDZY99-Z。

（2）三相智能电能表。图6-8所示为三相智能电能表的外观示意图。

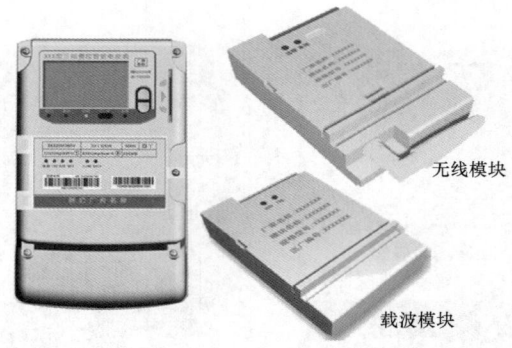

图6-8 三相费控智能电能表外观示意图

三相智能电能表的型号含义如下：

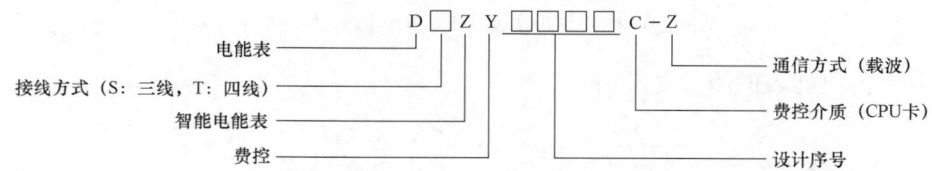

以2013版三相智能电能表为例，主要包括如下几种类型：

1）0.5S级三相费控智能电能表（模块-CPU卡-开关外置），型号有DTZY99C-G、DTZY99C-Z、DTZY99C-J。

2）0.5S级三相费控智能电能表（模块-远程-开关外置），型号有DTZY99-G、DTZY99-Z、DTZY99-J。

特别说明的是，60A 以下可采用内置负荷开关，60A 以上必须采用外置负荷开关。

### 三、智能电能表功能要求

智能电能表必须满足以下功能要求。

1. 电能计量

智能电能表应具有正向、反向有功电能测量和四象限无功电能测量功能，并可以据此设置组合有功和无功电能量；具有分时计量功能，有功、无功电能量可对尖、峰、平、谷等各种时段电能量及总电能量分别进行累计、存储；具有计量分相有功电能量功能。其中反向有功电能量可用于对风电、光伏发电等间歇式绿色发电装置发电量的计量。

2. 需量测量（三相表）

智能电能表可在约定的时间间隔内（一般为一个月），测量单向或双向最大需量、分时段最大需量及出现的日期和时间（钟点）。

3. 时钟功能

智能电能表的日历、计时、闰年可自动转换。

4. 清零功能

智能电能表的清零功能包括电能表清零和需量清零。电能表清零功能可清除电能表内存储的电能量、最大需量、冻结量事件记录、负荷记录等数据；需量清零功能可以清零电能表内当前的最大量及发生的日期与时间钟点等数据。清零操作应有防止非授权人操作的安全措施。

5. 费率和时段

智能电能表至少可设置尖、峰、平、谷四个费率，全年至少可设置两个时区，24h 内至少可设置 8 个时段，支持节假日和公休日特殊费率时段的设置。因此，智能电能表应具有两套可以任意编程的费率和时段，并可以在设定的时间起点启用另一套费率和时段。

6. 数据存储功能

智能电能表数据存储功能包括：①至少可存储有 12 个结算日的单向或双向总电能和各种费率电能数据；②至少可存储 12 结算日的单向或双向最大需量、各费率最大需量及其出现日期和时钟数据；③数据转存分界时刻为月末的 24 时（月初零时），或在每月的 1～26 号内的整点时刻；月末转存的同时，当月的最大需量值自动复零。在电能表电源断电的情况下，所有与结算有关的数据至少保存 10 年，其他数据至少保护 3 年。

7. 冻结功能

智能电能表的冻结功能包括定时冻结、瞬时冻结、日冻结、约定冻结和整点冻结五类。

（1）瞬时冻结是指在非正常情况下冻结当前的日历、时间，所有电能量和重要测量量的数据，应保存最后 3 次数据。

（2）定时冻结是指按照约定的时刻及时间间隔冻结电量数据。每个冻结量至少应保存 12 次，2013 版电能表要求 60 次。

（3）日冻结是指存储每天零点时刻的电能量，能存储 2 个月（62 天）以上每天零点时刻的电能量。

（4）约定冻结是指在新旧两套费率/时段转换、阶梯电价转换或供电公司认为有特殊需求时，冻结转换时刻的电量以及其他重要数据。

（5）整点冻结要求存储整点时刻或半点时刻的有功总电能。

8. 事件记录功能

智能电能表的事件记录功能主要包括有：

（1）记录各相失电压总次数，失电压发生时刻、结束时刻及对应的电量数据等信息。

（2）记录各相断相的总次数。断相发生时刻、结束时刻及对应的电量数据等信息。

（3）记录各相失电流的总次数，失电流发生时刻、结束时刻及对应的电量数据等信息。

（4）记录全失电压发生时刻、结束时刻及对应的电流值；全失电压后程序不应紊乱，所有数据都不应丢失，电压恢复后，电能表应正常工作。

（5）记录电压、电流逆相序的总次数、发生次数、结束时刻及其对应的电能量数据。

（6）记录掉电的总次数，以及掉电发生和结束的时刻。

（7）记录需量清零的总次数，以及需量清零的时刻和操作者代码。

（8）记录编程总次数，以及编程的时刻、操作者代码和编程项目数据标识。

（9）记录校时总次数（不包含广播校时），以及校时的时刻和操作者代码。

（10）记录各相过负荷总次数、总时间以及过负荷的持续时间。

（11）记录开表盖总次数，开表事件的发生、结束时刻。

（12）记录开端钮盖总数，开端钮盖事件的发生、结束时刻。

（13）记录电能表清零事件的发生时刻，以及清零时的电能量数据。

（14）记录远程控制拉、合闸事件，记录拉、合闸事件发生时刻和电能量等数据。

（15）支持记录失电压、断相、开表盖、开端钮盖等重要事件，主动上报。

9. 通信功能

通信信道物理层必须独立，任意一条通信信道的损坏都不得影响其他信道正常工作；当有重要事件发生时，支持主动上报；电能表底层通信协议遵循 DL/T 645—2007《多功能电能表通信协议》及其备案文件。

（1）RS485 通信接口必须和电能表内部电路实行电气隔离，并有失效保护电路；RS485 接口应满足 DL/T 645—2007 的电气要求，通信速率可设置，可选 1200、2400、

4800bit/s 和 9600bit/s，默认值为 2400bit/s。

（2）具备调制型或接触式红外接口；红外接口的电气和机械性能应满足 DL/T 645—2007 的要求；调制型红外接口默认的通信速率为 1200bit/s。

（3）电能表可配置窄带或宽带载波模块。如果采用外置即插即用载波通信模块的电能表，载波通信接口应有失效保护电路；在载波通信时，电能表的计量性能、存储的数据和参数不应受到影响和改变。

（4）电能表的公网无线通信组件采用模块化设计，更换或去掉通信模块后，电能表自身的性能、运行参数以及正常计量不应受到影响。更换通信网络时，应只需更换通信模块和软件配置，而不应更换整只电能表。当有重要事件发生时，应主动上报主站。应能将主站命令转发给所连接的其他智能装置，以及将其他智能装置的返回信息传送给主站的功能。支持 TCP 与 UDP 两种通信方式。通信方式由主站设定，默认为 TCP 方式，支持"永久在线""被动激活"两种工作模式，工作模式可由主站设定。

10. 信号输出功能

（1）应具备与所有计量的电能量（有功及无功）或正比的光脉冲输出和电脉冲输出；光脉冲输出脉冲宽度为（80±20）ms；电脉冲输出应有电气隔离，并能从正面采集。

（2）通过多功能信号输出端子可输出时间信号、需量周期信号或时段投切信号；三种信号通过软件设置和转换；时间信号为秒信号；需量周期信号、时段投切信号为（80±20）ms 的脉冲信号。

（3）智能电能表可输出电脉冲或电平开关信息，控制外部报警装置或负荷开关。

11. 显示功能

（1）具备自动循环和按键两种显示方式。自动循环显示时间间隔可在 5~20s 内设置；按键显示时，LCD 应启动背景光，带电时无操作 60s 后自动关闭背光。

（2）显示内容分为数值、代码和符号三种方式。

（3）智能电能表可显示电能量、需量、电压、电流、功率、时间、剩余电费金额等各类数值，数值显示位数不少于 8 位，显示小数位可以设置。

（4）显示符号包括功率方向、费率、象限、编程状态、相线、电池欠电压、故障情况失电压、断相、逆相序等标志。

（5）显示代码包括显示内容（编码和出错代码）；智能电能表如果发生出错故障，显示器应立即停留在该代码上。

（6）显示内容可通过编程进行设置。

（7）应具备停电后唤醒显示的功能。

12. 测量功能

智能电能表可测量总的及各分相的有功功率、无功功率、功率因数、分相电压、分相（含中性线）电流、频率等运行参数，测量误差不超过±1%。

### 13. 安全保护功能

智能电能表应具备编程开关和编程密码双重保护措施，以防止非授权人进行编程操作。

### 14. 费控功能

费控功能的实现分为本地和远程两种方式。本地方式通过CPU卡、射频卡等固态介质实现费控；远程方式通过公网、载波等虚拟介质和远程售电系统实现费控。

当剩余金额不大于设定的报警金额时，智能电能表能以声、光或其他方式提醒用户；透支金额应实时记录，当透支金额低于设定的透支门限金额时，智能电能表应发出断电信号，控制负荷开关中断供电。

当智能电能表接收到有效的续缴电费信息后，应首先扣除透支金额，当剩余金额大于设定值（默认为零）时，方可通过远程或本地方式使智能电能表处于允许合闸状态，由人工本地恢复供电。

当使用非指定介质或进行非法操作时，智能电能表应能进行有效防护；在非指定介质或非法操作撤销后，智能电能表应能正常工作且数据不丢失。

### 15. 负荷记录功能

智能电能表记录的内容包括"电压、电流、功率""有功、无功功率""功率因数""有功、无功总电能""四象限无功总电能""当前需量"六类数据，对这六类数据项任意组合。负荷记录间隔时间可以在1~60min范围内设置；每类负荷记录的间隔时间可以相同，也可以不同。

### 16. 阶梯电价功能

智能电能表具有两套阶梯电价，并可在设置时间点启用另一套阶梯电价计费。

### 17. 停电抄表功能

在停电状态下，智能电能表可以通过按键或非接触方式唤醒智能电能表抄表读数据，唤醒后可通过红外通信方式抄读表内数据。

### 18. 报警功能

报警事件包括失电压、失电流、逆相序、过负荷、功率反向（双向表除外）、电池欠电压等；发生报警事件后，智能电能表应有发光或声音报警输出。报警方式可通过发光或声音输出，光报警采用红色常亮指示，声报警可通过按键关闭。

### 19. 辅助电源功能

针对0.2S、0.5S级的非费控智能电能表，可配置辅助电源接线端子，辅助电源供电电压为100~240V，交直流自适应；具备辅助电源的智能电能表，应以辅助电源供电优先；线路和辅助电源两种供电方式应能实现无间断自动转换。

### 20. 安全验证功能

通过固态介质或虚拟介质对智能电能表进行参数设置、预存电费、信息反写和下发远程控制命令操作时，需通过严格的密码验证或 ESAM 模块等安全认证，确保数据传输安全可靠。安全验证包括但不限于以下内容：

（1）通过密码验证才能执行编程或其他特殊操作。

（2）密码采用两级管理，密码权限等级不同，可执行的操作不同。

（3）连续 3 次密码输入错误，自动关闭编程功能 24h。

### 四、智能电能表显示信息

智能电能表平时为自动循环显示，也可按动显示按键，显示屏就会按照设置的按键显示项目进行显示。显示内容包括智能电能表的表号、当前日期时间、当月和上月月度累计用电量等累计电能示值、报警代码或提示、通信状态提示等。

针对不同版本的智能电能表，液晶（LCD）显示风格略有差异，图 6-9 所示为 2013 版、2020 版单相、三相智能电能表液晶显示界面。

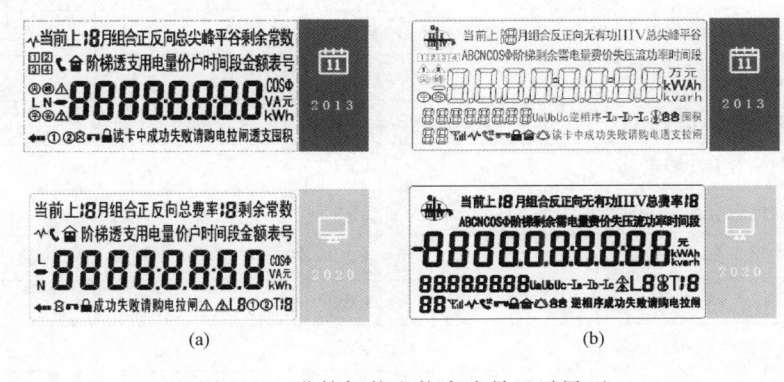

图 6-9　费控智能电能表液晶显示界面
（a）单相；（b）三相

1. 单相智能电能表

单相智能电能表液晶显示界面如图 6-10 所示。

图 6-10　单相智能电能表液晶显示界面

单相循环显示项目列表见表 6-5，单相智能电能表按键显示项目列表见表 6-6。

表6-5　　　　　　　　　　　　单相智能电能表循环显示项目列表

| 序号 | 显示项目 | 数据显示格式 | 远程费控智能电能表 | 本地费控智能电能表 |
|---|---|---|---|---|
| 1 | 当前剩余金额 | ××××××.××元 |  | √ |
| 2 | 当前组合有功总电量 | ××××××.×× kWh | √ | √ |
| 3 | 当前组合有功尖电量 | ××××××.×× kWh | √ | √ |
| 4 | 当前组合有功峰电量 | ××××××.×× kWh | √ | √ |
| 5 | 当前组合有功平电量 | ××××××.×× kWh | √ | √ |
| 6 | 当前组合有功谷电量 | ××××××.×× kWh | √ | √ |
| 7 | 当前电价 | ××××.××××元 |  | √ |

表6-6　　　　　　　　　　　　单相智能电能表按键显示项目列表

| 序号 | 显示项目 | 数据显示格式 | 远程费控智能电能表 | 本地费控智能电能表 |
|---|---|---|---|---|
| 1 | 当前剩余金额 | ××××××.××元 |  | √ |
| 2 | 当前组合有功总电量 | ××××××.×× kWh | √ | √ |
| 3 | 当前组合有功尖电量 | ××××××.×× kWh | √ | √ |
| 4 | 当前组合有功峰电量 | ××××××.×× kWh | √ | √ |
| 5 | 当前组合有功平电量 | ××××××.×× kWh | √ | √ |
| 6 | 当前组合有功谷电量 | ××××××.×× kWh | √ | √ |
| 7 | 上1月组合有功总电量 | ××××××.×× kWh | √ | √ |
| 8 | 上1月组合有功尖电量 | ××××××.×× kWh | √ | √ |
| 9 | 上1月组合有功峰电量 | ××××××.×× kWh | √ | √ |
| 10 | 上1月组合有功平电量 | ××××××.×× kWh | √ | √ |
| 11 | 上1月组合有功谷电量 | ××××××.×× kWh | √ | √ |
| 12 | 上2月组合有功总电量 | ××××××.×× kWh | √ | √ |
| 13 | 上2月组合有功尖电量 | ××××××.×× kWh | √ | √ |
| 14 | 上2月组合有功峰电量 | ××××××.×× kWh | √ | √ |
| 15 | 上2月组合有功平电量 | ××××××.×× kWh | √ | √ |
| 16 | 上2月组合有功谷电量 | ××××××.×× kWh | √ | √ |
| 17 | 当前电价 | ××××.××××元 |  | √ |
| 18 | 用户户号低8位 | ×××××××× |  | √ |
| 19 | 用户户号高4位 | ×××× |  | √ |
| 20 | 通信地址低8位 | ×××××××× | √ | √ |
| 21 | 通信地址高4位 | ×××× | √ | √ |

续表

| 序号 | 显示项目 | 数据显示格式 | 远程费控智能电能表 | 本地费控智能电能表 |
|---|---|---|---|---|
| 22 | 当前日期 | ××.××.×× | √ | √ |
| 23 | 当前时间 | ××：××：×× | √ | √ |
| 24 | 电压 | ×××.× V | √ | √ |
| 25 | 电流 | ×××.××× A | √ | √ |
| 26 | 有功功率 | ××.×××× kW | √ | √ |
| 27 | 功率因数 | ×.××× | √ | √ |

注 1. 单相智能电能表所显示电压、电流为 A 相电压、电流，功率、功率因数为总功率、总功率因数。
2. 显示组合有功电量时，液晶上不显示"组合"字样。
3. 显示户号、通信地址时，高 4 位显示序号为 01，低 8 位为 02。

**2. 三相智能电能表**

三相智能电能表液晶显示界面如图 6-11 所示。

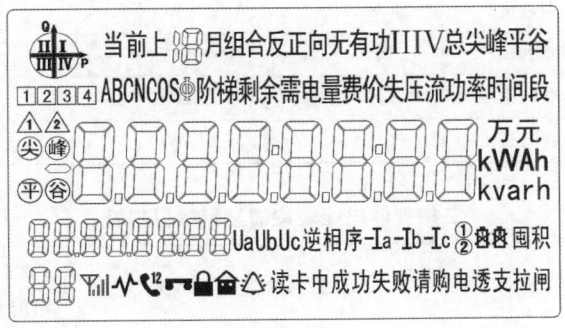

图 6-11 三相智能电能表液晶显示界面

三相智能电能表循环显示项目列表见表 6-7，三相智能电能表按键显示项目列表见表 6-8。

表 6-7　　　　　　　　　　三相智能电能表循环显示项目列表

| 序号 | 显示项目 | 数据显示格式 | 智能电能表 | 远程费控智能电能表 | 本地费控智能电能表 |
|---|---|---|---|---|---|
| 1 | 当前日期 | ××.××.×× | √ | √ | √ |
| 2 | 当前时间 | ××：××：×× | √ | √ | √ |
| 3 | 当前剩余金额 | ××××××××.×× 元 | | | √ |
| 4 | 当前组合有功总电量 | ××××××.×× kWh | √ | √ | √ |
| 5 | 当前正向有功总电量 | ××××××.×× kWh | √ | √ | √ |
| 6 | 当前正向有功尖电量 | ××××××.×× kWh | √ | √ | √ |
| 7 | 当前正向有功峰电量 | ××××××.×× kWh | √ | √ | √ |

269

续表

| 序号 | 显示项目 | 数据显示格式 | 智能电能表 | 远程费控智能电能表 | 本地费控智能电能表 |
|---|---|---|---|---|---|
| 8 | 当前正向有功平电量 | ××××××××.×× kWh | √ | √ | √ |
| 9 | 当前正向有功谷电量 | ××××××××.×× kWh | √ | √ | √ |
| 10 | 当前正向有功总最大需量 | ××.×××× kW | √ | √ | √ |
| 11 | 当前组合无功1总电量 | ××××××××.×× kvarh | √ | √ | √ |
| 12 | 当前组合无功2总电量 | ××××××××.×× kvarh | √ | √ | √ |
| 13 | 当前第1象限无功总电量 | ××××××××.×× kvarh | √ | √ | √ |
| 14 | 当前第2象限无功总电量 | ××××××××.×× kvarh | √ | √ | √ |
| 15 | 当前第3象限无功总电量 | ××××××××.×× kvarh | √ | √ | √ |
| 16 | 当前第4象限无功总电量 | ××××××××.×× kvarh | √ | √ | √ |
| 17 | 当前反向有功总电量 | ××××××××.×× kWh | √ | √ | √ |
| 18 | 当前反向有功尖电量 | ××××××××.×× kWh | √ | √ | √ |
| 19 | 当前反向有功峰电量 | ××××××××.×× kWh | √ | √ | √ |
| 20 | 当前反向有功平电量 | ××××××××.×× kWh | √ | √ | √ |
| 21 | 当前反向有功谷电量 | ××××××××.×× kWh | √ | √ | √ |

表6-8　　三相智能电能表按键显示项目列表

| 序号 | 显示项目 | 数据显示格式 | 智能电能表 | 远程费控智能电能表 | 本地费控智能电能表 |
|---|---|---|---|---|---|
| 1 | 当前日期 | ××.××.×× | √ | √ | √ |
| 2 | 当前时间 | ××:××:×× | √ | √ | √ |
| 3 | 当前剩余金额 | ××××××××.××元 | | | √ |
| 4 | 当前组合有功总电量 | ××××××××.×× kWh | √ | √ | √ |
| 5 | 当前正向有功总电量 | ××××××××.×× kWh | √ | √ | √ |
| 6 | 当前正向有功尖电量 | ××××××××.×× kWh | √ | √ | √ |
| 7 | 当前正向有功峰电量 | ××××××××.×× kWh | √ | √ | √ |
| 8 | 当前正向有功平电量 | ××××××××.×× kWh | √ | √ | √ |
| 9 | 当前正向有功谷电量 | ××××××××.×× kWh | √ | √ | √ |
| 10 | 当前正向有功总最大需量 | ××.×××× kW | √ | √ | √ |
| 11 | 当前正向有功总最大需量发生日期 | ××.××.×× | √ | √ | √ |
| 12 | 当前正向有功总最大需量发生时间 | ××:×× | √ | √ | √ |
| 13 | 当前反向有功总电量 | ××××××××.×× kWh | √ | √ | √ |

续表

| 序号 | 显示项目 | 数据显示格式 | 智能电能表 | 远程费控智能电能表 | 本地费控智能电能表 |
|---|---|---|---|---|---|
| 14 | 当前反向有功尖电量 | ××××××.×× kWh | √ | √ | √ |
| 15 | 当前反向有功峰电量 | ××××××.×× kWh | √ | √ | √ |
| 16 | 当前反向有功平电量 | ××××××.×× kWh | √ | √ | √ |
| 17 | 当前反向有功谷电量 | ××××××.×× kWh | √ | √ | √ |
| 18 | 当前反向有功总最大需量 | ××.×××× kW | √ | √ | √ |
| 19 | 当前反向有功总最大需量发生日期 | ××.××.×× | √ | √ | √ |
| 20 | 当前反向有功总最大需量发生时间 | ××：×× | √ | √ | √ |
| 21 | 当前组合无功1总电量 | ××××××.×× kvarh | √ | | |
| 22 | 当前组合无功2总电量 | ××××××.×× kvarh | √ | | |
| 23 | 当前第1象限无功总电量 | ××××××.×× kvarh | √ | √ | √ |
| 24 | 当前第2象限无功总电量 | ××××××.×× kvarh | √ | √ | √ |
| 25 | 当前第3象限无功总电量 | ××××××.×× kvarh | √ | √ | √ |
| 26 | 当前第4象限无功总电量 | ××××××.×× kvarh | √ | √ | √ |
| 27 | 上1月正向有功总电量 | ××××××.×× kWh | √ | √ | √ |
| 28 | 上1月正向有功尖电量 | ××××××.×× kWh | √ | √ | √ |
| 29 | 上1月正向有功峰电量 | ××××××.×× kWh | √ | √ | √ |
| 30 | 上1月正向有功平电量 | ××××××.×× kWh | √ | √ | √ |
| 31 | 上1月正向有功谷电量 | ××××××.×× kWh | √ | √ | √ |
| 32 | 上1月正向有功总最大需量 | ××.×××× kW | √ | √ | √ |
| 33 | 上1月正向有功总最大需量发生日期 | ××.××.×× | √ | √ | √ |
| 34 | 上1月正向有功总最大需量发生时间 | ××：×× | √ | √ | √ |
| 35 | 上1月反向有功总电量 | ××××××.×× kWh | √ | √ | √ |
| 36 | 上1月反向有功尖电量 | ××××××.×× kWh | √ | √ | √ |
| 37 | 上1月反向有功峰电量 | ××××××.×× kWh | √ | √ | √ |
| 38 | 上1月反向有功平电量 | ××××××.×× kWh | √ | √ | √ |
| 39 | 上1月反向有功谷电量 | ××××××.×× kWh | √ | √ | √ |
| 40 | 上1月反向有功总最大需量 | ××.××××kW | √ | √ | √ |
| 41 | 上1月反向有功总最大需量发生日期 | ××.××.×× | √ | √ | √ |
| 42 | 上1月反向有功总最大需量发生时间 | ××：×× | √ | √ | √ |
| 43 | 上1月第1象限无功总电量 | ××××××.×× kvarh | √ | √ | √ |
| 44 | 上1月第2象限无功总电量 | ××××××.×× kvarh | √ | √ | √ |

续表

| 序号 | 显示项目 | 数据显示格式 | 智能电能表 | 远程费控智能电能表 | 本地费控智能电能表 |
|---|---|---|---|---|---|
| 45 | 上1月第3象限无功总电量 | ××××××××.×× kvarh | √ | √ | √ |
| 46 | 上1月第4象限无功总电量 | ××××××××.×× kvarh | √ | √ | √ |
| 47 | 通信地址低8位 | ×××××××× | √ | √ | √ |
| 48 | 通信地址高4位 | ×××× | √ | √ | √ |
| 49 | 通信波特率 | ×××××× | √ | √ | √ |
| 50 | 有功脉冲常数 | ×××××× imp/kWh | √ | √ | √ |
| 51 | 无功脉冲常数 | ×××××× imp/kvarh | √ | √ | √ |
| 52 | 时钟电池使用时间 | ×××××××× | √ | √ | √ |
| 53 | 最近一次编程日期 | ××.××.×× | √ | √ | √ |
| 54 | 最近一次编程时间 | ××:××:×× | √ | √ | √ |
| 55 | 总失压次数 | ×××××× | √ | √ | √ |
| 56 | 总失压累计时间 | ×××××× | √ | √ | √ |
| 57 | 最近一次失压起始日期 | ××.××.×× | √ | √ | √ |
| 58 | 最近一次失压起始时间 | ××:××:×× | √ | √ | √ |
| 59 | 最近一次失压结束日期 | ××.××.×× | √ | √ | √ |
| 60 | 最近一次失压结束时间 | ××:××:×× | √ | √ | √ |
| 61 | 最近一次A相失压起始时刻正向有功电量 | ××××××××.×× kWh | √ | √ | √ |
| 62 | 最近一次A相失压结束时刻正向有功电量 | ××××××××.×× kWh | √ | √ | √ |
| 63 | 最近一次A相失压起始时刻反向有功电量 | ××××××××.×× kWh | √ | √ | √ |
| 64 | 最近一次A相失压结束时刻反向有功电量 | ××××××××.×× kWh | √ | √ | √ |
| 65 | 最近一次B相失压起始时刻正向有功电量 | ××××××××.×× kWh | √ | √ | √ |
| 66 | 最近一次B相失压结束时刻正向有功电量 | ××××××××.×× kWh | √ | √ | √ |
| 67 | 最近一次B相失压起始时刻反向有功电量 | ××××××××.×× kWh | √ | √ | √ |
| 68 | 最近一次B相失压结束时刻反向有功电量 | ××××××××.×× kWh | √ | √ | √ |
| 69 | 最近一次C相失压起始时刻正向有功电量 | ××××××××.×× kWh | √ | √ | √ |
| 70 | 最近一次C相失压结束时刻正向有功电量 | ××××××××.×× kWh | √ | √ | √ |
| 71 | 最近一次C相失压起始时刻反向有功电量 | ××××××××.×× kWh | √ | √ | √ |
| 72 | 最近一次C相失压结束时刻反向有功电量 | ××××××××.×× kWh | √ | √ | √ |
| 73 | A相电压 | ×××.×V | √ | √ | √ |
| 74 | B相电压 | ×××.×V | √ | √ | √ |
| 75 | C相电压 | ×××.×V | √ | √ | √ |

项目六　智能供配电设备运行

续表

| 序号 | 显示项目 | 数据显示格式 | 智能电能表 | 远程费控智能电能表 | 本地费控智能电能表 |
|---|---|---|---|---|---|
| 76 | A 相电流 | ×××.×××A | √ | √ | √ |
| 77 | B 相电流 | ×××.×××A | √ | √ | √ |
| 78 | C 相电流 | ×××.×××A | √ | √ | √ |
| 79 | 瞬时总有功功率 | ××.××××kW | √ | √ | √ |
| 80 | 瞬时 A 相有功功率 | ××.××××kW | √ | √ | √ |
| 81 | 瞬时 B 相有功功率 | ××.××××kW | √ | √ | √ |
| 82 | 瞬时 C 相有功功率 | ××.××××kW | √ | √ | √ |
| 83 | 瞬时总功率因数 | ×.××× | √ | √ | √ |
| 84 | 瞬时 A 相功率因数 | ×.××× | √ | √ | √ |
| 85 | 瞬时 B 相功率因数 | ×.××× | √ | √ | √ |
| 86 | 瞬时 C 相功率因数 | ×.××× | √ | √ | √ |
| 87 | 当前尖费率电价 | ××××.××××元 | | | √ |
| 88 | 当前峰费率电价 | ××××.××××元 | | | √ |
| 89 | 当前平费率电价 | ××××.××××元 | | | √ |
| 90 | 当前谷费率电价 | ××××.××××元 | | | √ |
| 91 | 阶梯 1 电价 | ××××.××××元 | | | √ |
| 92 | 阶梯 2 电价 | ××××.××××元 | | | √ |
| 93 | 阶梯 3 电价 | ××××.××××元 | | | √ |
| 94 | 阶梯 4 电价 | ××××.××××元 | | | √ |
| 95 | 当前电价 | ××××.××××元 | | | √ |
| 96 | 报警金额 1 | ××××××.××元 | | | √ |
| 97 | 报警金额 2 | ××××××.××元 | | | √ |
| 98 | 透支金额 | ××××××.××元 | | | √ |
| 99 | 结算日 | ××.×× | √ | √ | √ |

注　1. 三相智能电能表按键轮显采用"下翻键递增、上翻键递减"方式。
　　2. 停电期间不检索费率时段，其按键显示电价为停电前费率信息。
　　3. 显示组合有功电量时，液晶上不显示"组合"字样。显示组合无功电量时，液晶上显示"组合"字样。
　　4. 显示通信地址时，高 4 位显示序号为 01，低 8 位为 02。

在智能电能表实时信息查询时，不可避免会遇到故障，显示出错信息码（用 Err—××表示）。表 6-9 列出了常见出错信息码与故障原因。

表 6-9　　　　　智能电能表常见出错信息码与故障原因对应表

| 序 号 | 出错信息码 | 故障原因 |
| --- | --- | --- |
| 1 | Err—01 | 控制回路错误 |
| 2 | Err—01 | ESAM 错误 |
| 3 | Err—04 | 时钟电池电压低 |
| 4 | Err—08 | 时钟故障 |
| 5 | Err—10 | 认证错误 |
| 6 | Err—16 | 修改密钥错误 |

发现智能电能表出现故障，可致电 24 小时供电服务热线 95598，寻求专业技术人员上门进行处理。

## 【自我分析与总结】

| 学生学会的内容 | 笔记 |
|---|---|
|  |  |
| 学生总结 |  |

## 【巩固提升】

| 网络空间 | 笔记 |
|---|---|
| 二维码2 智能电能表识读 |  |

# 参 考 文 献

[1] 国家电网公司人力资源部. 电气设备及运行维护. 北京：中国电力出版社，2020.
[2] 蒋春敏. 高低压电器装配. 北京：中国电力出版社，2019.
[3] 方建龙. 高低压开关板（柜）装配配线工. 北京：中国劳动社会保障出版社，2013.
[4] 朱涛，张华. 变电站设备运行实用技术. 北京：中国电力出版社，2012.
[5] 孟宪章，罗晓梅. 10/0.4kV变配电实用技术. 北京：机械工业出版社，2007.
[6] 国网浙江电力公司有限公司. 智能变电站监控系统典型作业培训教材. 北京：中国电力出版社，2020.
[7] 国家电网公司人力资源部. 电气识绘图. 北京：中国电力出版社，2010.
[8] 史国生. 电气二次回路及其故障分析. 北京：化学工业出版社，2015.
[9] 许建安，路文梅. 电力系统继电保护技术. 北京：机械工业出版社，2021.
[10] 欧朝龙. 电能计量技术及故障处理. 北京：中国电力出版社，2016.
[11] 许建安，路文梅. 电力系统继电保护技术. 北京：机械工业出版社，2021.
[12] 黄建硕. 电能计量装置安装与检查. 重庆：重庆大学出版社，2023.
[13] 王向红，叶挺. 智能供配电技术. 北京：机械工业出版社，2023.
[14] 张红艳. 智能电能表应用指南. 北京：中国电力出版社，2012.